政府间海洋学委员会
手册指南56号

国际海水热力学方程
——2010

海水热力学属性的计算与应用

纪风颖　林绍花　于　婷　译
纪风颖　林绍花　相文玺 等　校

海洋出版社

2013年 · 北京

图书在版编目(CIP)数据

国际海水热力学方程:2010:海水热力学属性的计算与应用/联合国教科文组织,政府间海洋学委员会编;纪风颖,林绍花,于婷译.—北京:海洋出版社,2013.4

书名原文:The International thermodynamic equation of seawater - 2010:Calculation and use of thermodynamic properties

ISBN 978-7-5027-8151-4

Ⅰ.①国… Ⅱ.①联… ②政… ③纪… Ⅲ.①海洋热力学-研究 Ⅳ.①P733.4

中国版本图书馆 CIP 数据核字(2011)第 244514 号

责任编辑:白 燕 王 溪

责任印制:刘志恒

海洋出版社 出版发行

http://www.oceanpress.com.cn

北京市海淀区大慧寺路 8 号 邮编:100081

北京旺都印务有限公司印刷 新华书店发行北京所经销

2013 年 4 月第 1 版 2013 年 4 月北京第 1 次印刷

开本:889mm×1194mm 1/16 印张:13.25

字数:338 千字 定价:68.00 元

发行部:62132549 邮购部:68038093 总编室:62114335

海洋版图书印、装错误可随时退换

《国际海水热力学方程——2010
海水热力学属性的计算与应用》
翻译和校对人员名单

翻译： 纪风颖　林绍花　于　婷

校对： 纪风颖　林绍花　相文玺　于　婷　郭丰义　董明媚
李　潇　苗庆生　林　祥

目 录

译者的话

联合国教科文组织政府间海洋学委员会(UNESCO/IOC)、海洋研究科学委员会(SCOR)、国际海洋物理科学协会(IAPSO)和国际水与水汽属性协会(IAPWS)都已经认可了新的热力学研究成果——“国际海水热力学方程(简称 TEOS - 10)”。2009 年 6 月 24 日,UNESCO/IOC 第 25 次大会正式通过决议,建议海洋学界采纳 TEOS - 10,标志着 UNESCO 正式更新了其在 1980 年认可的国际海水状态方程(简称 EOS - 80)。IAPWS 也已经批准将 TEOS - 10 作为工业标准,要求任何为海岸带沙漠地带城市建立海水淡化厂的公司采用新计算方法。

众所周知,在 1978 年确定实用盐标(PSS - 78)之前,海洋学家主要是采用滴定法计算最普通的盐离子:氯。1978 年海洋学界同意采用电导率作为计算海水实用盐度的通用方法,进一步改进了盐度的精度,因为它跟踪了海水中除氯以外的所有离子。但由于电导率只测量自由移动的离子或者电解质,其他非电解质例如溶解的二氧化硅,在通过电导率计算实用盐度时被忽略掉了,由此产生的误差比现代测量的代表性精度大很多。

与 EOS - 80 相比,新的热力学方程:TEOS - 10 最明显的变化是采用绝对盐度代替实用盐度。其显著的优点是第一次能够系统地考虑海水成分的空间变化,这种变化对开放大洋中的水平密度梯度不可忽略;特别是把 Gibbs 函数引入 TEOS - 10,允许计算出内能、焓、熵、位焓和海水的化学势能,以及冰点、结冰潜热和蒸发潜热等海水热力学属性,而这些参数是 EOS - 80 无法计算得到的;与通过电导率计算忽略盐度的定义不同,新的绝对盐度是国际计量单位系统的一部分,所计算出的各种热力学量值包括密度、位温、熵、焓、声速、化学势以及其他海水热力学属性相互之间完全一致,包括海洋模式对淡水通量的处理方式与绝对盐度的使用也一致;标准海水基准成分支持海洋物理化学研究,例如海盐成分的溶解性、碱度、pH 值和由大气 CO_2 浓度升高导致的海水酸化等。

新热力学方法还适用于淡水、冰和水汽。同时,也把 19 世纪以来研究的成果与 21 世纪的计算机算法融合在一起,将不同的海水属性并入了同一个方程,并在此基础上研究开发了计算各种热力学属性的两个独立的计算机软件函数库:海水 - 冰 - 大气(SIA)函数库和 Gibbs - 海水(GSW)函数库。同时,考虑到新的绝对盐度计算方法还有待进一步改进,作为一个原则,要求国际上各国国家海洋数据库中仍然存储几乎是直接测量获取的实用盐度,以免出现转换误差等方面的混乱。

上述研究的新成果,引起了译者的浓厚兴趣。2010 年本书正式出版后,译者得到版权组织的正式授权承担本书的中文翻译并出版,作为中国对 UNESCO/IOC 的贡献。对本书所涉及的部分新的研究成果和概念，译者本身也是一个学习研究过程，部分公式的推导也较为繁杂，使得译校工作进展得较慢。书中有些内容还专门请教有关专家，尽可能做到理解和翻译准确。尽管如此，肯定还会有不妥之处，译者诚挚地希望读者能给予指正和反馈，不胜感谢！

本书部分内容还得到中国海洋大学林霄沛教授、美国伍兹霍尔研究所黄瑞新教授、国家海洋环境预报中心余宙文教授和国家海洋信息中心刘玉龙博士的指导和帮助。中国海洋出版社为本书的出版做了大量工作，中国国家海洋信息中心为本书中文版的出版提供了资助，在此，一并表示感谢。还要感谢版权拥有者 UNESCO/IOC 授权给译者，把本书翻译成中文版进行出版。更感谢新的热力学方程研究幕后的专家学者们，是他们所进行的长期合作研究和不断地认真总结，最终把研究成果贡献给我们。

译　者

致　谢
(Acknowledgements)

"TEOS－10 手册"回顾和总结了海洋研究科学委员会(SCOR)/国际海洋物理科学协会(IAPSO)127 工作组[①]在海水热力学属性和海水状态方程方面的研究工作。John Gould 博士和 Paula Malannotte－Rizzoli 教授在推动该工作组的建立方面起到了关键作用,同时这项工作得到了 SCOR、IAPSO 和政府间海洋学委员会(IOC)的官员们坚如磐石的科学支撑。TJMcD 主席感谢 Jürgen Willebrand 博士和 Michael McIntyre 博士对于附录 B 建设性的讨论。我们也得益于 Stephen Griffieshe 博士和 Allyn Clarke 博士在手册起草过程中提出的大量建议。感谢 Harry Bryden 博士关于海洋模型在盐度处理方面及时而有价值的建议。感谢澳大利亚联邦科学与工业组织(CSIRO)的 Louise Bell 对于本书出版设计方面的建议。TJMcD 主席和 DRJ 研究员感谢来自澳大利亚国家海洋财富旗舰基金(WONF)的资助。这项工作推动了 CSIRO 气候变化研究项目的进展。本书部分工作基于美国国家科学基金(NSF)对 SCOR 的资助,基金批准文号为 OCE－060800。FJM 博士还要感谢美国国家科学基金海洋部和美国国家海洋大气局(NOAA)对本项工作的支持。

TEOS－10 手册由 SCOR/IAPSO 127 工作组撰写,该工作组成员如下:

澳大利亚霍巴特 CSIRO 研究所:Trevor J. McDougall(主席)

德国莱布尼茨波罗的海研究所:Rainer Feistel

加拿大达特默斯市贝德福德海洋研究所:Daniel G. Wright

加拿大温哥华市哥伦比亚大学:Rich Pawlowicz

美国佛罗里达州的迈阿密大学:Frank J. Millero

澳大利亚霍巴特 CSIRO 研究所:David R. Jackett

英国南安普顿国家海洋中心:Brian A. King

美国雷诺市沙漠研究所:Giles M. Marion

德国布伦瑞克物理技术联邦研究所:Steffen Seitz

德国布伦瑞克物理技术联邦研究所:Petra Spitzer

中国台湾国立中山大学:C－T, Arthur Chen

① 海洋研究科学委员会(SCOR)/国际海洋物理科学协会(IAPSO)于 2005 年组建了"海水热力学和海水状态方程"127 工作组(英文简称 WG127)。

前　言
(Foreword)

本书介绍了国际海水热力学方程——2010(缩写为:TEOS－10)。本书中关于海水和Ih冰*的热力学属性的描述已被2009年6月召开的政府间海洋学委员会第25次大会采纳,并代替海水状态方程EOS－80,正式成为海洋科学中海水和海冰属性的官方描述。

TEOS－10源于绝对盐度和基准盐度的概念。本书将详细地描述这两个变量,重点是它们与实用盐度的关系。

TEOS－10的科学依据,所参考的一系列文献都在附录C中列出。本书可称作“TEOS－10手册”,作为理解上述已出版文献的指导,重点是理解由TEOS－10中所得到的热力学属性如何应用于海洋学。

除海水热力学属性外,TEOS－10还可以用于描述冰和湿空气的热力学属性,本书对这些属性进行了总结。TEOS－10的计算软件、手册和其他相关文件都可以在网站:www. TEOS－10. org获得。

TEOS－10盐度特性和相关的计算软件的摘要已经由IOC颁布[IOC,SCOR和IAPSO,2010:国际海水热力学方程——2010用户指南。IOC用户手册和指南56号(缩写版),UNESCO]。

当采用TEOS－10时,作者应该说明引用了本书[IOC,SCOR和IAPSO,2010:国际海水热力学方程——2010:海水热力学属性的计算与应用。海委会手册和指南56号,UNESCO(英文版),196页]。

---

* Ih冰:自然界中常见冰的形式,为六角晶体。

摘 要
(Abstract)

本书概要描述了如何利用国际海水热力学方程——2010(简称:TEOS-10)计算海水热力学属性。海水热力学属性的描述基于 Gibbs 函数,由此函数可直接计算出熵、位温、焓和位焓等热力学属性。当采用 Gibbs 函数计算时,这些量的量值相互之间完全兼容。熵和焓被用于精确描述海水内部热量的平流和扩散,同时可以量化海洋与大气以及海冰热量交换中海洋所起的作用。Gibbs 函数是绝对盐度、温度和压强的函数。较之实用盐度,绝对盐度不仅是一个国际度量单位制(SI)变量,而且可以表现全球范围内海水成分在空间上的微小变化。绝对盐度不仅是一个精确计算海水密度水平梯度变化的盐度变量,而且也是一个适于计算淡水通量以及大气和海冰之间淡水交换的盐度变量。加上冰和湿空气的位势函数,就可以精确地描述冰和湿空气的许多热力学属性,包括冰点、蒸发潜热和融化潜热等。"TEOS-10 手册"描述了如何应用海水、冰和湿空气的热力学属性,来精确表述海洋中热量输运以及与大气和冰之间的热量交换的情况。

1 简介(Introduction)

1.1 1978—2009 年的海洋学惯例(Oceanographic practice 1978—2009)

PSS－78 实用盐标和由实测盐度、温度和压强计算海水密度的国际海水状态方程(UNESCO,1981)在海洋学界已经广泛使用了 30 年。海洋学议案与标准联合工作组(JPOTS,1983)还发布了在恒定压强条件下计算海水比热的 Millero、Perron 和 Desnoyer (1973)算法、计算海水声速的 Chen 和 Millero(1977)公式以及计算海水冰点的 Millero 和 Leung(1976)公式。JPOTS 资助了另外 3 个算法:静态压强与深度之间的转换、绝热温度梯度计算以及位温计算。虽然绝热温度递减率和位温的计算公式可以由 EOS－80 的其他算法推导出,但实际上它们的基础是 Bryden(1973)公式。为了方便,我们把这些算法统称为“EOS－80”,它们体现了从 20 世纪 80 年代初期到 2009 年海洋学领域的最优实践。

1.2 更新海水热力学公式的原因(Motivation for an updated thermodynamic description of seawater)

近几年,海水、冰和湿空气的热力学问题越来越明显,应及时地重新定义这些介质的热力学属性。

• 海水状态方程(EOS－80)的几种多项表达式彼此并不完全一致,因为它们都不能严格遵守热力学 Maxwell 交叉微分关系。新方法消除了这个问题。

• 20 世纪 70 年代末,由国际水与水汽属性协会开发的纯水热力学描述,不仅更精确、应用更广泛,而且已经作为 IAPWS 标准颁布(IAPWS－95)。同时,科学界对一些海水属性,例如热容、声速和最大密度对应的温度等,测量更为精确,这些属性可以合并到新海水热力学方程中。

• 我们已经更清楚地了解了不同海盆中海水成分变化对海水密度的影响。为了进一步推进对这一问题的研究,需要建立一个标准的海水成分模型,用作理论和化学研究普遍适用的参照物。

• 海洋作为全球热力引擎的一部分其作用变得越来越重要,这表明需要为海水的熵(entropy)、焓(enthalpy)和内能提供精确的计算公式,以便精确地计算海洋中和穿越海洋、大气和冰之间界面的热通量(EOS－80 不能计算熵、焓和内能)。

• 需要对海水、冰和湿空气之间的界面进行热力学一致性描述，尤其需要精确描述海表面和大气中蒸发和结冰两种潜热。

• 温标已经由 ITS－68 订正为 ITS－90，而且订正值也已经被国际纯粹与应用化学联合会(IUPAC)采纳用于计算元素原子量(Weiser，2006)

1.3 SCOR/IAPSO 127 工作组及其采用的研究方法(SCOR/IAPSO WG127 and the approach taken)

2005 年海洋研究科学委员会(SCOR)和国际海洋物理科学协会(IAPSO)组建了“海水热力学和海水状态方程”127 工作组(简称为 WG127)。该工作组集成了我们对海水热力学的最新认识，并开发了一个算法集。本书总结了 SCOR/IAPSO127 工作组的成果。

如果已知一个所谓的热力学势，就能由此计算出海水所有的热力学属性(Fofonoff，1962；Feistel，1993；Alberty，2001)。J. W. Gibbs(1873)已发现，“对于定量的任何流体一个基于熵和比容的内能方程，或者更为普遍地，任意一个熵、比容和内能之间的有限方程，都可以成为流体的基础热力学方程，由这个方程……可以导出流体的所有热力学属性(只要是可逆过程)”。

127 工作组采用的方法是首先建立一个 Gibbs 函数，然后利用该函数，通过纯粹数学计算(例如微分)得到海水的所有热力学属性。该方法保证了不同热力学属性的自洽性(它们遵守麦斯威尔交叉微分关系)和充分性(每个热力学属性都可以由已有的势变量导出)。

Gibbs 函数(或 Gibbs 势)是绝对盐度 S_A(而非实用盐度 S_P)、温度和压强的函数。绝对盐度 S_A 习惯上被定义为海水中溶解物质的质量分数(溶解物质质量除以溶液总质量)。在 Gibbs 函数和其他所有热力学函数中(例如密度)都把绝对盐度作为盐度变量，这明显区别于目前的做法(EOS－80)。采用绝对盐度代替实用盐度的原因是，溶解物质的质量(绝对盐度)直接影响海水的热力学特性，而实用盐度仅依赖于电导率。比如在定温和定压的情况下，在隔离的海水样本中，用少量硅酸盐替换同等质量的纯水，由于硅酸盐不是离子物质，因此海水的电导率(实用盐度 S_P)几乎不变，但是绝对盐度增大了，密度也一样。同样，在海水样本中，用少量的 NaCl 替换同等质量的硅酸盐，绝对盐度没变(根据 Young 准则，密度和熵等都不会变)，而实用盐度将会增加。

因生物地球化学过程引起的海水成分相对浓度的变化使定义“绝对盐度”问题变得复杂化。这些问题至今还未得到深入地研究，但在 2.5 节和附录 A.4、附录 A.5 以及附录 A.20 中概述了已知结论。这足以证明 TEOS－10 Gibbs 函数中的盐度参数、绝对盐度 S_A，提供了计算海水密度的最好方法，S_A 的另外一个名称是“密度盐度”。

Feistel(2008)发表的 Gibbs 海水函数，由国际水与水汽属性协会(IAPWS)认可，作为 IAPWS－08 进行发布。海水属性的热力学描述与 Ih 冰的 Gibbs 函数 IAPWS－06 一起，被政府间海洋学委员会在 2009 年 6 月召开的第 25 次大会采纳，代替 EOS－80，作为海洋科学界海水和冰属性的官方描述。湿空气的热力学属性最近也采用 Helmholtz 函数(Feistel 等，2010a；IAP-

WS,2010)进行描述,这样可以更加精确地计算出海气界面的平衡属性。描述海水、Ih 冰和湿空气热力学属性的新方法已经被包含到"国际海水热力学方程—2010"(简称"TEOS - 10")之中。附录 C 列出了 TEOS - 10 颁布之后的出版物。

较之 EOS - 80,TEOS - 10 明显的变化是在学术期刊中采用绝对盐度来描述海水盐度,并且在算法中作为盐度参数计算出海水的各种热力学属性。该建议与目前工作中采用实用盐度并把实用盐度用于估算绝对盐度的惯例有很大的不同。该惯例是不精确的,应该予以纠正。尽管如此,我们仍然强烈推荐各国的国家海洋数据库中保留由 1978 年实用盐标计算的实用盐度(与此相匹配地把温度更新至 ITS - 90 温标,见附录 E)。

目前继续在数据库中储存实用盐度而不是绝对盐度,有三个充分理由:第一,实用盐度是一个几乎直接测量的变量,而绝对盐度是一个导出量。换句话说,我们由电导率、温度和压强的测量值计算出实用盐度,然而到目前为止,绝对盐度是由以上观测值、其他观测值和目前并不完善的相关关系计算出来的。实用盐度更优于实际观测的电导率,因为实用盐度相对于温度变化、压强变化以及纯水稀释都保持守恒的特性。第二,必须保证国家数据库不产生混乱。这是因为如果在盐度报告中盐度值发生变化,在某些阶段盐度值可能被错误处理,再以后可能会被错误地解释为海水盐度的增加。目前,在国家海洋资料数据库中是否仍然存储实用盐度数据的问题,还存在激烈的争论。第三,计算非标准成分海水绝对盐度的算法还不成熟,而且无疑将来会发生变化,因此,我们不推荐在各国国家数据库中存储绝对盐度数据。存储一个更稳定的中间变量,基准盐度 S_R(在附录 A. 3 中定义和讨论,可以用于获取标准海水绝对盐度的最优估计),同样也可能导致盐度数据的误用,而且不能保证比存储实用盐度更有益,因此我们必须避免这种可能性。因为较之于 PSS - 78,基准盐度涉及了更大范围的浓度和温度,通过适当的观测技术(例如直接观测标准海水的密度)获取的基准盐度值应转换成对应的实用盐度值来保存,正如 2. 3 ~ 2. 5 节中所描述的。

注意,在国家数据库中存储一种类型盐度(实用盐度),而在出版物中采用另外一种类型的盐度(绝对盐度)的做法类似于我们在数据库中存储实测温度 t(因为它是实测数值),而在出版物中采用计算量,或者是位温 θ,或者是保守温度 Θ 的做法。

为了改进绝对盐度的测定算法,需要收集和保存由密度实测值[这些可以由振动管密度计(vibrating tube densimeter)测量,Kremling(1971)]计算的盐度偏差数据 $\delta S_A = S_A - S_R$。目前采用 4 个字符的 GF3 代码(IOC ,1987)DENS 定义现场观测或由 EOS - 80 状态方程计算的密度值。建议采用 GF3 代码 DENS 记录由振动管密度计测量的密度,同时记录对应的实验室温度(TLAB,℃)和海水压强(PLAB,实验室压强,通常为 0 dbar)。基于此信息和海水样本的实用盐度,绝对盐度偏差 $\delta S_A = S_A - S_R$ 可以由 TEOS - 10 密度方程计算的绝对盐度 S_A 计算得到。为了完整性,本书还建议采用新 GF3 码 DELS 标识 δS_A。

2009 年 6 月召开的政府间海洋学委员会大会已经采纳由 IAPWS - 08 和 IAPWS - 06 定义的海水和 Ih 冰的热力学表述作为它们的官方表述。这些新的国际标准已被采纳,而且在未来几十年内,绝对盐度的算法会得到改进,通过实用盐度、经度、纬度和压强计算绝对盐度的算法也会不断地更新,在相关论文出现后,更新算法将在网站 www. TEOS-10. org 上公布。采用这些软件的用户应该在其出版物中注明他们计算绝对盐度采用的软件版本。

较之于 EOS-80,TEOS-10 的显著优点是:

• Gibbs 函数方法可以计算内能、焓、熵、位焓和海水的化学势,以及冰点、结冰潜热和蒸发潜热。它们是正确计算海洋"热"(heat)、海洋与覆盖其上的冰以及上方的大气之间热交换的核心参数,但这些参数不能由 1980 年版国际状态方程得到。例如,可以定义一个正比于位焓的新的温度参数"保守温度",它是一个物理海洋学和气候研究中量度海水单位质量"热"含量的变量,它的守恒性比位温和熵高两个量级。

• 通过采用绝对盐度,第一次系统考虑了海水成分空间变化的影响。在开放大洋中,它对由状态方程计算的水平密度梯度有不可忽略的影响,因此,对于由热成风关系计算的洋流和热量输运的影响也不可忽略。

• 新方法中各热力学量值相互之间具有完全的兼性。

• 新的盐度变量"绝对盐度",以 SI 单位计量。此外,海洋模式中对淡水通量的处理方式与绝对盐度的应用相互一致,而采用实用盐度只能近似处理。

• 标准海水基准成分支持了海洋物理化学研究,例如海盐成分的溶解性、碱度、pH 值和由大气 CO_2 浓度升高导致的海水酸化等。

1.4 TEOS-10 手册指南(A guide to this TEOS-10 manual)

本手册首先列出各种热力学属性的定义(第 2 章),这些热力学属性是由海水 Gibbs 函数经过简单计算比如微分算法得到,第 3 章是对一些导出属性的讨论。计算这些属性的软件可以由两个独立的函数库:海水—冰—大气(SIA)库和 Gibbs-海水(GSW)库分别得到,附录 M 和附录 N 对此有详细描述。

SIA 库中的函数普遍采用基本 SI 计量单位[$kg \cdot kg^{-1}$,开尔文(K)、Pa],包括算法的输入参数和输出参数。SIA 库的一些附加函数采用用户通用的计量单位。大多数的物理参数计算时,SIA 库都要比 GSW 库花费更多的机时(在都采用优化代码的情况下,SIA 库比 GSW 库需要多用 65 个计算机时或者更多),而且 SIA 库也比 GSW 库能计算出更多属性。SIA 库采用世界标准纯水物质热力学定义(IAPWS-95)。因为这个定义基于扩展范围的温度和压强,所以算法很长、计算更耗时。GSW 库采用 Feistel(2003)(IAPWS-09)Gibbs 函数计算纯水属性,这个算法对特定范围的海水温度和压强才有效,因此算法较短、计算较快。GSW 库不如 SIA 库全面,例如,只能通过 SIA 库计算湿空气属性。另外,在附录 A. 30 和附录 K 中描述了由保守温度和位温(不是实测温度)计算密度的公式,该公式包含 25 个系数。

GSW 库的输入和输出参数都采用海洋学家熟悉的计量单位,而不是 SI 计量单位。我们猜测海洋学家很可能会采用 GSW 库,因为它不仅简化、计算高效,而且采用比 SIA 库更为常用的计量单位制。被称之为 GSW 的函数库与现存应用广泛的“sw”(Sea Water)库近似但不相同。在 www. TEOS - 10. org 网站上可以下载 SIA 库和 GSW 库,以及 TEOS - 10 手册。采用 Visual Basic 语言和 Fortran 语言开发的 SIA 库和采用 Matlab 语言开发的 GSW 库也已经发布。

在第 2 章和第 3 章介绍了如何计算热力学量和导出量后,第 4 章作为结论结尾。附录中介绍了关于实用盐度、Gibbs 函数、基准盐度、成分偏差、绝对盐度和一些基本热力学属性的附加信息,如热力学第一定律、许多海洋学变量的非守恒特性,附录中还提供了推荐符号和简化的热力学公式。这些内容已出现在已发表的刊物上,我们只是收集起来以摘要的形式方便用户使用。

1.5 关于计量单位的注释(A remark on units)

在热力学调查中,最方便的参数和计量单位分别是:绝对盐度 S_A,计量单位 $kg \cdot kg^{-1}$,绝对温度 T,单位 K,绝对压强 P,单位 Pa。这也是 SIA 算法库中采用的参数和计量单位。到目前为止,海洋学应用中很多物理量已采用非基本 SI 单位,例如温度采用摄氏度(℃)温标,压强是在 1 个标准大气压[10.132 5 分巴(dbar)]下海水压强,计量单位为 dbar,而盐度采用海洋学特定的计量单位:1978 实用盐标(Practical Salinity Scale 1978)。在 GSW 库中,温度的计量单位是℃,海水压强的单位是 dbar,绝对盐度的计量单位为 $g \cdot kg^{-1}$。因此,它在数值上接近实用盐度。采用 SI 单位会使很多热力学公式运算更为方便,而采用非 SI 计量单位会带来一些不便。例如,淡水在海水中比例的正确写法为$(1 - S_A)$,因此在这种情况下,绝对盐度的计量单位必须是 $kg \cdot kg^{-1}$,而不是 $g \cdot kg^{-1}$。在 GSW 算法库中也有同样的情况,有些算法必须采用 SI 单位,这样就会导致一些混乱。无论如何,在许多应用中继续保留与目前海洋学实际工作接近的计量单位还是很重要的,而对于要求变量采用大家并不熟悉的 SI 单位的公式时,用户必须认真地进行检查。

1.6 建议(Recommendations)

根据 2009 年 6 月召开的政府间海洋学委员会第 25 次大会的决议 XXV - 7 和国际水与水汽属性协会对水、冰和湿空气热力学描述的发布和指南,推荐海洋学用户采用水、冰和湿空气的热力学描述 TEOS - 10 代替 1980 年版国际海水状态方程(EOS - 80)。执行此变化的软件发布在网站:www. TEOS - 10. org 上。

通过 TEOS - 10,可以识别全球大洋中海水成分的变化,并且通过绝对盐度的函数而不是实用盐度的函数,可以更加精确地表征海水的热力学属性。从实用盐度过渡到绝对盐度需要分两步考虑:第一步,把一个海水样本看做标准海水,计算出它的基准盐度;可以简单地认为基准盐度正比于实用盐度。基准盐度具有 SI 单位($g \cdot kg^{-1}$),并且是考虑成分变化影响的起点;第二步,可以采用几种方法来计算绝对盐度偏差,其中最简单的方法是根据这些值的空间分布图,利用计算机进行插值计算。然后,基准盐度和绝对盐度偏差相加得出绝对盐度。在 4 种版本的绝对盐度中,TEOS－10 Gibbs 函数计算出的绝对盐度被用于精确计算海水密度。

必须承认,我们对如何估算海水成分异常和它们对海水热力学属性影响的知识非常有限。无论如何,我们不能继续忽视成分变化对海水属性和大洋动力学的影响。未来 10 年内,我们将对该领域获得更多认知。这些认知适时地在海洋文献中发表后,我们将在 www. TEOS－10. org 网站及时更新绝对盐度偏差的算法。

在国家数据库中应该仍然采用实用盐度作为盐度变量存储,以此保持这个重要时间序列的连续性。海洋学数据库存储、处理和输出参数时,采用 GF3 码 PSAL 表示实用盐度,SSAL 表示 1978 年以前观测的盐度。为了避免在数据库中不同类型盐度的混淆,我们强烈建议无论在什么情况下,也不要在国家数据库中存储基准盐度和绝对盐度。

为了精确计算海水的热力学属性,首先应该计算出基准盐度,然后加上绝对盐度偏差得到绝对盐度。因为绝对盐度是状态方程中恰当的盐度变量,在海洋学期刊中应该采用绝对盐度作为盐度变量。应该在书刊中注明把基准盐度转换成绝对盐度所采用的软件版本号或精确的公式。无论如何,将来可能有一些应用,人们会关注其中基准盐度和绝对盐度相关算法的变化,对于这些应用,最好公布一些关于基准盐度的图表和表格。当上述情况发生时,需清楚地指明图表中盐度变量是基准盐度,而不是绝对盐度。

TEOS－10 方法采用热力学势描述海水、冰和湿空气的属性,这意味着可以比 EOS－80 导出更多的热力学属性。海水的热力学属性:熵、内能、焓和位焓不能通过 EOS－80 计算得出,但它们却是精确计算海洋热量输运和耦合气候模式中海气热通量的核心。

当说明使用 TEOS－10 时,本文(TEOS－10 手册)的引用格式为 IOC 等(2010)[IOC, SCOR 和 IAPSO,2010:国际海水热力学方程——2010:计算海水热力学属性。政府间海洋学委员会手册和指南 56 号,UNESCO(英文版),196 页]。读者也可以参考 TEOS－10 用户手册[IOC,SCOR 和 IAPSO,2010:国际海水热力学方程——2010 用户指南。政府间海洋学委员会手册和指南 56 号(简本),UNESCO],它是 TEOS－10 和相关计算软件中关键特性的简要介绍。

2 基本热力学属性(Basic Thermodynamic Properties)

2.1 ITS-90 温度(ITS-90 Temperature)

1990 年,国际温标 1990(ITS-90)代替了国际实用温标 1968(IPTS-68)。这两种温标之间存在两个主要的转换方法:①Rusby(1991)8 阶拟合方法,它被应用于大范围温度转换;②Saunders(1990)1.00024 比例方法,广泛应用于海洋学界。在海洋学范畴的海水温度范围内,这两种方法无法有效的区分,因为它们之间的差异既小于热力学温度的不确定性(量级为 1 mK),又小于 IPTS-68 和 ITS-90 的实际应用误差。在实际应用中,当海水温度在 -2℃ 到 40℃ 范围内,Rusby(1991)和 Saunders(1990)公式计算结果的差异小于 1 mK,而在 -2℃ 到 10℃ 范围内,它们的差异小于 0.03 mK。因此我们建议海洋学界仍可以采用 Saunders 公式:

$$(t_{68}/℃) = 1.000\,24(t_{90}/℃) \tag{2.1.1}$$

在根据电导率计算实用盐度(PSS-78)的更新算法中采用了这个公式。计算实用盐度 PSS-78 的算法需要温度参数采用 t_{68} 温标。采用转换公式(2.1.1)式,我们可以在算法中采用 t_{90} 温标数据。

在附录 A.1 中可以找到关于这两种不同温标、它们固有误差和我们推荐原因的延伸讨论。

2.2 海水压强(Sea pressure)

海水压强 p 定义为绝对压强 P 减去一个绝对标准大气压 $P_0 \equiv 101\,325$ Pa 的差,即

$$p \equiv P - P_0 \tag{2.2.1}$$

在海洋学应用中,海水压强经常采用分巴(dbar)作为计量单位。另一个常见的压强变量是校准压强 p^{gauge},它产生于对海上观测仪器的校准,是仪器校正时绝对压强减去绝对标准大气压所得的差(可能在实验室,也可能在海上)。因为大气压强随时间和地点变化,作为热力学变量,海水压强明显与绝对压强相关。GSW 库中海水 Gibbs 函数是海水压强 p 的函数(P 等价于在 IAPWS 和 SIA 库函数中采用的绝对压强 P),而不是校准压强的函数。

2.3 实用盐度(Practical salinity)

实用盐度 S_P 是在 1978 年实用盐标[Unesco(1981,1983)]的基础上根据电导率比率 K_{15} 进

行定义的，K_{15}是温度 $t_{68}=15$℃和一个标准大气压（$p=0$ dbar，绝对压强为 101 325 Pa）下海水样本的电导率与同样温度压强条件下标准氯化钾溶液电导率的比值。标准溶液中氯化钾的质量分数为 $32.435\,6\times10^{-3}$（单位质量溶液中氯化钾的质量）。当 $K_{15}=1$ 时，定义实用盐度 S_P 为 35。注意，实用盐度没有单位。为了方便而把实用盐度标识为"psu"是不准确的；实用盐度更确切地标识为采用实用盐标"PSS－78"。附录 E 中有计算实用盐度的公式，以及必须对 UNESCO（1983）公式做的改动，这是因为 PSS－78 算法基于 t_{68}温标定义，而当温度参数采用 t_{90}温标时，公式必须做相应的改动。读者可以直接参考 CDIAC 关于"盐度测量方法"章节，该章节很好地描述了测量海水电导率的操作过程（Kawano，2009）。

实用盐度 S_P 仅定义在 $2<S_p<42$ 范围内。当通过电导率计算出的实用盐度小于 2 或者大于 42 时，例如在海岸潟湖，应该通过 PSS－78 扩展算法—Hill 等（1986）和 Poisson 与 Gadhoumi（1993）的方法进行计算。当海水样本的实用盐度大于 50 时，必须稀释到有效范围后进行观测，然后基于稀释过程中加入水的质量对测量值进行修正。附录 E 对此进行了详细介绍。

原则上，国家或国际海洋数据库中应该存储实测数据，而不是导出数据。为了一致起见，我们建议各国的国家或国际海洋数据库继续存储实测温度，而不是导出物理量—位温。同样，我们强烈建议数据库中继续以实用盐度 S_P 作为盐度变量进行存储，因为实用盐度 S_P 与电导率测量值密切相关。这样做最重要的好处是，继续保持目前的观测方式，而且避免在国家或国际海洋数据库中存储绝对盐度数据而导致的转换误差。

2.4 基准成分和基准成分盐标（Reference composition and reference－composition salinity Scale）

附录 D 表 D.3 给出了由 Millero 等（1968）采用摩尔分数定义的海水基准成分。Millero 等（2008a）提出将该成分作为标准海水成分的最优估计，它是北大西洋特定区域的表层海水。标准海水组成物质的采集地点并没有特别说明。标准海水部门为调查船提供了基准物质采集地点的指导，要求在 50°W 到 40°W 的深海，而且在白天进行采集。由 Millero 等（2008b）设计的基准成分盐度 S_R（简称基准盐度），是标准海水绝对盐度 S_A 质量分数的最优估计。抛开精度方面的考虑，它精确度量了标准海水中的溶解物质，并且是标准海水 Gibbs 函数中正确的盐度参数。

在实用盐度的定义范围内（$2<S_P<42$），Millero 等（2008a）给出以下关系：

$$S_R \approx u_{PS}\,S_P \text{ 其中，} u_{PS}\equiv(35.165\,04/35)\,\mathrm{g\cdot kg^{-1}} \tag{2.4.1}$$

在 $2<S_P<42$ 范围内，该方程表示在基准成分盐标（Millero 等，2008a）下，海水样本的基准盐度。在实际应用中这个近似关系可以用作等式，因为这个近似关系反映了在与周围没有物质交换、海水被加热、冷却或者压强变化情况下，实用盐度（由观测的电导率、温度和压强计算得到的实用盐度）会发生变化的特性。为了尽可能精确地满足以上特性，1978 年版实用盐标是根据实测的电导率比率，通过多项式近似得到海水中氯元素的含量（实用盐度）。

根据(2.4.1)式,实用盐度为35的海水样本的基准盐度是35.165 04 g·kg^{-1}。Millero等人(2008a)计算出这个数值的绝对误差为 ±0.007 g·kg^{-1}。基准盐度和实用盐度之间的数值差异,可以追溯到通过蒸发海水中的水分后得到的固体物质质量来测量盐度的方法。这个过程也会蒸发掉一些挥发物质,0.165 04 g·kg^{-1}盐度差异的大部分由此产生。

采用质量光谱测定仪或离子套色板对实用盐度 S_P 为35的标准海水成分的测量,能够更新标准海水中溶解物质的质量分数及其误差的估算。该质量分数的任何更新都不会改变基准成分盐标,并且既不影响基准盐度的计算,又不影响绝对盐度的计算,因为绝对盐度等于基准盐度加上绝对盐度偏差。

海洋学数据库存储、处理和输出参数时,采用GF3代码PSAL表示实用盐度,SSAL表示1978年以前观测的盐度(IOC,1987)。为了避免数据库中不同类型盐度的混淆,在任何情况下,不推荐在各国家数据库中存储基准盐度或绝对盐度。

Millero等(2008a)的论文对基准成分和基准盐度进行了详细介绍。为了方便读者,在附录A.3和附录D的表D.3中,给出了Millero等人(2008a)论文的简要介绍和基准盐度的精确定义。

2.5 绝对盐度(Absolute Salinity)

绝对盐度习惯上被定义为海水中溶解物质的质量分数。对于基准成分海水,绝对盐度是基准盐度的当前最优估计。对于成分异常的海水,需要一个扩展的基准成分盐度 S_R,在海洋学的整个量值范围内,S_R 不仅可以精确地度量盐度,而且当溶解物质是基准成分时,它等于基准盐度。当出现成分异常时,不存在一个对溶解物质单独测量的量,它可以完全表现海水所有热力学属性所受的影响,因此很明显需要提供附加信息,或者进行折中。另外,我们介绍一个国际度量单位制的盐度变量(Seitz等,2010b),它保留了海洋学应用所要求的PSS-78高精确性。这个变量即为“密度盐度”(Density-Salinity),它是TEOS-10中所谓的绝对盐度 S_A。这一节我们将介绍如何定义和计算 S_A,但是我们先总结目前海水成分变化的情况下,绝对盐度定义的其他选择。

最直白的绝对盐度定义为:“在一定的温度和压强条件下,海水样本中溶解的非水物质的质量分数”。这个定义远比它的字面更加精细。值得注意的是,对于水的构成是什么,溶解物质的构成是什么,这两个问题仍存在疑问。对于这个问题,可能最明显的例子是当 CO_2 溶于水时会产生 CO_2、H_2CO_3、HCO_3^-、CO_3^{2-}、H^+、OH^- 和 H_2O 的混合物,它们的相对比例取决于电离常数、温度、压强和pH值。因此,给定质量的 CO_2 溶解于纯水中,实质上把部分水变成了电解质。这样定义的绝对盐度依赖于温度和压强的化学平衡,因此温度或者绝热压强变化都将会导致绝对盐度的变化。对于第二个问题,Pawlowicz等(2010)和Wright等(2010b)定义“溶液绝对盐度”[Solution Absolute Salinity,经常简写为“溶液盐度”(Solution Salinity)],S_A^{soln},为海

水样本在恒温 $t=35$℃和固定海水压强 0 dbar（固定绝对压强 101 325 Pa）条件下溶解的非水物质的质量分数。

另一个度量绝对盐度的量是"附加质量盐度"（Added – Mass Salinity）S_A^{add}，它是加入到标准海水中物质的质量分数与 S_R 的和，加入的这些物质必须满足在恒温 $t=25$℃、恒定海水压强 0 dbar 的条件下，溶液达到化学平衡后能够达到给定海水样本中所有物质的浓度。计算绝对盐度不是直接针对成分异常的海水，这是因为即使已知最终稳定状态，也必须反复计算出化学反应之前加入到标准海水的异常溶解物质质量。绝对盐度 S_A^{add} 的定义，对人造海水实验室研究非常有益，并且它不同于 S_A^{soln}，因为加入物质与标准海水已有成分之间会发生化学反应。附加质量盐度可能是用于精确计算江河和热液流排入海水中盐的质量的最佳盐度形式。

"表征绝对盐度"（Performed Absolute Salinity）经常简写为"表征盐度"（Performed Salinity），S_*，是另一种绝对盐度，它被专门设计为尽量接近守恒的一个变量。即 S_* 被设计为不受生物地球化学过程影响的一个变量，而其他类型盐度均会产生不同程度的变化。表征盐度 S_* 的构建，需要首先估算生物地球化学过程对各盐度变量 S_A、S_A^{slon}，以 S_A^{add} 的影响，然后分别从各盐度变量中减去这些影响。以这种方式，表征盐度 S_* 被设计为一个不受非守恒生物地球化学过程影响的守恒变量。S_* 在海洋模型中作用突出。附录 A.4 和附录 A.20 将详细讨论三类绝对盐度 S_A^{soln}、S_A^{add} 和 S_*，以及这些变量之间的近似关系，并基于 Pawlowicz 等（2010b）的研究成果，给出了 $S_A \equiv S_A^{dens}$。注意，对于标准海水样本，S_R、S_A、S_A^{soln}、S_A^{add} 和 S_* 这 5 个变量是相等的。

通常情况下，标准海水任意增加多种成分时，没有简单的方法来度量 S_A^{soln} 和 S_A^{add}。因此需要一个更精确、更简便度量海水中溶解物质的变量，为此 TEOS – 10 采用了"密度盐度"（Density Salinity）这个变量。"密度盐度"S_A^{dens} 定义为：通过 TEOS – 10 中密度的计算公式，当密度等于在 $t=25$℃、海水压强 $p=0$ dbar 条件下给定样本的实际测量密度时所对应的盐度值。在不产生混淆的情况下，"密度盐度"（Density Salinity）也可以称作绝对盐度，标识为 S_A，即 $S_A \equiv S_A^{dens}$。我们通常没有精确的密度测量值，但我们有实用盐度、温度和压强的测量值，在这种情况下，利用实用盐度和 Mcdougall，Jackett 和 Millero（2010）的算法计算绝对盐度，该算法提供了 $\delta S_A = S_A - S_R$ 的值。该算法如下。

在一系列论文中［Millero 等（1976a，1978，2000，2008b）；McDougall 等（2009）］，通过海水样本密度的精确测量值，以及这些样本的实用盐度，计算出世界大洋中大多数海盆中 $\delta S_A = S_A - S_R$的值。这个方法首先通过 TEOS – 10 状态方程，将基准盐度作为盐度变量，计算得到"基准密度"（Reference Density）（这个算法基本假设海水样本与标准海水成分相同）。利用实测密度和基准密度之间的差异来计算绝对盐度偏差 $\delta S_A = S_A - S_R$（Millero 等，2008a）。McDougall 等人（2010a）算法是基于 $S_A - S_R$ 数据与海水样本中硅酸盐浓度（Millero 等，2008a）之间的相关关系计算得到，硅酸盐则由世界图集（Gouretski 和 Koltermann，2004）插值得到。

计算绝对盐度采用如下公式：

$$S_A = S_R + \delta S_A = S_A(S_P, \phi, \lambda, p) \tag{2.5.1}$$

(2.5.1)式中，ϕ 是纬度（北纬为正），λ 是经度（东经起算，范围是 0°~360°），p 是海水压强（dbar）。

令人启发的是，$\delta S_A = S_A - S_R$ 对硅酸盐的依赖，反映了一个事实：硅酸盐对海水密度有影响，但是对电导率和实用盐度没有明显影响。此影响的 60% 由硅酸盐造成，而剩余影响是由其他成分偏差（如硝酸盐）与硅酸盐的相关关系造成的。根据 Millero 和 Kremling（1976）和 Feistel 等（2010c）的研究结果，在 McDougall 等人（2010a）的算法中，把计算波罗的海海水盐度的方法独立出来，因为流入波罗的海的河流的碳酸钙浓度较高。

通过绝对盐度计算绝对密度，以及通过基准盐度和密度偏差计算绝对盐度的流程简图，见图 2.1。

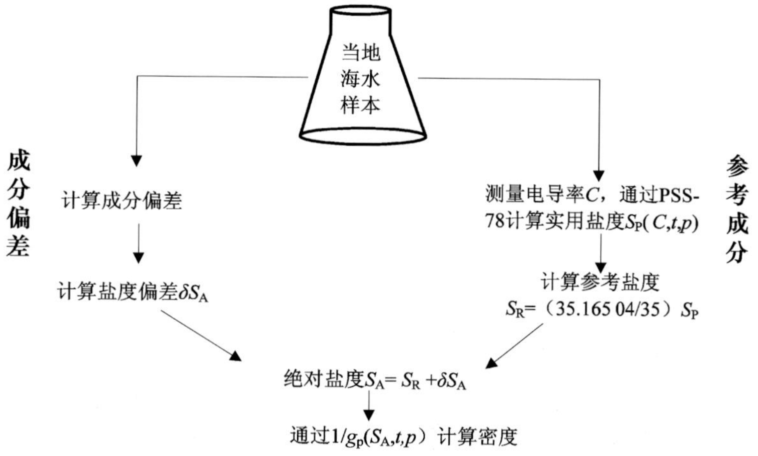

图 2.1　计算绝对盐度流程简图

因为极少测量海水密度，所以我们推荐图 2.1 所展示的方法作为一种包括成分偏差对绝对盐度和密度估算的影响的实用方法。如果已知成分偏差，McDougall 等人（2010a）算法根据实用盐度和观测点的地理位置可用于计算绝对盐度。

McDougall 等人（2010a）的算法计算了实用盐度和绝对盐度的差异，见图 2.2（a）2 000 dbar等压面的绝对盐度偏差图和图 2.2（b）太平洋的 180°E 断面绝对盐度偏差的垂直断面图。

目前全球大洋 800 多个海水采样 $\delta S_A = S_A - S_R$ 计算结果的标准偏差为 0.010 7 g · kg^{-1}。即 811 个样本的 $\delta S_A = S_A - S_R$ 典型值为 0.010 7 g · kg^{-1}。实测 $\delta S_A = S_A - S_R$ 与通过 McDougall（2009）算法得出结果差异的标准偏差为 0.004 8 g · kg^{-1}。$\delta S_A = S_A - S_R$ 最大值约为 0.025 g · kg^{-1}，出现在北太平洋。

IAPWS－08 和 IAPWS－06 定义的海水与 Ih 冰的热力学描述，已于 2009 年 6 月被政府间海洋学委员会采纳为官方的海水与冰的热力学描述。海委会通过了这些海水和冰的热力学表

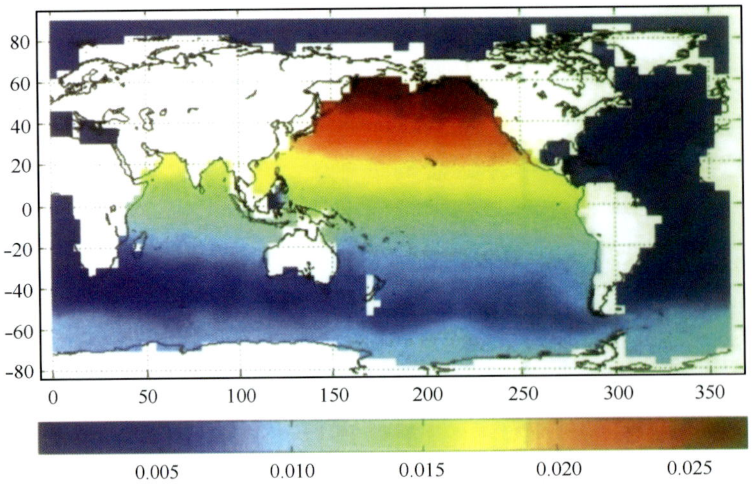

图 2.2(a)　$p=2\ 000$ dbar 等压面上的绝对盐度偏差 δS_A(g·kg^{-1})

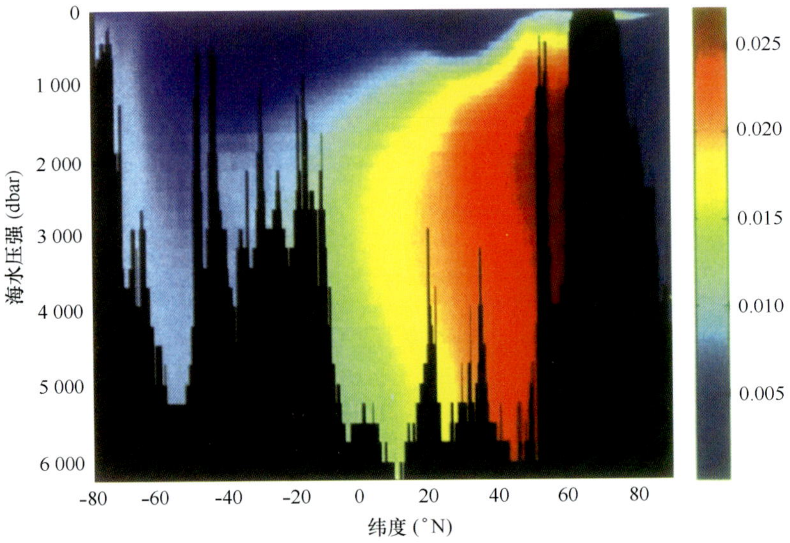

图 2.2(b)　太平洋沿 180°E 垂直断面上的绝对盐度偏差 δS_A(g·kg^{-1})

述,并认识到在未来几十年内他们将会改进绝对盐度的计算方法。根据实用盐度、纬度、经度和压强计算绝对盐度的算法可能随时更新,当相关合适的论文出现后,网站 www. TEOS - 10. org 将提供这些更新的算法。采用这些软件的用户应该在其发表的文章中注明他们计算绝对盐度所采用的软件版本。

目前采用 Fortran 和 Matlab 语言开发的通过实用盐度、经度、纬度和压强计算绝对盐度的计算机软件可以在网站 www. TEOS - 10. org 进行下载。绝对盐度也可以通过 SIA 算法库中密度函数 $S_A(T,P,\rho)$ 的逆函数得到,即 sea - sa_si 算法(见附录 M)。

2.6 海水的 Gibbs 函数(Gibbs function of seawater)

海水的 Gibbs 函数 $g(S_A,t,p)$ 与比焓 h(specific enthalpy)和熵(entropy) η 相关,因为 $g = h-(T_0+t)\eta$,其中,$T_0=273.15$ K,为摄氏零度。TEOS-10 定义海水 Gibbs 函数为纯水分函数与盐液分函数的和(IAPWS-08):

$$g(S_A,t,p) = g^W(t,p) + g^S(S_A,t,p) \tag{2.6.1}$$

盐液分函数,g^S,在 $0<S_A<42$ g·kg^{-1}、-6.0℃ $<t<40$℃、$0<p<10^4$ dbar 的范围内是有效的,尽管它的热属性和依数特性(colligative properties)在 $p=0$ 时,温度 $t=80$℃、$S_A=120$ g·kg^{-1}时仍然有效。

Gibbs 函数的纯水分函数,g^W,可以通过纯水 IAPWS-95 Helmholtz 函数得到,其有效范围从冰点到 1 273 K,或者从 IAPWS-09 Gibbs 函数得到,此函数的有效范围是海洋学范畴内温度和压强的范围:温度从低于(任何压强下的)海水冰点到40℃,尤其是在 $-[2.65+(p+P_0)\times 0.0743\ \text{MPa}^{-1}]$ ℃到40℃时,压强范围是 $0<p<10^4$ dbar。从海洋学的实用角度出发,我们希望采用IAPWS-09 函数,这是因为它的计算速度比纯水 IAPWS-95 函数的速度高2个量级左右。然而如果海水温度范围为40℃到80℃,则必须采用 IAPWS-95 版的 g^W 函数[采用绝对温度(K)和绝对压强(Pa)],而不是 IAPWS-09 版的 g^W 函数。

SIA 算法库提供了由 IAPWS-95(纯水 Helmholtz 函数公式的版本)和 IAPWS-08[Feistel(2008)Gibbs 函数版本]导出的热力学属性,GSW 算法库提供了由 IAPWS-09[Feistel(2003)Gibbs 纯水函数版本]和 IAPWS-08 导出的热力学属性。GSW 库严格要求输入温度和压强在海洋学标准范围内,然而输出结果的有效范围在 $p=0$ 的条件下可以扩展到绝对盐度高至矿物的饱和浓度(Marion 等,2009)。比容(Gibbs 函数对压强的导数)是在 $p=0$ 的条件下温度和绝对盐度的 Neptunian 范围(即海洋学范围)以外的外推量,其误差高达3%。我们重点描述采用单一盐度变量 S_A,化学成分比例(如,Na/Cl,Ca/Mg,Cl/HCO_3 等)几乎固定的海水模型。当海水蒸发或结冰时,类似 $CaCO_3$ 的矿物就会沉淀析出。采用 S_A 作为输入变量(见 2.5 节)可以合理处理微小误差,但是沉淀会导致比例几乎固定的标准海水的比例发生变化。在沉淀的极端条件下,Millero(2008a)基准成分的海水模型将不再适用。图 2.3 说明了 2008 年(pCO_2 = 385 μatm①)和 2100 年($pCO_2=550$ μatm) S_A-t 的有效边界(由沉淀确定)(摘自 Marion 等,2009)。

Gibbs 函数(2.6.1)式包含了 4 个不能由热力学测量获取的任意常数。这些任意常数意味着 Gibbs 函数(2.6.1)式是不可知的,并且温度和绝对盐度的任意函数也是不可知的(其中 T_0 是摄氏零度,273.15 K)。

① 1 atm = 101.325 kPa.

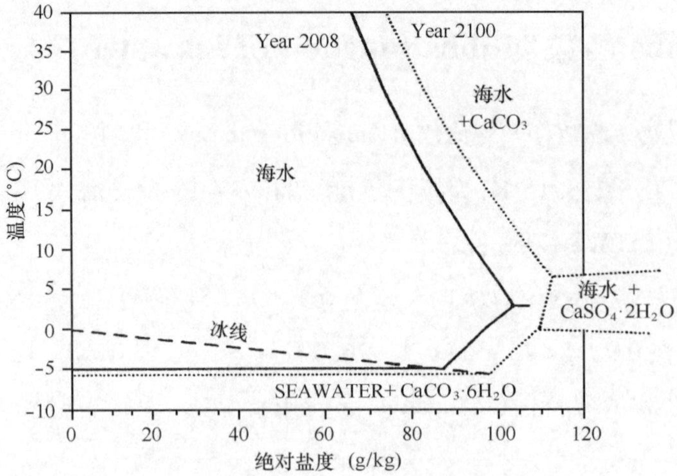

图 2.3　2008 年,$p=0$ 时,Millero(2008a)成分的有效边界(实线)和在 2100 年的可能边界(虚线)

$$[a_1 + a_2(T_0 + t)] + [a_3 + a_4(T_0 + t)]S_A \qquad (2.6.2)$$

(Fofonoff,1962;Feistel 和 Hagen,1995)。前两个参数 a_1 和 a_2 是纯水 Gibbs 函数 $g^W(t,p)$ 的常数,后两个参数 a_3 和 a_4 是盐液 Gibb 函数 $g^S(S_A,t,p)$ 的任意常数。根据惯例,通过使纯水在三相点(固体、液体、气体能平衡共存)温度时内能和熵为零,计算出前两个系数:

$$\eta^W(t_t,p_t) = 0 \qquad (2.6.3)$$

$$u^W(t_t,p_t) = 0 \qquad (2.6.4)$$

IAPWS－95 对此有所介绍,更为详细的内容可以参阅 Feistel 等(2009)描述纯水的 IAPWS－95 Helmholtz 函数。把(2.6.1)式中纯水 Gibbs 函数 $g^W(t,p)$ 从 Feistel(2003)拟合的 Gibbs 函数中独立出来,任意常数 a_1 和 a_2 就是附录 F(无量纲形式)中的 g_{00} 和 g_{10}。g_{00} 和 g_{10} 与 Feistel(2003)论文中的数值并不相同,Feistel(2008)解释目前采用的值由 IAPWS－09 计算并更精确地满足水的三相点条件:(2.6.3)式和(2.6.4)式。

(2.6.2)式中其余的两个任意常数 a_3 和 a_4,可以通过满足标准状态下 $(S_{SO},t_{SO},p_{SO}) = (35.165\,04\ \text{g}\cdot\text{kg}^{-1}, 0℃, 0\ \text{dbar})$ 标准海水样本的比焓 h 和比熵 η 皆为零得到。即,

$$h(S_{SO},t_{SO},p_{SO}) = 0 \qquad (2.6.5)$$

$$\eta(S_{SO},t_{SO},p_{SO}) = 0 \qquad (2.6.6)$$

这些条件可以更详细地、更正式地写作(Feistel,2008;IAPWS－08):

$$h^S(S_{SO},t_{SO},p_{SO}) = u^W(t_t,p_t) - h^W(t_{SO},p_{SO}) \qquad (2.6.7)$$

$$\eta^S(S_{SO},t_{SO},p_{SO}) = \eta^W(t_t,p_t) - \eta^W(t_{SO},p_{SO}) \qquad (2.6.8)$$

上述书写方式表明,(2.6.7)式和(2.6.8)式利用纯水特性(等式右边)来约束盐液 Gibbs 函数定义中的任意常数。这些方程右边第一项为零[见(2.6.3)式和(2.6.4)式],如此书写盐液 Gibbs 函数的约束条件,可以使其不依赖纯水热力学定义中任意常数的变化。这两个稍微

有所区别的纯水热力学函数定义，分别命名为 IAPWS－95 和 IAPWS－09，二者都满足在纯水的三相点内能和熵均为零的条件。然而在标准海水的温度和压强条件下，纯水的熵和焓，即(2.6.7)式和(2.6.8)式右边的 $h^{W}(t_{SO},p_{SO})$ 和 $\eta^{W}(t_{SO},p_{SO})$ 在两种定义中稍微有所区别。例如，通过 IAPWS－09 计算的 $h^{W}(t_{SO},p_{SO})$ 是 3.3×10^{-3} J/kg(见附录 G 中表格)，而 IAPWS－95 双精度计算时的舍入误差是 2×10^{-8} J/kg。这些问题将在 3.3 节中详细介绍。

附录 G 中给出 Feistel(2003)和 IAPWS－09 纯水 Gibbs 函数 $g^{W}(t,p)$ 的多项式形式和系数，而附录 H 给出了盐液 Gibbs 函数 $g^{S}(S_{A},t,p)$（摘自 Feistel，2008；IAPWS－08）的多项式与对数相结合的形式和系数。

SCOR/IAPSO 127 工作组已经独立地验证了在 Feistel(2003)和 Feistel(2008)这两篇基础论文所描述 Gibbs 函数在各种热力学情况下对基础数据的拟合精度。验证工作由 Giles M. Marion 实施，附录 O 对验证结果进行了总结。目前正在进一步验证 Gibbs 函数，在验证这些 Gibbs 函数的过程中国际水和水汽属性协会(IAPWS)发布了 IAPWS－08 和 IAPWS－09 函数集。

Feistel(2003)和 Feistel(2008)的 Gibbs 函数与基础(实验室)数据包括密度、声速、比热容、最大密度对应的温度等拟合情况的讨论、这些函数与 EOS－80 算法进行比对的结果，都可以在这些论文中看到。IAPWS－09 讨论了 Feistel(2003)Gibbs 函数对 IAPWS－95 热力学势拟合的精度；总之，在 IAPWS－09 的有效范围内，密度、热扩散系数和比热容等变量在 IAPWS－09 和 IAPWS－95 之间拟合的标准偏差在 20～100 之间，小于实验室数据拟合两种热力学势对应的误差。因此，在海洋学参数的范围内，可以认为 IAPWS－09 和 IAPWS－95 同等精确地描述了纯水的热力学特性。

在 SIA 和 GSW 两个计算机软件库中，Gibbs 函数 g 的计量单位都是 $\mathrm{J\cdot kg^{-1}}$。

2.7 比容(Specific volume)

海水比容 ν 是绝对盐度 S_A 和实测温度 t 恒定的条件下，Gibbs 函数对压强的导数，即

$$\nu = \nu(S_A,t,p) = g_p = \partial g/\partial p\,\big|_{S_A,T} \tag{2.7.1}$$

注意，比容是绝对盐度 S_A 的函数，而不是基准盐度 S_R 或实用盐度 S_P 的函数。2.8 节中将讨论该要点的重要性。当计算实测温度或者恒定实测温度的导数时，为了避免与观测时间混淆，在这些导数的表达式中用符号 T 代替 t。

在海洋学理论研究和模式中，采用位温或保守温度(conservative temperature)作为温度变量，较之实测温度 t 更为方便。我们注意到，在固定绝对盐度条件下，η、θ 和 Θ 三个变量中任何一个为常数时，比容等于比焓对压强的导数，公式如下(附录 A.11)

$$\partial h/\partial p\,\big|_{S_A,\eta} = \partial h/\partial p\,\big|_{S_A,\Theta} = \partial h/\partial p\,\big|_{S_A,\theta} = \nu \tag{2.7.2}$$

在 SIA 和 GSW 两个算法库中，比容 ν 的计量单位均为 $\mathrm{m^3\cdot kg^{-1}}$。

2.8 密度(Density)

海水密度ρ是比容的倒数,即在绝对盐度S_A或实测温度t恒定的情况下,Gibbs 函数对压强导数的倒数,即:

$$\rho = \rho(S_A, t, p) = (g_p)^{-1} = (\partial g/\partial p|_{S_A,T})^{-1} \tag{2.8.1}$$

注意,密度是绝对盐度S_A的函数,而不是基准盐度S_R或实用盐度S_P的函数,这是至关重要的,因为绝对盐度S_A的计量单位是 g · kg^{-1},在开放大洋中,数值上绝对盐度超出实用盐度 0.165 g · kg^{-1}到 0.195 g · kg^{-1}。因此,如果不小心在密度计算中采用了实用盐度,会导致密度 0.12 kg · m^{-3}到 0.15 kg · m^{-3}的误差。

在很多海洋学理论研究和模式中,把密度当成位温或保守温度的函数,较之实测温度t更为方便。即得到下面两种计算密度的函数形式,

$$\rho = \tilde{\rho}(S_A, \theta, p) = \hat{\rho}(S_A, \Theta, p) \tag{2.8.2}$$

其中,θ、Θ分别是在$p_r = 0$ dbar 时的位温和保守温度。我们采用以下惯例(见附录 L 中表 L.2):当熵h、比容ν或密度ρ表示为位温的函数时,在变量名上加上弯曲符号,即$\tilde{h}$、$\tilde{\nu}$和$\tilde{\rho}$;表示为保守温度的函数时,在变量名上加上帽子,即$\hat{h}$、$\hat{\nu}$和$\hat{\rho}$。依照这个惯例,偏微分的公式,例如(2.7.2)式,可以简化为

$$\widehat{h}_p = \tilde{h}_p = \hat{h}_p = \nu = \rho^{-1} \tag{2.8.3}$$

这是由于在偏微分算法中把其他变量看做常数的缘故。附录 P 列出以热力学势表示的多个热力学变量表达式

$$h = \widehat{h}(S_A, \eta, p)、\ h = \tilde{h}(S_A, \theta, p) \text{ 和 } h = \hat{h}(S_A, \Theta, p) \tag{2.8.4}$$

在 SIA 和 GSW 两个计算机库中,密度ρ的计量单位是 kg · m^{-3}。

附录 A.30 和附录 K 中给出了包含 25 个系数(McDonald 等,2010b)计算$\hat{\rho}(S_A, \Theta, p)$和$\tilde{\rho}(S_A, \theta, p)$的公式及其描述。这些公式可对压强进行积分,得到$\hat{h}(S_A, \Theta, p)$和$\tilde{h}(S_A, \theta, p)$的闭合公式[见(A.30.6)式]。

2.9 化学势(Chemical potential)

对于任意由水和盐两部分组成的热力学系统,水的质量为m_W和盐的质量为m_S的海水样本,在温度t和压强p下,其 Gibbs 能,G,可以写成以下形式(Landua 和 Lifshitz,1959;Alberty,2001;Feistel,2008)

$$G(m_W, m_S, t, p) = m_W\mu^W + m_S\mu^S \tag{2.9.1}$$

其中,海水中水的化学势μ^W和盐的化学势μ^S由偏微分定义为

$$\mu^{\mathrm{W}} = \left(\frac{\partial G}{\partial m_{\mathrm{W}}}\right)_{m_{\mathrm{S}},T,p} \quad 和\ \mu^{\mathrm{S}} = \left(\frac{\partial G}{\partial m_{\mathrm{S}}}\right)_{m_{\mathrm{W}},T,p} \tag{2.9.2}$$

定义绝对盐度为海水中所溶解盐的质量分数(Millero 等,2008a)为 $S_{\mathrm{A}} = \dfrac{m_s}{(m_w + m_s)}$,则单位质量 Gibbs 能(specific Gibbs energy)为:

$$g(S_{\mathrm{A}},t,p) = \frac{G}{m_w + m_{\mathrm{S}}} = (1 - S_{\mathrm{A}})\mu^{\mathrm{W}} + S_{\mathrm{A}}\mu^{\mathrm{S}} = \mu^{\mathrm{W}} + S_{\mathrm{A}}(\mu^{\mathrm{S}} - \mu^{\mathrm{W}}) \tag{2.9.3}$$

并且它与海水样本的总质量无关。注意,这个表示为盐函数和水函数之和的 g 的公式,与(2.6.1)式(μ^{W} 是海水中纯水的化学势,它并不对应于纯水样本 g^{W} 的化学势)中把纯水和盐分开考虑并不相同。该 Gibbs 能 g 被用于海水的热力学势函数(Gibbs 函数)。根据 Gibbs 函数,g,利用以上 3 个方程可以把 μ^{W} 和 μ^{S} 的计算式写为:

$$\begin{aligned}\mu^{\mathrm{W}} &= \left.\frac{\partial[(m_{\mathrm{W}} + m_{\mathrm{S}})g]}{\partial m_{\mathrm{W}}}\right|_{m_{\mathrm{S}},T,p} = g + (m_{\mathrm{W}} + m_{\mathrm{S}})\left.\frac{\partial g}{\partial S_{\mathrm{A}}}\right|_{T,p}\left.\left(\frac{\partial S_{\mathrm{A}}}{\partial m_{\mathrm{W}}}\right)\right|_{m_{\mathrm{S}}} \\ &= g - S_{\mathrm{A}}\left.\left(\frac{\partial g}{\partial S_{\mathrm{A}}}\right)\right|_{T,p}\end{aligned} \tag{2.9.4}$$

海水中盐的化学势为:

$$\begin{aligned}\mu^{\mathrm{S}} &= \left.\frac{[\partial(m_{\mathrm{W}} + m_{\mathrm{S}})g]}{\partial m_{\mathrm{S}}}\right|_{m_{\mathrm{W}},T,p} = g + (m_{\mathrm{W}} + m_{\mathrm{S}})\left.\frac{\partial g}{\partial S_{\mathrm{A}}}\right|_{T,p}\left.\frac{\partial S_{\mathrm{A}}}{\partial m_{\mathrm{S}}}\right|_{m_{\mathrm{W}}} \\ &= g + (1 - S_{\mathrm{A}})\left.\frac{\partial g}{\partial S_{\mathrm{A}}}\right|_{T,p}\end{aligned} \tag{2.9.5}$$

根据(2.9.4)式和(2.9.5)式,相对化学势 μ(relative chemical potential),通常称作“海水化学势”(chemical potential of seawater),可以写作

$$\mu = \mu^{\mathrm{S}} - \mu^{\mathrm{W}} = \left.\frac{\partial g}{\partial S_{\mathrm{A}}}\right|_{T,p} \tag{2.9.6}$$

这个变量用于描述在温度和压强不变的条件下,固定质量海水样本中小部分纯水被盐替换时,Gibbs 能的变化。同样,根据热力学基本关系[附录 A.7 中(A7.1)式],海水的化学势 μ 用于描述压强和熵不变情况下固定质量的海水样本中小部分水被盐 $\mathrm{d}S_{\mathrm{A}}$ 替换时焓的变化 $\mathrm{d}h$。(2.9.4)~(2.9.6)式用于根据海水的 Gibbs 函数 g,定义该 3 个化学势。注意,在(2.9.1)式~(2.9.5)式中的权重绝对是海水中盐和纯水的质量分数,因此对于一个异常成分组成的海水样本,根据 $S_{\mathrm{A}}^{\mathrm{soln}}$ 比 $S_{\mathrm{A}} = S_{\mathrm{A}}^{\mathrm{dens}}$ 计算的质量分数更精确。在这一点上,(2.9.1)式中的 Gibbs 能应该是海水中各种成分化学势的加权和。但是,实际上,由于水汽压、潜热和冰点温度并不都精确地依赖于盐度,因此在这一节中推荐采用绝对盐度 S_{A}。

SIA 计算机算法库(附录 M)主要采用 SI 单位,所以 S_{A} 的计量单位是 kg · kg^{-1},并且 g,μ,μ^{W} 和 μ^{S} 的计量单位都是 J · kg^{-1}。在 GSW 库的程序代码中,S_{A} 的单位是g · kg^{-1},并且 g,μ,μ^{W} 和 μ^{S} 的计量单位都是 J · g^{-1}。采用海洋常用计量单位(非 SI 单位)时,需特别注意方程的计量单位,例如(2.9.3)式和(2.9.5)式中的计算项($1 - S_{\mathrm{A}}$),S_{A} 的计量单位必须是 kg · kg^{-1}。

在海洋学中采用非 SI 计量单位会经常导致类似的麻烦。

2.10 熵(Entropy)

海水比熵 η 的定义为

$$\eta = \eta(S_A,t,p) = -g_T = -\partial g/\partial T|_{S_A,p} \tag{2.10.1}$$

当计算关于实测温度或者恒定实测温度的导数时,为了避免与观测时间混淆,我们在这些导数公式中采用符号 T 代替 t。

在 SIA 和 GSW 算法库中,比熵 η 的计量单位都是 $J \cdot kg^{-1} \cdot K^{-1}$。

2.11 内能(Internal energy)

海水比内能 u 的定义为(其中,T_0 是 0℃、273.15 K,P_0 = 101 325 Pa 是标准大气压强)

$$\begin{aligned} u &= u(S_A,t,p) = g + (T_0 + t)\eta - (p + P_0)\nu \\ &= g - (t + T_0)\frac{\partial g}{\partial T}\bigg|_{S_A,p} - (p + P_0)\frac{\partial g}{\partial p}\bigg|_{S_A,T} \end{aligned} \tag{2.11.1}$$

这个公式是采用非 SI 单位出现问题的一个例子,因为在(2.11.1)式中的 $-(p+P_0)\nu$,如果 ν 的单位是 $m^3 \cdot kg^{-1}$时,$(p+P_0)$的计量单位必须是帕斯卡(Pa)。

在 SIA 和 GSW 算法库中,比内能 u 的计量单位都是 $J \cdot kg^{-1}$。

2.12 焓(Enthalpy)

海水比焓 h 的定义为

$$h = h(S_A,t,p) = g + (t + T_0)\eta = g - (t + T_0)\frac{\partial g}{\partial T}\bigg|_{S_A,p} \tag{2.12.1}$$

在 SIA 和 GSW 算法库中,比焓 h 的计量单位都是 $J \cdot kg^{-1}$。

2.13 亥姆霍兹能(Helmholtz energy)

海水比亥姆霍兹能 f 的定义为

$$f = f(S_A,t,p) = g - (p + P_0)\nu = g - (p + P_0)\frac{\partial g}{\partial p}\bigg|_{S_A,T} \tag{2.13.1}$$

这个公式是另外一个采用非 SI 单位产生问题的例子,因为(2.13.1)式中的 $-(p+P_0)\nu$,如果 ν 的单位是 $m^3 \cdot kg^{-1}$,$(p+P_0)$的计量单位必须是帕斯卡(Pa)。在 SIA 和 GSW 算法库中,比亥姆霍兹能 f 的计量单位是 $J \cdot kg^{-1}$。

2.14 渗透系数(Osmotic coefficient)

海水渗透系数 ϕ 的定义为

$$\phi = \phi(S_{\mathrm{A}},t,p) = -\left(g^{\mathrm{S}} - S_{\mathrm{A}}\frac{\partial g}{\partial S_{\mathrm{A}}}\bigg|_{T,p}\right)[m_{\mathrm{SW}}R(T_0+t)]^{-1} \tag{2.14.1}$$

海水渗透系数用于描述加入每摩尔盐后海水化学势的变化，表示为海水热能 $R(T_0+t)$ 的倍数（Millero 和 Leung，1976；Feistel 和 Marion，2007；Feistel，2008），

$$\mu^{\mathrm{W}}(0,t,p) = \mu^{\mathrm{W}}(S_{\mathrm{A}},t,p) + m_{\mathrm{SW}}R(T_0+t)\phi \tag{2.14.2}$$

其中，$R=8.314\ 472\ \mathrm{J\cdot mol^{-1}\cdot K^{-1}}$，是普适摩尔气体常数。摩尔浓度 m_{SW} 是每千克纯水中溶解的基准成分溶解物质的摩尔数，由 Millero 等人（2008a）定义。注意，计算中采用盐的中性分子而不是离子时，海水的摩尔浓度会不同[详见 Feistel 和 Marion（2007）论文中第 519 页的讨论]。冰点降低方程（3.33.1）式和（3.33.2）式或者水汽压降低（见 Millero 和 Leung，1976；Bromley 等，1974）可以依据海水扩散系数计算出。

2.15 等温压缩率（Isothermal compressibility）

至此，上述热力学属性的定义都是基于 Gibbs 函数本身和它的一阶导数。而本章中剩余属性的定义都涉及高阶导数。

海水等温等盐压缩率 κ^t 的定义如下：

$$\kappa^t = \kappa^t(S_{\mathrm{A}},t,p) = \rho^{-1}\frac{\partial\rho}{\partial p}\bigg|_{S_{\mathrm{A}},T} = -\nu^{-1}\frac{\partial\nu}{\partial p}\bigg|_{S_{\mathrm{A}},T} = -\frac{g_{pp}}{g_p} \tag{2.15.1}$$

其中，g_{pp} 是在 S_{A} 和 t 恒定条件下，g 相对于压强的二阶导数的缩写。由 SIA 算法库（附录 M）计算的海水等温压缩率 κ^t 的计量单位是 $\mathrm{Pa^{-1}}$，而由 GSW 库（附录 N）计算的 κ^t 的计量单位是 $\mathrm{dbar^{-1}}$。

2.16 等熵等盐压缩率（Isentropic and isohaline compressibility）

当熵和盐度保持不变而压强变化时，等熵等盐压缩率 κ 的定义如下：

$$\kappa = \kappa(S_{\mathrm{A}},t,p) = \rho^{-1}\frac{\partial\rho}{\partial p}\bigg|_{S_{\mathrm{A}},\eta} = -\nu^{-1}\frac{\partial\nu}{\partial p}\bigg|_{S_{\mathrm{A}},\eta} = \rho^{-1}\frac{\partial\rho}{\partial p}\bigg|_{S_{\mathrm{A}},\theta} = \rho^{-1}\frac{\partial\rho}{\partial p}\bigg|_{S_{\mathrm{A}},\Theta}$$

$$= \frac{(g_{Tp}^2 - g_{TT}g_{pp})}{g_p g_{TT}} \tag{2.16.1}$$

有时把等熵等盐压缩率 κ 简称为等熵压缩率（或者有时称作绝热压缩率），广义的理解是在等熵绝热压强变化过程中盐没有转移。由 SIA 算法库（附录 M）计算海水的等熵等盐可压缩率 κ 的计量单位是 $\mathrm{Pa^{-1}}$，而在 GSW 库（附录 N）中 κ 的计量单位是 $\mathrm{dbar^{-1}}$。

2.17 声速（Sound speed）

海水声速 c 的定义如下：

$$c = c(S_{\mathrm{A}},t,p) = \sqrt{\partial p/\partial\rho\,|_{S_{\mathrm{A}},\eta}} = \sqrt{(\rho\kappa)^{-1}} = g_p\sqrt{g_{TT}/(g_{Tp}^2 - g_{TT}g_{pp})} \tag{2.17.1}$$

所有算法库中声速 c 的计量单位都是 $\mathrm{m\cdot s^{-1}}$。注意，(2.17.1)式中因为声速的计量单位为 $\mathrm{m\cdot s^{-1}}$，密度的计量单位为 $\mathrm{kg\cdot m^{-3}}$，所以偏导数中压强的计量单位必须是 Pa，等熵压缩率 κ 的计量单位必须是 $\mathrm{Pa^{-1}}$。

2.18 热扩散系数(Thermal expansion coefficients)

对于实测温度 t，热扩散系数 α^t 的定义是：

$$\alpha^t = \alpha^t(S_A,t,p) = -\frac{1}{\rho}\frac{\partial\rho}{\partial T}\bigg|_{S_A,p} = \frac{1}{\nu}\frac{\partial\nu}{\partial T}\bigg|_{S_A,p} = \frac{g_{Tp}}{g_p} \tag{2.18.1}$$

对于位温 θ，热扩散系数 α^θ 的定义是(见附录 A.15)：

$$\alpha^\theta = \alpha^\theta(S_A,t,p,p_r) = -\frac{1}{\rho}\frac{\partial\rho}{\partial\theta}\bigg|_{S_A,p} = \frac{1}{\nu}\frac{\partial\nu}{\partial\theta}\bigg|_{S_A,p} = \frac{g_{Tp}}{g_p}\frac{g_{TT}(S_A,\theta,p_r)}{g_{TT}} \tag{2.18.2}$$

其中，p_r 是位温的基准压强。分子中的导数 g_{TT} 在 (S_A,θ,p_r) 条件下进行计算，而其他导数都在 (S_A,t,p) 条件下计算。

对于保守温度 Θ，热扩散系数 α^Θ 的定义为(见附录 A.15)：

$$\alpha^\Theta = \alpha^\Theta(S_A,t,p) = -\frac{1}{\rho}\frac{\partial\rho}{\partial\Theta}\bigg|_{S_A,p} = \frac{1}{\nu}\frac{\partial\nu}{\partial\Theta}\bigg|_{S_A,p} = -\frac{g_{Tp}}{g_p}\frac{c_p^0}{(T_0+\theta)g_{TT}} \tag{2.18.3}$$

注意，保守温度 Θ 仅在基准压强为 0 dbar 进行定义，(2.18.3)式中的 θ 是 $p_r = 0$ dbar 处的位温。(2.18.3)式中右边所有的导数都在 (S_A,t,p) 条件下进行计算。3.5 节中的(3.3.3)式定义了常数 c_p^0。

2.19 盐浓缩系数(Saline contraction coefficients)

在实测温度恒定的情况下，盐浓缩系数 β^t 的定义为：

$$\beta^t = \beta^t(S_A,t,p) = \frac{1}{\rho}\frac{\partial\rho}{\partial S_A}\bigg|_{T,p} = -\frac{1}{\nu}\frac{\partial\nu}{\partial S_A}\bigg|_{T,p} = -\frac{g_{S_Ap}}{g_p} \tag{2.19.1}$$

在位温 θ 恒定的情况下，盐浓缩系数 β^t 的定义为(见附录 A.15)

$$\beta^\theta = \beta^\theta(S_A,t,p,p_r) = \frac{1}{\rho}\frac{\partial\rho}{\partial S_A}\bigg|_{\theta,p} = -\frac{1}{\nu}\frac{\partial\nu}{\partial S_A}\bigg|_{\theta,p}$$

$$= \frac{g_{Tp}[g_{S_AT} - g_{S_AT}(S_A,\theta,p_r)] - g_{TT}g_{S_Ap}}{g_pg_{TT}} \tag{2.19.2}$$

其中，p_r 是位温 θ 的基准压强。分子中的导数 g_{TT} 在 (S_A,θ,p_r) 条件下进行计算，而其他导数在 (S_A,t,p) 条件下计算。

在保守温度不变的情况下，盐浓缩系数 β^Θ 的定义为(见附录 A.15)

$$\beta^\Theta = \beta^\Theta(S_A,t,p) = \frac{1}{\rho}\frac{\partial\rho}{\partial S_A}\bigg|_{\Theta,p} = -\frac{1}{\nu}\frac{\partial v}{\partial S_A}\bigg|_{\Theta,p}$$

$$= \frac{g_{Tp}[g_{S_A T} - (T_0 + \theta)^{-1} g_{S_A}(S_A, \theta, 0)] - g_{TT} g_{S_A p}}{g_p g_{TT}} \tag{2.19.3}$$

注意，正如本式所示，保守温度 Θ，仅仅是在基准压强为 0 dbar 的条件下进行定义的，分子中的导数 g_{S_A} 在 $(S_A, \theta, 0)$ 条件下计算，而其他导数在 (S_A, t, p) 条件下计算。

由 SIA 算法库（附录 M）计算的 3 个盐浓缩系数的计量单位都是 $kg \cdot kg^{-1}$，而通过 GSW 库（附录 N）计算的 3 个盐浓缩系数的计量单位都是 $kg \cdot g^{-1}$，与 GSW 库中 S_A 的首选海洋学计量单位 $g \cdot kg^{-1}$ 一致。

2.20 等压热容（Isobaric heat capacity）

等压比热容 c_p 是在绝对盐度 S_A 和压强 p 恒定的条件下，比焓随温度变化的速率。因此，

$$c_p = c_p(S_A, t, p) = \left.\frac{\partial h}{\partial T}\right|_{S_A, p} = -(T_0 + t) g_{TT} \tag{2.20.1}$$

在 $p = 0$，$S_A - \Theta$ 平面上，等压比热容 c_p 大约有 5% 的变化，详见图 2.4。

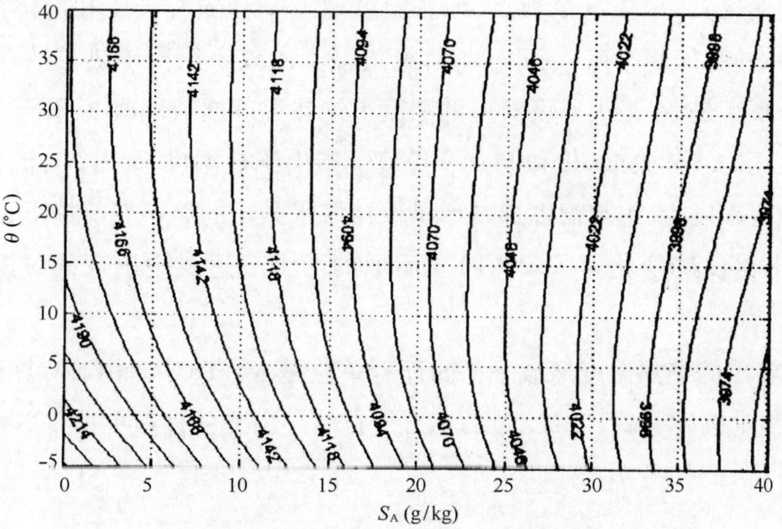

图 2.4　压强恒定 $p = 0$ 时，由（2.20.1）式计算的海水等压比热容（计量单位：$J \cdot kg^{-1} \cdot K^{-1}$）的等值线图

在 SIA 和 GSW 库中，等压比热容 c_p 的计量单位是 $J \cdot kg^{-1} \cdot k^{-1}$。

2.21 等容热容（Isochoric heat capacity）

等容比热容 c_ν 是在绝对盐度 S_A 和比容 ν 不变的条件下，内能 u 随温度变化的速率。因此，

$$c_\nu = c_\nu(S_A, t, p) = \left.\frac{\partial u}{\partial T}\right|_{S_A, \nu} = -(T_0 + t)(g_{TT} g_{pp} - g_{Tp}^2)/g_{pp} \tag{2.21.1}$$

注意,等容热容和等压热容相互关联:

$$c_v = c_p - \frac{(T_0 + t)(\alpha^t)^2}{\rho \kappa^t}, c_v = c_p \frac{\kappa}{\kappa^t} \tag{2.21.2}$$

由 SIA 和 GSW 算法库计算的等容热容 c_v 的计量单位都是 $J \cdot kg^{-1} \cdot K^{-1}$。

2.22 绝热温度递减率(Adiabatic lapse rate)

绝热温度递减率 Γ 是在熵和绝对盐度恒定的情况下,实测温度对压强的变化率。因此(Mcdougall 和 Feistel,2003),

$$\Gamma = \Gamma(S_A, t, p) = \left.\frac{\partial t}{\partial p}\right|_{S_A,\eta} = \left.\frac{\partial t}{\partial p}\right|_{S_A,\Theta} = -\frac{g_{Tp}}{g_{TT}} = \left.\frac{\partial^2 h}{\partial \eta \partial p}\right|_{S_A}$$

$$= \left.\frac{\partial \nu}{\partial \eta}\right|_{S_A,p} = \frac{(T_0 + t)\alpha^t}{\rho c_p} = \frac{(T_0 + \theta)}{c_p^0} \left.\frac{\partial \nu}{\partial \Theta}\right|_{S_A,p} = \frac{(T_0 + \theta)\alpha^\Theta}{\rho c_p^0} \tag{2.22.1}$$

绝热(和等盐)温度递减率 Γ 通常被认为正比于作用在流体团上的功(在压强增大时流体单元体积产生相应的变化)。根据这个观点,绝热温度递减率会随着气压和流体可压缩率的增加而增加,但是实际并非如此。在一定程度上,绝热温度递减率正比于热扩散系数,并且与流体可压缩率无关。事实是,在最大密度对应的温度上绝热温度递减率改变符号,而可压缩率和压缩所做的功总是正的。McDougall 和 Feistel(2003)指出绝热温度递减率与流体团压缩时内能增加无关。在一定程度上,绝热温度递减率是保持海水微团的熵不变前提下,在绝热和等盐条件下,压强增加时温度的变化。(2.22.1)式后面的两个表达式中出现的位温 θ,其基准压强 $p_r = 0$ dbar。

SIA 算法库输出的绝热温度递减率 Γ 的计量单位是 $K \cdot Pa^{-1}$,而 GSW 算法库输出的单位是 $K \cdot dbar^{-1}$。由 Γ 的定义式(2.22.1)的第二行自然导出 Γ 的计量单位是 $K \cdot Pa^{-1}$。

3 导出参数(Derived Quantities)

3.1 位温(Potential temperature)

位温作为一个非常实用的概念,最初被 Helmholtz(1888)应用在大气中,最早的名称是“热含量”(heat content),后来更名为位温(Bezold,1888b)。Helland - Hansen(1912)把此概念移植到海洋学中。位温是流体微团在等熵等盐情况下其压强改变成固定的基准压强 p_r 时所具有的温度。“等熵”和“等盐”这两个术语将在本文中重复出现。对于这两个定语,我们必须加上“机械能无耗散”这个条件。遵守这 3 个条件的过程是热力学可逆过程。注意,有人经常(错误地)理解可逆过程的必要条件是等熵变化。但是这观点是错误的,因为一个流体微团可以与外界交换一些热量和盐分,其变化恰好能保持本身熵恒定,但是这个过程是不可逆的[见(A.7.1)式]。

相对于基准压强 p_r 的位温通常写为绝热温度递减率对于压强的积分(Fofonoff,1962;1985)

$$\theta = \theta(S_A,t,p,p_r) = t + \int_p^{p_r} \Gamma(S_A,\theta[S_A,t,p,p'],p')\,dp' \tag{3.1.1}$$

目前 TEOS - 10 Gibbs 函数算法是基于等熵等盐情况下,压强变化前后的两个流体微团的比熵相等计算得到。这样可以利用 Newton - Raphson 迭代方法求解如下方程计算出位温 θ,

$$\eta(S_A,\theta,p_r) = \eta(S_A,t,p) \tag{3.1.2}$$

或者利用 Gibbs 函数 g,

$$-g_T(S_A,\theta,p_r) = -g_T(S_A,t,p) \tag{3.1.3}$$

这个方程形式上等价于(3.1.1)式。

位温和实测温度的差别不是由于从一个压强到另一个压强压缩流体微团所做的功而产生的,这个功的符号经常被弄错,大小也经常会有几个量级的误差(McDougall 和 Feistel,2003)。这两个温度的差别是绝热等盐的情况下,满足压强变化时等熵的要求所致。SIA 库输出的位温计量单位是 K,而 GSW 输出的位温计量单位是℃。

3.2 位焓(Potential enthalpy)

位焓 h^0 是流体微团在等熵等盐条件下其压强改变成固定的基准压强 p_r 时所具有的焓。

因为热量的流入和流出主要发生在海表面附近，因此位焓经常采用$p_r = 0$ dbar（即，海水压强为零）作为基准压强。位焓可以写为比容对于压强的积分，见 McDougall（2003）论文中方程（2.8.2）下面的讨论。

$$\begin{aligned} h^0(S_A,t,p) = h(S_A,\theta,0) = \tilde{h}^0(S_A,\theta) &= h(S_A,t,p) - \int_0^p \nu\,(S_A,\theta[S_A,t,p,p'],p')\,\mathrm{d}p' \\ &= h(S_A,t,p) - \int_0^p \hat{\nu}(S_A,\eta,p')\,\mathrm{d}p' \\ &= h(S_A,t,p) - \int_0^p \tilde{\nu}\,(S_A,\theta,p')\,\mathrm{d}p' \\ &= h(S_A,t,p) - \int_0^p \hat{\nu}\,(S_A,\Theta,p')\,\mathrm{d}p' \end{aligned} \qquad (3.2.1)$$

基于 Gibbs 函数，可以采用下式求解位焓 h^0：

$$h^0(S_A,t,p) = h(S_A,\theta,0) = g(S_A,\theta,0) - (T_0 + \theta)g_T(S_A,\theta,0) \qquad (3.2.2)$$

3.3 保守温度（Conservative temperature）

根据以下定义，保守温度 Θ 正比于位焓，

$$\Theta(S_A,t,p) = \tilde{\Theta}(S_A,\theta) = h^0(S_A,t,p)/c_p^0 = \frac{\tilde{h}^0(S_A,\theta)}{c_p^0} \qquad (3.3.1)$$

其中，c_p^0 是根据绝对盐度 $S_{SO} = 35u_{PS} = 35.165\,04\ \mathrm{g \cdot kg^{-1}}$和 $\theta = 25℃$时对应的位焓计算所得：

$$c_p^0 \approx \frac{[h(S_{SO},25℃,0) - h(S_{SO},0℃,0)]}{(25\mathrm{K})} \approx 3\,991.867\,957\,119\,63\ \mathrm{J \cdot kg^{-1} \cdot K^{-1}} \qquad (3.3.2)$$

注意，根据 Gibbs 函数的定义（2.6.5）式，$h(S_{SO},0℃,0\ \mathrm{dbar}) = 0$。实际上，我们采纳（3.3.2）式中把 c_p^0 精确定义为 15 位有效数字的做法，即

$$c_p^0 \equiv 3\,991.867\,957\,119\,63\ \mathrm{J \cdot kg^{-1} \cdot K^{-1}} \qquad (3.3.3)$$

当 IAPWS－95 应用于 Gibbs 函数中的纯水函数时，计算结果 $\Theta(S_{SO},0℃,0)$与 0℃和 $\Theta(S_{SO},25℃,0)$与 25℃之间的差异，四舍五入后均约为 5×10^{-12}℃。当 IAPWS－09（基于 Feistel，2003 论文；附录 G）应用于 Gibbs 函数中的纯水函数时，计算结果 $\Theta(S_{SO},0℃,0\ \mathrm{dbar})$与 0℃的差异是 -8.25×10^{-8}℃，$\Theta(S_{SO},25℃,0\ \mathrm{dbar})$与 25℃的差异是 9.3×10^{-6}℃。当温度在 0℃到 40℃范围内，采用 IAPWS－95 和 IAPWS－09 计算的保守温度差异不大于 $\pm 1.5 \times 10^{-5}$℃，此温度差异可忽略。

（3.3.3）式中 c_p^0 的值非常接近目前比热容 c_p 在海表面的平均值。该 c_p^0 的值导致在海表面上 $\theta - \Theta$ 的值几乎为零。因为 c_p^0 仅仅是位焓与位温之间的比例常数，它完全是任意的，即使未来几十年海水的 Gibbs 函数有所改进，也没有必要改变它在（3.3.3）式中的值。

附录 A. 18 概括了保守温度 Θ 名字的由来,以及它的守恒性大约高出位温和熵的守恒性 2 阶的性质。

SIA 和 GSW 算法库中都包含了通过绝对盐度 S_A 和位温 θ(基准压强为 0 dbar)计算保守温度 Θ 的算法。这些库中还有从 S_A 和 Θ 计算位温(基准压强为 0 dbar)的算法。该逆算法 $\hat{\theta}(S_A,\Theta)$,首先通过有理函数近似得到位温的初始值,然后利用改进的 Newton - Raphson 方法迭代一次后得到位温的精确值(详见 Jackett 等,2006;McDougall 等,2010b)。

3.4 位势密度(Potential density)

位势密度 ρ^{θ} 是流体微团在等熵等盐情况下,压强变化至固定的基准压强 p_r 时对应的密度。相对于基准压强 p_r,位势密度可以写成等熵压缩系数对压强的积分:

$$\rho^{\theta}(S_A,t,p,p_r) = \rho(S_A,t,p) + \int_{p}^{p_r}\rho(S_A,\theta[S_A,t,p,p'],p')\,\kappa(S_A,\theta[S_A,t,p,p'],p')\,dp' \qquad (3.4.1)$$

根据 Gibbs 函数计算位势密度的公式为:

$$\rho^{\theta}(S_A,t,p,p_r) = \rho(S_A,\theta[S_A,t,p,p_r],p_r) = g_p^{-1}(S_A,\theta[S_A,t,p,p_r],p_r) \qquad (3.4.2)$$

采用计算现场密度的函数(2.8.2)式:$\rho = \tilde{\rho}(S_A,\theta,p)$ 或者 $\rho = \hat{\rho}(S_A,\Theta,p)$,相对于基准压强 p_r(比如 1 000 dbar)的位势密度可以简单地计算出来:

$$\rho^{\theta}(S_A,t,p,p_r) = \rho^{\Theta}(S_A,t,p,p_r) = \tilde{\rho}(S_A,\theta,p=p_r) = \hat{\rho}(S_A,\Theta,p=p_r) \qquad (3.4.3)$$

其中,第 3 个表达式中位温 θ 是相对于 0 dbar 的位温。一旦确定了基准压强,位势密度仅仅是绝对盐度和保守温度(或者等价的,绝对盐度和位温)的函数。注意,把位势密度标识为 ρ^{θ} 或者 ρ^{Θ} 是等价的,因为在等熵等盐条件下,压强从 p 变化到 p_r 时,θ 和 Θ 不变。

根据(2.8.2)式的讨论,位势密度可以表示为焓 $h = \tilde{h}(S_A,\theta,p)$ 和 $h = \hat{h}(S_A,\Theta,p)$ 对压强的导数(见附录 P):

$$\rho^{\theta}(S_A,t,p,p_r) = \rho^{\Theta}(S_A,t,p,p_r) = [\tilde{h}_p(S_A,\theta,p=p_r)]^{-1} = [\hat{h}_p(S_A,\Theta,p=p_r)]^{-1} \qquad (3.4.4)$$

3.5 密度偏差(Density anomaly)

密度偏差 σ^t 是一个老式的且目前很少采用的密度量度。它是实测温度和压强为零时的密度减去 1 000 kg · m^{-3}的差,

$$\sigma^t(S_A,t,p) = \rho(S_A,t,0) - 1\,000\ \text{kg}\cdot\text{m}^{-3} = g_p^{-1}(S_A,t,0) - 1\,000\ \text{kg}\cdot\text{m}^{-3} \qquad (3.5.1)$$

由此可见,密度偏差 σ^t 是因为计算位温的需要而产生的,计算 σ^t 是计算近似位势密度的

简单方法。算法库中不提供密度偏差 σ^t 的算法。

3.6 位势密度偏差(Potential density anomaly)

位势密度偏差,σ^θ 或 σ^Θ 是位势密度减去 1 000 kg·m^{-3}所得之差,

$$\sigma^\theta(S_A,t,p,p_r) = \sigma^\Theta(S_A,t,p,p_r) = \rho^\theta(S_A,t,p,p_r) - 1\,000\ \text{kg}\cdot\text{m}^{-3}$$
$$= \rho^\Theta(S_A,t,p,p_r) - 1\,000\ \text{kg}\cdot\text{m}^{-3} = g_p^{-1}(S_A,\theta[S_A,t,p,p_r],p_r) - 1\,000\ \text{kg}\cdot\text{m}^{-3} \quad (3.6.1)$$

注意,把位势密度偏差标示为 σ^θ 或 σ^Θ 是等价的,因为在等熵等盐条件下,压强从 p 变化到 p_r 过程中,θ 和 Θ 不变。

3.7 比容偏差(Specific volume anomaly)

比容偏差 δ 定义为两个比容的差值,这两个比容都是压强的函数。习惯上 δ 定义为

$$\delta(S_A,t,p) = \nu(S_A,t,p) - \nu(S_{SO},0℃,p) \quad (3.7.1)$$

(其中,$S_{SO}=35u_{PS}=35.165\,04$ g·kg^{-1}代替了过去使用 $S_p=35$ 的惯例)。注意,第二项 $\nu(S_{SO},0℃,p)$ 仅是压强的函数。为了得到优于沿着表面的中性切面近似的比容偏差面,建议把参数 S_{SO} 和 0℃ 替换为更为常用的值 $\hat{\hat{S}}_A$ 和 $\hat{\hat{t}}$(即沿着表面的绝对盐度和温度的平均值),因此更为通用的比容密度偏差的定义为:

$$\hat{\hat{\delta}}(S_A,t,p) = \nu(S_A,t,p) - \nu(\hat{\hat{S}}_A,\hat{\hat{t}},p) = g_p(S_A,t,p) - g_p(\hat{\hat{S}}_A,\hat{\hat{t}},p) \quad (3.7.2)$$

(3.7.1)式和(3.7.2)式的最后一项仅是压强的函数,因此对于这一项,用户可以任意选取其他压强函数,并且仍然能保持比容偏差的动力特性。特别是,用户可以把比容和焓构建成保守温度(而不是实测温度)的函数 $\hat{\nu}(S_A,\Theta,p)$ 和 $\hat{h}(S_A,\Theta,p)$,既而把比容偏差写作一个略微不同的定义形式:

$$\tilde{\hat{\delta}}(S_A,\Theta,p) = \hat{\nu}(S_A,\Theta,p) - \hat{\nu}(\tilde{\hat{S}}_A,\tilde{\hat{\Theta}},p) = \hat{h}_p(S_A,\Theta,p) - \tilde{h}_p(\tilde{\hat{S}}_A,\tilde{\hat{\Theta}},p) \quad (3.7.3)$$

同样把比容和焓构建成位温的函数,比容偏差将写为另外一种形式:

$$\tilde{\tilde{\delta}}(S_A,\theta,p) = \tilde{\nu}(S_A,\theta,p) - \tilde{\nu}(\tilde{\tilde{S}}_A,\tilde{\tilde{\theta}},p) = \tilde{h}_p(S_A,\theta,p) - \tilde{h}_p(\tilde{\tilde{S}}_A,\tilde{\tilde{\theta}},p) \quad (3.7.4)$$

这些公式揭示了一个事实(见附录 A.11):

$$\partial h/\partial p\big|_{S_A,\eta} = \partial h/\partial p\big|_{S_A,\Theta} = \partial h/\partial p\big|_{S_A,\theta} = \nu \quad (3.7.5)$$

3.8 热压系数(Thermobaric coefficient)

热压系数可以定量描述热扩散系数和盐浓缩系数比值随压强变化的速率。关于位温 θ,热压系数的计算公式(McDougall,1987b)为:

$$T_{\mathrm{b}}^{\theta} = T_{\mathrm{b}}^{\theta}(S_{\mathrm{A}},t,p) = \beta^{\theta} \frac{\partial(\alpha^{\theta}/\beta^{\theta})}{\partial p}\bigg|_{S_{\mathrm{A}},\theta} = \frac{\partial \alpha^{\theta}}{\partial p}\bigg|_{S_{\mathrm{A}},\theta} - \frac{\alpha^{\theta}}{\beta^{\theta}}\frac{\partial \beta^{\theta}}{\partial p}\bigg|_{S_{\mathrm{A}},\theta} \tag{3.8.1}$$

通过对密度关于位温（而不是实测温度）的函数 $\rho = \tilde{\rho}(S_{\mathrm{A}},\theta,p)$ 求微分，得到热压系数的计算公式。

对于保守温度 Θ，热压系数的计算公式为：

$$T_{\mathrm{b}}^{\Theta} = T_{\mathrm{b}}^{\Theta}(S_{\mathrm{A}},t,p) = \beta^{\Theta} \frac{\partial(\alpha^{\Theta}/\beta^{\Theta})}{\partial p}\bigg|_{S_{\mathrm{A}},\Theta} = \frac{\partial \alpha^{\Theta}}{\partial p}\bigg|_{S_{\mathrm{A}},\Theta} - \frac{\alpha^{\Theta}}{\beta^{\Theta}}\frac{\partial \beta^{\Theta}}{\partial p}\bigg|_{S_{\mathrm{A}},\Theta} \tag{3.8.2}$$

通过对密度（温度是保守温度，而不是实测温度）的函数式 $\rho = \hat{\rho}(S_{\mathrm{A}},\Theta,p)$ 求微分，可以得到热压系数的计算式。

很多参数的表述中引入了热压系数，以此满足中性轨迹依赖于路径的特性，以及中性面（neutral surface）其他不很明确的特性［参见（3.13.1）式～（3.13.7）式］。穿越中性切面的热压平流与沿着中性切面的侧向热混合和侧向盐混合相关，可以根据 $e^{\mathrm{Tb}} = -gN^{-2}KT_{\mathrm{b}}^{\theta}\nabla_n\theta \cdot \nabla_n p$ 或者 $e^{\mathrm{Tb}} = -gN^{-2}KT_{\mathrm{b}}^{\Theta}\nabla_n\Theta \cdot \nabla_n p$ 得到，其中 $\nabla_n\theta$ 和 $\nabla_n\Theta$ 是位温和保守温度沿着中性切面的二维梯度，$\nabla_n p$ 是中性切面上的压强梯度，K 是中性切面上的扩散系数。穿越中性面的热压平流正比于沿着中性切面热通量的中尺度涡 $-c_p^0 K\nabla_n\Theta$，与小尺度湍流（穿越中性面）混合无关，也就是与机械能的耗散无关（Klocker 和 Mcdougall，2010b）。正如附录 A.14 中描述，中性面上的热扩散通量 $-K\nabla_n\theta$ 和 $-K\nabla_n\Theta$ 不同，而通量与对应系数的乘积相等，即，$T_{\mathrm{b}}^{\theta}\nabla_n\theta = T_b^{\Theta}\nabla_n\Theta$。因此，采用 $-gN^{-2}KT_b^{\theta}\nabla_n\theta\cdot\nabla_n p$ 或者 $-gN^{-2}KT_{\mathrm{b}}^{\Theta}\nabla_n\Theta\cdot\nabla_n p$ 计算穿越中性面的热压平流 e^{Tb} 的结果相同。附录 P 给出了从焓的角度描述、函数形式为 $\tilde{h}(S_{\mathrm{A}},\theta,p)$ 和 $\hat{h}_p(S_{\mathrm{A}},\Theta,p)$ 的 T_{b}^{θ} 和 T_{b}^{Θ} 的公式。

有意思的是，对于中性面上给定大小的压强梯度和保守温度梯度，穿越中性面的等压热平流 $e^{\mathrm{Tb}} = -gN^{-2}KT_b^{\Theta}\nabla_n\Theta\cdot\nabla_n p$，在这两个梯度平行时达到最大，而当它们垂直时中性螺旋（neutral helicity）最大，因为中性螺旋正比于 $T_{\mathrm{b}}^{\Theta}(\nabla_n\Theta\times\nabla_n p)\cdot k$［见（3.13.2）式］。

分层海洋模型的垂向坐标只是 S_{A} 和 Θ 的函数（比如 σ_2，是相当于 2 000 dbar 的位势密度），而忽略垂直热压平流。正如附录 A.27 中所描述，在这些分层海洋模式中沿着坐标参数化的扩散和分解的涡动，导致了热量和盐度的等密度扩散，进而导致了沿着坐标面上混合增密平流的出现，但是回避了穿越这些平面的热压平流的存在（Klocker 和 Mcdougall，2010b）。

在 SIA 库中，两个版本的热压系数 T_{b}^{Θ}，T_{b}^{Θ} 输出的计量单位都是 $\mathrm{K}^{-1}\cdot\mathrm{Pa}^{-1}$，而 SW 库输出的热压系数的计量单位是 $\mathrm{K}^{-1}\cdot\mathrm{dbar}^{-1}$。

3.9 混合增密系数（Cabbeling coefficient）

混合增密系数定量反映了穿越中性切面的平流速率，该平流是由于热量和盐沿着中性切面的混合所致。关于位温 θ，混合增密系数为（McDougall，1987b）

$$C_b^\theta = C_b^\theta(S_A,t,p) = \left.\frac{\partial \alpha^\theta}{\partial \theta}\right|_{S_A,p} + 2\frac{\alpha^\theta}{\beta^\theta}\left.\frac{\partial \alpha^\theta}{\partial S_A}\right|_{\theta,p} - \left(\frac{\alpha^\theta}{\beta^\theta}\right)^2\left.\frac{\partial \beta^\theta}{\partial S_A}\right|_{\theta,p} \tag{3.9.1}$$

对关于位温(而不是实测温度)的密度公式 $\rho = \tilde{\rho}(S_A,\theta,p)$ 求微分,可以得到混合增密系数。

关于保守温度,混合增密系数为

$$C_b^\Theta = C_b^\Theta(S_A,t,p) = \left.\frac{\partial \alpha^\Theta}{\partial \Theta}\right|_{S_A,p} + 2\frac{\alpha^\Theta}{\beta^\Theta}\left.\frac{\partial \alpha^\Theta}{\partial S_A}\right|_{\Theta,p} - \left(\frac{\alpha^\Theta}{\beta^\Theta}\right)^2\left.\frac{\partial \beta^\Theta}{\partial S_A}\right|_{\Theta,p} \tag{3.9.2}$$

通过对关于保守温度(而不是实测温度)的密度公式 $\rho = \hat{\rho}(S_A,\Theta,p)$ 求微分,可以很容易地得到混合增密系数。

穿越中性面的混合增密平流与沿着中性切面的侧向热混合和侧向盐混合相关,可以通过 $e^{Cab} = -gN^{-2}KC_b^\Theta\nabla_n\Theta\cdot\nabla_n\Theta$(或者 $e^{Cab} = -gN^{-2}KC_b^\theta\nabla_n\theta\cdot\nabla_n\theta$)得到,其中 $\nabla_n\theta$ 和 $\nabla_n\Theta$ 是位温和保守温度沿着中性切面的二维梯度,K 是中性切面上的扩散系数。穿越中性面的混合增密平流正比于沿着中性切面热量的中尺度涡通量 $-K\nabla_n\Theta$,并且与小尺度湍流(穿越中性面)混合无关,也就是与机械能的耗散无关(Klocker 和 Mcdougall,2010b)。正如附录 A. 14 中描述,$C_b^\theta\nabla_n\theta\cdot\nabla_n\theta \neq C_b^\Theta\nabla_n\Theta\cdot\nabla_n\Theta$,因此,采用位温与采用保守温度计算出的穿越中性面的混合增密平流是不同的。由于位温的非守恒性,采用位温计算的结果精度稍微低一点。

通过两个流体微团混合来分析混合增密过程与热压过程时,我们可以发现密度变化正比于两个流体微团的属性(保守温度 Θ 或者压强 p)差异的平方[对于混合增密过程,见附录 A. 19 中(A. 19. 4)式]。这导致了当海洋锋被分解为一系列的微小海洋锋时,混合增密效应和热压效应随这些海洋锋差异平方的减小而降低。但事实并非如此。在一定程度上,穿越锋面的全部输运依赖于穿越锋面的侧向热通量与穿越锋面温度或者压强差异的乘积,而与锋的锐度无关(Klocker 和 Mcdougall,2010b)。通过混合增密效应导致的穿越中性面的速度 $e^{Cab} = -gN^{-2}KC_b^\Theta\nabla_n\Theta\cdot\nabla_n\Theta$,正比于中性面上的热通量 $-c_p^0K\nabla_n\Theta$ 和中性面上保守温度梯度 $\nabla_n\Theta$ 的乘积,可以理解上述内容。对上述乘积在锋面上进行空间积分,可以发现穿越中性面的全部输运正比于侧向热通量与穿越锋面的温度变化(就混合增密效应而言)或者穿越锋面的压强变化的乘积(就热压效应而言)。

SIA 库和 GSW 库输出的混合增密参数 C_b^θ 和 C_b^Θ 计量单位都是 K^{-2},附录 P 给出从焓的角度以 $\tilde{h}(S_A,\theta,p)$ 和 $\hat{h}(S_A,\Theta,p)$ 函数形式描述 C_b^θ 和 C_b^Θ 的公式。

3.10 浮频率(Buoyancy frequency)

根据压强和密度的垂直梯度,或者根据位温和绝对盐度的垂直梯度(或者根据保守温度和绝对盐度的垂直梯度),通过下式计算得到浮频率(有时被称为 Brunt – Väisälä 频率)的平方 N^2,其中,等式左边的 g 是重力加速度,x,y,z 是空间笛卡尔坐标:

$$g^{-1}N^2 = -\rho^{-1}\rho_z + \kappa p_z = -\rho^{-1}(\rho_z - p_z/c^2) = \alpha^\theta\theta_z - \beta^\theta \partial S_A/\partial z|_{x,y}$$
$$= \alpha^\Theta\Theta_z - \beta^\Theta \partial S_A/\partial z|_{x,y} \quad (3.10.1)$$

对于垂直相距 Δz 两个海水微团，与上式同样精确计算浮频率的方法为：把两个海水团绝热、无物质交换地移至二者压强平均的等压面上，计算压强变化后这两个海水团的密度差。这样可以在等压面上比较两个海水团的位势密度。对于这个过程可以采用下式计算浮频率：

$$g^{-1}N^2 = -\frac{1}{\rho}\frac{\Delta\rho^\theta}{\Delta z} \quad (3.10.2)$$

其中，$\Delta\rho^\theta$ 是两个海水团的位势密度差，其基准压强面为两个海水团起始压强的平均值。

3.11 中性切面（Neutral tangent plane）

位于中性切面上的海水团，可以不受垂向浮力控制被移动极微小的距离。中性切面是中性浮力平面或者零浮力平面，通过下式可以得到中性切面的法向向量：

$$g^{-1}N^2\mathbf{n} = -\rho^{-1}\nabla\rho + \kappa\nabla p = -\rho^{-1}(\nabla\rho - \nabla p/c^2)$$
$$= \alpha^\theta\nabla\theta - \beta^\theta\nabla S_A = \alpha^\Theta\nabla\Theta - \beta^\Theta\nabla S_A \quad (3.11.1)$$

定义中 $\mathbf{n}$ 不是单位法向向量，它的垂直分量 $\mathbf{k}$ 才是单位向量，显然 $\alpha^\theta\nabla\theta - \beta^\theta\nabla S_A$ 与 $\alpha^\Theta\nabla\Theta - \beta^\Theta\nabla S_A$ 完全相等（McDougall 等，2009b）。有意思的是，$\alpha^\theta\nabla\theta$ 和 $\beta^\theta\nabla S_A$ 都与 Gibbs 函数中的 4 个任意常数无关［见（2.6.2）式］，而 $\alpha^\Theta\nabla\Theta$ 和 $\beta^\Theta\nabla S_A$ 各自包含了一个相同的、正比于 $\alpha_3\nabla S_A$ 附加的任意项，因此在（3.11.1）式中这两项的差值 $\alpha^\theta\nabla\Theta - \beta^\Theta\nabla S_A$ 中消除了此任意项。

可以用 ∇_n 表示在中性切面上的二维梯度算子，中性切面上变量的二维梯度满足：

$$-\rho^{-1}\nabla_n\rho + \kappa\nabla_n p = -\rho^{-1}(\nabla_n\rho - \nabla_n p/c^2) = \alpha^\theta\nabla_n\theta - \beta^\theta\nabla_n S_A$$
$$= \alpha^\Theta\nabla_n\Theta - \beta^\Theta\nabla_n S_A = 0 \quad (3.11.2)$$

这里 ∇_n 是一个投影非正交梯度，

$$\nabla_r\tau \equiv \left.\frac{\partial\tau}{\partial x}\right|_r \mathbf{i} + \left.\frac{\partial\tau}{\partial y}\right|_r \mathbf{j} + 0\mathbf{k} \quad (3.11.3)$$

它被广泛应用于海洋与大气的理论与模式研究中。可以测量垂向平面（纬度 x 不变、经度为 y）之间的水平距离，而属性参数 τ 值是在 r 平面（比如等密面，或者根据 ∇_n 论述的中性切面）计算得到的。Sutcliffe（1947）、Bleck（1978）、McDougall（1978b）和 McDougall（1995）对这个坐标系统进行了描述。注意，$\nabla_r\tau$ 没有垂向分量，它不沿着 r 平面，而直接指向水平方向。

（3.11.2）式的有限差分形式：$\bar{\alpha}^\Theta\Delta\Theta - \bar{\beta}^\Theta\Delta S_A \approx 0$ 也很精确。这里，$\bar{\alpha}^\Theta$ 和 $\bar{\beta}^\Theta$ 是基于两个水团（S_A^1, Θ_1, p_1）和（S_A^2, Θ_2, p_2）在“中性面”上 Θ、S_A 和 p 的均值而计算的系数的数值，$\Delta\Theta$ 和 ΔS_A 是两个水团的差值。（3.11.2）式的有限振幅形式的误差为：

$$-T_b^\Theta\int_1^2 (p - \bar{p})\,\mathrm{d}\Theta \quad (3.11.4)$$

第 2 节和 Jackett 和 McDougall(1997)论文的附录 A(c)中对此进行了描述。(3.11.2)式另一个同等精确的有限振幅形式为:使两个流体团相对基准压强 $\bar{p} = 0.5(p_1 + p_2)$ 的位势密度相等。

3.12 地转、静水力学和"热成风"方程(Geostrophic, hydrostatic and "thermal wind" equations)

水平动量方程(见方程 B.9)地转近似为:科氏力与压强的水平梯度 $\nabla_z p$ 相等,地转方程为:

$$f\mathbf{k} \times \rho\mathbf{u} = -\nabla_z p \text{ 或者 } f\mathbf{v} = \frac{1}{\rho}\mathbf{k} \times \nabla_z \mathrm{p} \tag{3.12.1}$$

其中,$\mathbf{u}$ 是三维速度,$\mathbf{v} = -\mathbf{k} \times (\mathbf{k} \times \mathbf{u})$ 是水平速度,$\mathbf{k}$ 是垂向单位向量,f 是科氏系数。

静力方程是垂直动量方程的近似[见方程 B.9],即

$$p_z = -g\rho \tag{3.12.2}$$

"热成风"方程是在地转近似条件下水平速度的垂直梯度方程。对方程(3.12.1)求微分,利用静力方程(3.12.2),忽略极小项 ρ_z,"热成风"方程可以写为:

$$f\mathbf{v}_z = \frac{1}{\rho}\mathbf{k} \times \nabla_z(p_z) = -\frac{g}{\rho}\mathbf{k} \times \nabla_z \rho = \frac{N^2}{g\rho}\mathbf{k} \times \nabla_n p \tag{3.12.3}$$

其中,∇_z 是沿着地转方向的水平梯度算子,方程最后一项把"热成风"和压强在中性切面上的梯度联系起来,也就是和中性切面的斜率联系起来(McDougall,1995)。

3.13 中性螺旋(Neutral helicity)

如果中性面上中性螺旋 H^{n} 不是处处为零,中性切面(在海水中确实存在)就不能在空间上形成一个定义完备的中性面。中性螺旋定义为矢量 $\alpha^\Theta \nabla\Theta - \beta^\Theta \nabla S_{\mathrm{A}}$ 和其旋度乘积的一个标量,

$$H^{\mathrm{n}} \equiv (\alpha^\Theta \nabla\Theta - \beta^\Theta \nabla S_{\mathrm{A}}) \cdot \nabla \times (\alpha^\Theta \nabla\Theta - \beta^\Theta \nabla S_{\mathrm{A}}) \tag{3.13.1}$$

根据下式,中性螺旋与状态方程中的热压系数 T_b^Θ 成正比,

$$\begin{aligned} H^{\mathrm{n}} &= \beta^\Theta T_b^\Theta \nabla p \cdot \nabla S_{\mathrm{A}} \times \nabla\Theta \\ &= p_z \beta^\Theta T_b^\Theta (\nabla_p S_{\mathrm{A}} \times \nabla_p \Theta) \cdot \mathbf{k} \\ &= g^{-1} N^2 T_b^\Theta (\nabla_n p \times \nabla_n \Theta) \cdot \mathbf{k} \\ &\approx g^{-1} N^2 T_b^\Theta (\nabla_a p \times \nabla_a \Theta) \cdot \mathbf{k} \end{aligned} \tag{3.13.2}$$

其中,p_z 是压强的垂直梯度,$\nabla_n\Theta$ 和 $\nabla_p\Theta$ 分别是 Θ 在中性切面上和水平面(实际为等压面)上的二维梯度。因为 $\alpha^\theta \nabla_n \theta - \beta^\theta \nabla_n S_{\mathrm{A}}$ 和 $\alpha^\Theta \nabla_n \Theta - \beta^\Theta \nabla_n S_{\mathrm{A}}$ 相等,根据这个公式,可以定义中性螺旋为这个矢量与其旋度乘积的标量,因此,[根据(3.13.2)式的第三行,以及 $\Theta = \Theta(S_{\mathrm{A}},$

$\theta)$]，可以得到 $T_b^\theta \nabla_n \theta = T_b^\Theta \nabla_n \Theta$，3.8 节以及附录 A.14 采用了这个结果。中性螺旋的计量单位是 m^{-3}。

由于大洋中中性螺旋的非零特性，沿着中性切面的侧向运动具有螺旋运动特性。因此，如果我们忽略穿越等密面的混合过程（如同忽略混合增密和热压过程），这意味着由于中性轨迹的螺旋特性，导致大洋涡流周围的平均流将穿越严格定义的“密度面”，这是由于中性螺旋的非零性造成的。从水平平均流的近似和中性切面斜率与密度面斜率之间的差异的角度，(A.25.4)式和(A.25.6)式描述了穿越中性面的流动。

中性螺旋正比于地转流（$\mathbf{v}_z$，“热成风”）的垂向切变，方向为温度沿着中性切面梯度的方向，$\nabla_n \Theta$，从(3.12.3)式和(3.13.2)式的中间一行，我们发现，

$$H^n = \rho T_b^\Theta f \mathbf{v}_z \cdot \nabla_n \Theta \tag{3.13.3}$$

在位势涡度（由位势密度 ρ^θ 定义）的变化方程中，斜压项 $\rho^{-2} \nabla \rho^\theta \cdot \nabla \rho \times \nabla p$ Talor 展开的第一项正比于中性螺旋（McDougall 和 Jackett，2007），

$$\rho^{-2} \nabla \rho^\theta \cdot \nabla \rho \times \nabla p \approx (p_r - p) H^n \tag{3.13.4}$$

其中，p_r 是位势密度的基准压强。同样，水平动量方程中的水平压强梯度项在位势密度表面的旋度：$\nabla_\sigma \times \left(\frac{1}{\rho} \nabla_z p\right)$ 为（Mcdougall 和 Klocker，2010）：

$$\nabla_\sigma \times \left(\frac{1}{\rho} \nabla_z p\right) \cdot \mathbf{k} = H^n (p_r - p) \left(-\frac{\partial \rho^\Theta}{\partial z}\right)^{-1} \tag{3.13.5}$$

旋度非零证明了在位势密度面上不存在地转流函数。

中性螺旋 H^n 是在寻找海洋中平均速度的闭合公式情况下出现的。在中性切面上，水平速度沿着 Θ 等值线方向的分量，即速度分量 $\mathbf{v} \cdot \mathbf{k} \times \nabla_n \Theta / |\nabla_n \Theta|$ 的计算公式为（McDougall，1995；Zika 等，2010a，2010b）：

$$\mathbf{v} \cdot \mathbf{k} \times \frac{\nabla_n \Theta}{|\nabla_n \Theta|} = \frac{-H^n}{\phi_z \rho f T_b^\Theta |\nabla_n \Theta|} + \frac{\nu_z^\perp}{\phi_z} \tag{3.13.6}$$

因此水平速度的完整公式为：

$$\mathbf{v} = \left\{\frac{-H^n}{\phi_z \rho f T_b^\Theta |\nabla_n \Theta|} + \frac{\nu_z^\perp}{\phi_z}\right\} \mathbf{k} \times \frac{\nabla_n \Theta}{|\nabla_n \Theta|} + \nu^\perp \frac{\nabla_n \Theta}{|\nabla_n \Theta|} \tag{3.13.7}$$

这里，ϕ_z 是在中性切面上垂直于 Θ 等值线的螺旋（spiraling）速度（弧度每米），$\nu^\perp$ 是在中性切面上穿越 Θ 等值线的速度分量（不可逆转混合过程的速度分量）。中性螺旋的出现是因为它正比于热成风矢量 $\mathbf{v}_z$ 在中性面上穿越 Θ 等值线的分量[见(3.13.3)式]。等密平均速度 $\mathbf{v}$ 的方程(3.13.7)式表明在没有混合时（$\nu^\perp = \nu_z^\perp = 0$），只要中性面上垂直于 Θ 等值线的螺旋和 $|\nabla_n \Theta|$ 不为零时，只要大洋不是静止的，大洋的中性螺旋 H^n 必定不为零。

值得注意的是，给定大小的压强和保守温度在中性面上的梯度，当这两个梯度相互垂直时，中性螺旋达到最大，这是因为中性螺旋正比于 $T_b^\Theta (\nabla_n p \times \nabla_n \Theta) \cdot \mathbf{k}$ [见(3.13.2)式]，同

时,当$\nabla_n\Theta$和$\nabla_n p$相互平行时,穿越中性面的热压平流$e^{\mathrm{Tb}} = -gN^{-2}KT_{\mathrm{b}}^{\Theta}\nabla_n\Theta\cdot\nabla_n p$达到最大。

3.14 中性密度(Neutral density)

中性密度是计算软件中出现的密度变量,在 Jackett 和 McDougall 的论文(1997)中有所描述。中性密度的符号为γ^n。它不仅是盐度,温度和压强的函数,而且它还是经度、纬度的函数,因此它不是热力学变量。因为大洋中中性螺旋H^n的非零性质,所以不可能形成与中性切面处处相切的面(Mcdougall 和 Jackett,1988)。在某种程度上,中性密度面最小化了全球中性切面斜率和中性密度面斜率的差异。斜率差异为:

$$\mathbf{s} = \nabla_n z - \nabla_a z = gN^{-2}(\beta^{\Theta}\nabla_a S_{\mathrm{A}} - \alpha^{\Theta}\nabla_a\Theta) \quad (3.14.1)$$

其中,$\nabla_n z$是中性切面的斜率,$\nabla_a z$是近似中性面的斜率,∇_a是近似中性面上的二维梯度算子(中性密度面是一个例子)。由于沿着中性切面的侧向运动导致穿越近似中性面的垂直速度是一个标量$\mathbf{v}\cdot\mathbf{s}$,其中$\mathbf{v}$是水平速度[见(A.25.4)式]。因为中性密度不是一个热力学变量,手册中就不再进行详细描述。

3.15 稳定率(Stability ratio)

稳定率R_ρ是保守温度对水体静态稳定度的垂向影响与绝对盐度对水体静态稳定度的垂向影响的比值。通过(3.10.1)式,我们可以得到,

$$R_\rho = \frac{\alpha^{\Theta}\Theta_z}{\beta^{\Theta}(S_{\mathrm{A}})_z} \approx \frac{\alpha^{\theta}\theta_z}{\beta^{\theta}(S_{\mathrm{A}})_z} \quad (3.15.1)$$

3.16 Turner 角(Turner angle)

以 J. Stewart Turner 命名的 Turner 角Tu,定义为(Ruddick 等,1983;McDougall 等,1988,尤其他们是论文中的图 1)

$$\begin{aligned} Tu &= \tan^{-1}[\alpha^{\Theta}\Theta_z + \beta^{\Theta}(S_{\mathrm{A}})_z, \alpha^{\Theta}\Theta_z - \beta^{\Theta}(S_{\mathrm{A}})_z] \\ &\approx \tan^{-1}[\alpha^{\theta}\theta_z + \beta^{\theta}(S_{\mathrm{A}})_z, \alpha^{\theta}\theta_z - \beta^{\theta}(S_{\mathrm{A}})_z] \end{aligned} \quad (3.16.1)$$

其中,反正切函数中的前 2 个自变量分别为"y"与"x",这是 Fortran 与 Matlab 中常用的自变量顺序。Turner 角Tu以旋转的角度表示,当它在 45°到 90°之间时,表示双扩散对流状态的"盐指"(salt - finger),当该活动强烈时,它接近 90°。当 Turner 角在 -45°到 -90°之间时,表示双扩散对流的"扩散"状态;当该活动强烈时,它接近 -90°。当 Turner 角在 -45°到 45°之间时,表示Θ和S_{A}是稳定的层化状态;当 Turner 角大于 90°或小于 -90°时,描述了水体的静态不稳定状态,$N^2 < 0$。在计算 Turner 角时,可以利用$R_\rho = -\tan(Tu + 45°)$检验计算得到的 Turner 角。

3.17 沿位势密度面的属性梯度(Property gradients along potential density surfaces)

标量 φ 沿着位势密度面的二维梯度 $\nabla_{\sigma}\varphi$ 与中性切面上对应的梯度 $\nabla_{n}\varphi$ 的关系为(McDougall,1987a):

$$\nabla_{\sigma}\varphi = \nabla_{n}\varphi + \frac{\varphi_z}{\Theta_z}\frac{R_{\rho}[r-1]}{[R_{\rho}-r]}\nabla_{n}\Theta \tag{3.17.1}$$

其中,r 的定义为

$$r = \frac{\alpha^{\Theta}(S_{\mathrm{A}},\Theta,p)/\beta^{\Theta}(S_{\mathrm{A}},\Theta,p)}{\alpha^{\Theta}(S_{\mathrm{A}},\Theta,p_{\mathrm{r}})/\beta^{\Theta}(S_{\mathrm{A}},\Theta,p_{\mathrm{r}})} \tag{3.17.2}$$

r 是 $S_{\mathrm{A}}-\Theta$ 图上一条基准压强为 p_{r} 位势密度等值线的斜率与基准压强为 p 的位势密度面斜率的比值。

把 $\varphi=\Theta$ 代入(3.17.1)式,可以得到 Θ(平行的)等密梯度与其中性切面上梯度的关系:

$$\nabla_{\sigma}\Theta = \frac{r[R_{\rho}-1]}{[R_{\rho}-r]}\nabla_{n}\Theta = G^{\Theta}\nabla_{n}\Theta \tag{3.17.3}$$

其中,等密温度梯度比

$$G^{\Theta} = \frac{r[R_{\rho}-1]}{[R_{\rho}-r]} \tag{3.17.4}$$

已经被定义为将来应用的简略公式。把 $\varphi = S_{\mathrm{A}}$ 代入(3.17.1)式,可以得到(平行的)S_{A} 等密梯度与其中性面上梯度的关系如下:

$$\nabla_{\sigma}S_{\mathrm{A}} = \frac{[R_{\rho}-1]}{[R_{\rho}-r]}\nabla_{n}S_{\mathrm{A}} \tag{3.17.5}$$

3.18 位势密度面斜率与中性切面斜率的比较(Slopes of potential density surfaces and neutral tangent planes compared)

一个面的二维斜率定义为该面上高度 z 的二维梯度。一个面的二维斜率是一个水平梯度矢量;没有垂向分量。基准压强为 p_{r} 的位势密度面斜率与中性切面斜率的差为(McDougall,1988)

$$\nabla_{n}z - \nabla_{\sigma}z = \frac{R_{\rho}[1-r]}{[R_{\rho}-r]}\frac{\nabla_{n}\Theta}{\Theta_z} = \frac{R_{\rho}[1-r]}{r[R_{\rho}-1]}\frac{\nabla_{\sigma}\Theta}{\Theta_z} \tag{3.18.1}$$

在区分垂直混合过程和等密混合过程时,最常用的是位势密度面,许多其他类型的密度面也被采用过。这包括比容偏差面,修补位势密度面(Reid 和 Lynn,1971),中性密度面(Jackett 和 McDougall,1997),正交压强密度面(de Szoeke et al,2000),以盐度和 θ 或 Θ 作为自变量的多项式函数拟合的中性密度(Eden 和 Willebrand,1999;McDougall 和 Jackett,2005b)。目前构建近似中性面的最新方法是 Klocker 等人(2009)的方法。这个方法相对于其他方法更加依赖计算机，但它的优势在于，所采用的近似面与中性切面之间每一点上不匹配的差值仅仅是由该点在近似面上的中性螺旋造成的。McDougall(1989,1995)、McDougall 和 Jackett(2005a,2005b)和 Klocker(2009)等人论文中的方程和柱状图详细总结了这些面在每一点近似中性切面斜率时的相关技巧。

当强制侧向混合等密扩散率 K 沿着位势密度面而不是沿着中性切面时，就会出现一个虚假的穿越等密面的扩散，有时会用 Veronis (1975)(他考虑了假定严格的水平混合后相对等密混合的弥散效应)的名字："Veronis 效应"，来命名这个现象。这个虚假的穿越等密面的扩散率等于 K 乘以斜率误差的平方，见(3.18.1)式(Klocker 等,2009)。

3.19 实测密度面和比容偏差面的斜率(Slopes of in situ density surfaces and specific volume anomaly surfaces)

实测密度面的斜率矢量，$\nabla_{\rho} z$，被定义为水平矢量，

$$\nabla_{\rho} z = \left.\frac{\partial z}{\partial x}\right|_{\rho} \mathbf{i} + \left.\frac{\partial z}{\partial y}\right|_{\rho} \mathbf{j} + 0\mathbf{k} \qquad (3.19.1)$$

表示该表面在水平方向的"倾斜"(dip)(注意，z 定义为向上为正)。该矢量斜率与等压面斜率(非常小)相关公式为(这里 g 为重力加速度)(McDougall,1989)：

$$\nabla_{\rho} z - \nabla_{p} z = (\nabla_{n} z - \nabla_{p} z)\left[1 + \frac{g^2/c^2}{N^2}\right]^{-1} \qquad (3.19.2)$$

其中，c 是声速，N 是浮频率。在上层水体中，浮频率的平方明显大于 $\frac{g^2}{c^2} \approx 4.3 \times 10^{-5} s^{-2}$，实测密度面与中性切面的斜率近似为 $\nabla_{n} z$。在深层海洋中，N^2 仅是 g^2/c^2 的 1%，因此，实测密度面的斜率是中性切面斜率的 1%。在 1 000 dbar 的压强面上，$N^2 \approx 10^{-5} \mathrm{s}^{-2}$，实测密度面的斜率只是中性切面斜率的 1/5。在大洋中中性浮子通常采用金属主体，其压缩性远远小于海水。这些浮标质量恒定，体积近似恒定。因此这些浮子实测密度几乎恒定，因此近似沿着等实测密度面运动，而在中层海洋中，等实测密度面更接近等压面，而不是局地位势密度面。这也是这些浮子被称作"等压浮子"(isobaric floats)的原因。

比容偏差面的斜率，$\nabla_{\delta} z$ 可以表示为：

$$\nabla_{\delta} z - \nabla_{p} z = (\nabla_{n} z - \nabla_{p} z)\left[1 + \frac{g^2/c^2}{N^2} - \frac{g^2/\tilde{\tilde{c}}^2}{N^2}\right]^{-1} \qquad (3.19.3)$$

其中，$\tilde{\tilde{c}}$ 是在压强 p 下，基准水团 $(\tilde{\tilde{S}}_{\mathrm{A}}, \tilde{\tilde{\Theta}})$ 的声速。这个公式证实当局地水团的特性接近基准水团的属性时，比容偏差面非常接近中性切面。在(3.19.3)式方括号中的数据项等于 $\rho g N^2 \partial\delta/\partial z$ [见 Mcdougall(1989)论文中的第 7 节，其中，δ 是比容偏差]。

3.20 位势涡度(Potential vorticity)

行星位势涡度是 Coriolis 参数 f 乘以密度变量的垂直梯度。有时采用位势密度作为密度

变量,但是采用位势密度需要注意:①因为位势密度面不是中性切面的一个良好的近似,它导致侧向平流和穿越等密面的平流被错误地分离;②会使(3.13.4)式中出现不守恒的斜压项。采用近似的中性面,"ans",(比如中性密度面)在位势涡度方程中可以优化地分离侧向混合效应和穿越等密面的混合效应。这种情况下,位势涡度与两个非常靠近的近似中性面之间厚度的倒数成正比。行星位势涡度被称作中性面位势涡度(Neutral - Surface - Potential - Vorticity,简称 $NSPV$),并与 fN^2 相关,见下式,

$$NSPV = -g\rho^{-1}f\gamma_z^n \approx fN^2\exp\left\{-\int_{\text{ans}}\rho g^2N^{-2}T_b^\Theta(\nabla_a\Theta - \Theta_p\nabla_a p)\cdot \mathrm{d}\boldsymbol{l}\right\} \quad (3.20.1)$$

这个指数形式的公式由 McDougall(1988)导出[见其论文中的方程(47)],并且是一个近似公式,这是因为随着压强变化的盐浓缩系数 β^Θ 远远小于随着压强变化的热扩散系数 α^Θ。(3.20.1)式表示沿着近似中性面从 $NSPV$ 等于 fN^2 位置进行积分。有趣的是,组合公式 $\nabla_a\Theta - \Theta_p\nabla_a p$ 仅仅是保守温度的等压梯度 $\nabla_p\Theta$,它与保守温度的水平梯度 $\nabla_z\Theta$ 几乎相同。如果不忽略盐浓缩系数的变化,这个方程更精确的形式如下:

$$\begin{aligned} NSPV = -g\rho^{-1}f\gamma_z^n &= fN^2\exp\left\{-\int_{\text{ans}}g^2N^{-2}[(\rho\alpha^\Theta)_p\nabla_p\Theta - (\rho\beta^\Theta)_p\nabla_p S_A]\cdot \mathrm{d}\boldsymbol{l}\right\} \\ &= fN^2\exp\left\{\int_{\text{ans}}g^2N^{-2}\nabla_p(\rho\kappa)\cdot \mathrm{d}\boldsymbol{l}\right\} \end{aligned} \quad (3.20.2)$$

(3.20.2)式中的指数因子是积分因子 b,这个积分因子满足 $\rho b(\beta^\Theta\nabla S_A - \alpha^\Theta\nabla\Theta) \approx \nabla\gamma^n$ 的空间积分近似与"垂直路径"(vertival paths)无关,即表面上垂直法向量为零的路径。$NSPV$ 的计量单位是 s^{-3}。

fN^2 的梯度与 $NSPV$ 的关系为[根据(3.20.2)式和(3.20.1)式]:

$$\nabla_a(\ln fN^2) - \nabla_a(\ln NSPV) = -g^2N^{-2}\nabla_p(\rho\kappa) \approx \rho g^2N^{-2}T_b^\Theta(\nabla_a\Theta - \Theta_p\nabla_a p) \quad (3.20.3)$$

然而,采用 fN^2 作为行星位势涡度表现形式的缺陷并没有被广泛认识。即使在湖水中或在简单环境下,如果沿着密度面温度没有变化($\nabla_a\Theta = 0$),采用 fN^2 作为行星位势涡度也不准确,这是因为(3.20.3)式的右边近似为:

$$-\rho g^2N^{-2}T_b^\Theta\Theta_p\nabla_a p = \left[\frac{T_b^\Theta}{\alpha^\Theta(R_\rho - 1)}\right]\nabla_a p \quad (3.20.4)$$

密度面有一个斜率($\nabla_a p \neq 0$)的事实意味着 fN^2 的等值线与 $NSPV$ 的等值线不平行。在这种情况下,$NSPV$ 的等值线与等密 - 位势 - 涡度(isopycnal - potential - vorticity, IPV)一致,位势涡度关于位势密度垂向梯度的定义为:$IPV = -fg\rho^{-1}\rho_z^\Theta$。

IPV 与 fN^2 的关系为(McDougall,1988):

$$\frac{IPV}{fN^2} = \frac{-g\rho^{-1}\rho_z^\Theta}{N^2} = \frac{\beta^\Theta(p_r)[R_\rho/r - 1]}{\beta^\Theta(p)[R_\rho - 1]} \approx \frac{[R_\rho/r - 1]}{[R_\rho - 1]} \quad (3.20.5)$$

因此在一个中性面上 $NSPV$ 与 IPV 的比率为

$$\frac{NSPV}{IPV}=\frac{\beta^{\Theta}(p)}{\beta^{\Theta}(p_{\mathrm{r}})}\frac{[R_{\rho}-1]}{[R_{\rho}/r-1]}\exp\left\{\int_{\mathrm{ans}}g^{2}N^{-2}\nabla_{p}(\rho\kappa)\cdot\mathrm{d}\boldsymbol{l}\right\} \tag{3.20.6}$$

You 和 McDougall(1991)指出因为位势涡度高分化性,即使在位势密度的基准压强面上,*IPV* 的等值线与 *NSPV* 的等值线并不一致[参见论文中的方程(14)~方程(16)和图 14]。

3.21 穿越海表面的垂直速度(Vertical velocity through sea surface)

该说法一定会引起穿越海表面的垂直速度与海水的纯蒸发量的混淆。因为这些公式与盐度[通过$(1-S_{\mathrm{A}})$因子]相关,因此更像热力学方程,这里我们给出正确的方程形式,这个方程是纯粹的动力方程,而不是热力学方程。$\rho^{\mathrm{W}}(E-P)$ 是从大气这边穿越海气分界面的垂直质量通量,其中,$(E-P)$是密度为 ρ^{W} 淡水穿越海气交换面的理论速度;ρ^{W} 是纯水在大气压下、海表面温度条件下的密度。从海洋这边穿越海气界面,密度为 $\rho=\rho(S_{\mathrm{A}},t,0)$ 的质量通量同样为 $\rho^{\mathrm{W}}(E-P)$。穿越任意表面 $z=\eta(x,y,t)$ 的垂直速度可以表示为 $w-V_{H}\cdot\nabla\eta-\partial\eta/\partial t$(其中,$w$ 是穿越重力势面的垂直速度,见 3.24 节,t 是时间),而与穿越表面的垂直速度分量的关系是,质量通量是垂直速度与海水密度 ρ 的乘积。通过使海气界面的每一面上的两种质量通量相等,我们可以得到穿越海气界面的垂直速度为(Griffies,2004;Warren,2009):

$$w-\mathbf{V}_{H}\cdot\nabla\eta-\partial\eta/\partial t=\rho^{-1}\rho^{\mathrm{W}}(E-P) \tag{3.21.1}$$

3.22 淡水含量和淡水通量(Freshwater content and freshwater flux)

习惯上海洋学家把海水中的纯水(pure water)称作"淡水部分"(freshwater fraction)或者"淡水含量"(freshwater content)。这种称谓并不准确。这是因为在一些科学领域"淡水"用于描述盐度很低但不为零的水。这里我们保留海洋学家采用淡水等同于纯水的用法($S_{\mathrm{A}}=0$,纯水是液态、气态或固态冰的形式)。海水中淡水含量是$(1-S_{\mathrm{A}})=1-0.001S_{\mathrm{A}}/(\mathrm{g\cdot kg^{-1}})$。第一个公式明确要求绝对盐度采用每千克溶液中溶解的千克海盐表示。注意,淡水含量并不是基于实用盐度,即不是$(1-0.001S_{\mathrm{P}})$。

单位质量穿越单元面积的平流通量是 ρu,其中,u 是穿越选定区域流体的速度,而海盐的平流通量是 $\rho S_{\mathrm{A}}u$。单元面积上淡水的平流通量是以上两个质量的平流差异,即 $\rho(1-S_{\mathrm{A}})u$。2.5 节和附录 A.4 和附录 A.20 概要描述,对于成分异常的水,关于纯水通量的讨论要涉及 4 种绝对盐度,密度盐度 $S_{\mathrm{A}}\equiv S_{\mathrm{A}}^{\mathrm{dens}}$,溶液盐度 $S_{\mathrm{A}}^{\mathrm{soln}}$,附加质量盐度 $S_{\mathrm{A}}^{\mathrm{add}}$,和表征盐度 S_{*}。因为表征盐度被设计为守恒变量:在海气边界通量为零,因此它是与纯水含量最为相关的绝对盐度形式,起码在大洋模式中,纯水含量为$(1-S_{*})=(1-0.001S_{*}/\mathrm{g\cdot kg^{-1}})$。

3.23 热输运(Heat transport)

穿越压强为 0 的海表面的热通量与位焓通量相同,而位焓通量等于 c_{p}^{0} 与保守温度 Θ 的乘积，其中，c_p^0 由(3.3.3)式给出。相比之下，穿过海表面的热通量使位温 θ 发生的改变反比于 $c_p(S_A,\theta,0)$，并且主要由于盐度导致该热容在海表面有5%的变化。

附录A.13中给出的热力学第一定律方程，(A.13.1)式可以近似为：

$$\rho c_p^0 \frac{\mathrm{d}\Theta}{\mathrm{d}t} \approx -\nabla\cdot\mathbf{F}^{\mathrm{R}} - \nabla\cdot\mathbf{F}^{\mathrm{Q}} + \rho\varepsilon + h_{S_A}\rho\,\mathcal{S}^{S_A} \tag{3.23.1}$$

其中，当把 $c_p^0\theta$ 或者 $c_p(S_A,\theta,0)\theta$ 作为海水的"热容量"时，会使 Θ 产生小于1%的误差(Mcdougall,2003；附录A.13和附录A.18)。(3.23.1)式在0 dbar时非常精确，而在深层海洋，(3.23.1)式的近似误差不大于该方程忽略机械能扩散项 $\rho\varepsilon$ 导致的误差(附录A.21)。

因为热力学第一定律方程(3.23.1)式左边可以写作密度与 $c_p^0\Theta$ 随体导数的乘积，也就意味着去掉代表机械能扩散的 $\rho\varepsilon$ 项，Θ 可以看成海洋中的守恒变量，$c_p^0\Theta$ 如同海水"热容量"，由平流输运，由湍流完成在中性面上的混合和穿越中性面的扩散而输运。例如，经向平流的热通量为 $\rho v h^0 = \rho v c_p^0\Theta$ 的面积分(这里 v 是北向流速)。把经向流的热通量作为海气热通量导致的误差，小于直接用 $\rho v c_p^0\theta$ 或者 $\rho v c_p(S_A,\theta,0)\theta$ 的面积分导致的误差的1%。同样，湍流扩散热通量可以通过湍流扩散率乘以 $c_p^0\Theta$ 的梯度精确计算得到，或者通过湍流扩散率乘以 $c_p^0\theta$ 的梯度近似精确计算得到(见附录A.14关于此的讨论)。

因为位焓取决于绝对盐度的线性函数[它取决于任意函数 $a_1 + a_3 S_A$，这个函数中的常数是根据(2.6.2)式确定的]，所以未知或不可知，(3.23.1)式的左边由于 $a_3\rho\mathrm{d}S_A/\mathrm{d}t$ 项而未知。附录B说明了(3.23.1)式的右边数据项 $-\nabla\cdot\mathbf{F}^{\mathrm{Q}} + h_{S_A}\rho\,\mathcal{S}^{S_A}$ 同样是未知或不可知，所以(3.23.1)式中未知常数 a_3 的作用被抵消掉。因此，在绝对盐度线性函数中位焓和保守温度未知的事实，并不影响位焓或者保守温度作为"热容量"("heat content")的量度。

3.24 重力势(Geopotential)

重力势 Φ 是单位质量相对于高度 $z=0$ 的重力势能。考虑到重力加速度是高度的函数，可以用下式计算 Φ：

$$\Phi = \int_0^z g(z')\,\mathrm{d}z' \tag{3.24.1}$$

当把重力加速度当做常数时，Φ 可以简单等于 gz。注意，当采用海表面(大地水准面)作为基准高度时，海洋中的高度和 Φ 都是负值。在SI单位制中，Φ 的计量单位为 $\mathrm{J\cdot kg^{-1} = m^2\cdot s^{-2}}$。当假设海洋静力平衡时，则 $p_z = -g\rho$（或者 $-g\mathrm{d}z' = v\mathrm{d}p'$），(3.24.1)式的重力势可以表示为水体比容对压强的积分，

$$\Phi = \Phi^0 - \int_0^p v(p')\,\mathrm{d}p' \tag{3.24.2}$$

其中，Φ^0 是海水压强为零的重力势能，即，重力加速度与海表面相对于大地基准面高度的乘积。注意，(3.24.2)式中并没有把重力加速度视为常数。

3.25 总能量（Total energy）

总能量$\mathcal{E}$是单位质量内能 u、单位质量动能 $0.5\mathbf{u}\cdot\mathbf{u}$（其中 $\mathbf{u}$ 是三维速度矢量）以及重力势 Φ 的总和。

$$\mathcal{E} = u + \Phi + \frac{1}{2}\mathbf{u}\cdot\mathbf{u} \tag{3.25.1}$$

由于总能量$\mathcal{E}$不是仅依赖于(S_A,t,p)的函数，因此它不是热力学量。

3.26 伯努利函数（Bernoulli function）

伯努利函数是比焓 h、单位质量动能 $0.5\mathbf{u}\cdot\mathbf{u}$ 和重力势 Φ 的和。

$$\mathcal{B} = h + \Phi + \frac{1}{2}\mathbf{u}\cdot\mathbf{u} \tag{3.26.1}$$

利用焓和位焓的关系（3.2.1）式，以及计算 Φ 的（3.24.2）式，伯努力函数（3.26.1）可以写成：

$$\mathcal{B} = h^0 + \Phi^0 + \frac{1}{2}\mathbf{u}\cdot\mathbf{u} - \int_0^p \nu(p') - \hat{\nu}(S_A,\Theta,p')\,\mathrm{d}p' \tag{3.26.2}$$

上式中对压强的积分项是动力高度偏差计算式（3.27.1）式的另外一个形式，它是由绝对盐度和保守温度（或等价地根据绝对盐度和位温）定义的压强为 p 的海水团的比容偏差。将其对压强积分，则等于（3.29.2）式表示的 Cunningham 流函数。

伯努利函数$\mathcal{B}$不是仅依赖于(S_A,t,p)的函数，因此它不是热力学量。

伯努利函数由焓 h 和（3.26.1）式中的位焓 h^0 所决定的。运动流体中，流体团动能和重力势能变化要比位焓和焓的变化小几千倍。

Saunders（1995）利用（3.7.3）式定义的比容偏差，把（3.26.2）式［利用（3.27.1）式定义的动力高度偏差］改写成以下形式：

$$\begin{aligned}\mathcal{B} &= h^0 + \Phi^0 + \Psi + \frac{1}{2}\mathbf{u}\cdot\mathbf{u} - \int_0^p \hat{\nu}(S_{SO},0℃,p') - \hat{\nu}(S_A,\Theta,p')\,\mathrm{d}p' \\ &= h^0 + \Phi^0 + \Psi + \frac{1}{2}\mathbf{u}\cdot\mathbf{u} - \hat{h}(S_{SO},0℃,p) + \hat{h}(S_{SO},0℃,0) + \hat{h}(S_A,\Theta,p) - \hat{h}(S_A,\Theta,0)\end{aligned} \tag{3.26.3}$$

3.27 动力高度偏差（Dynamic height anomaly）

通过垂向积分可以得到动力高度偏差 Ψ：

$$\Psi = -\int_0^p \delta(S_A[p'],t[p'],p')\,\mathrm{d}p' \tag{3.27.1}$$

它是 p 压强面上的流动相对于海表面流动的地转流流函数,δ 是比容偏差。因此在 p 压强面上 Ψ 的二维梯度,仅仅与 p 压强面上水平地转流流速 $\mathbf{v}$ 与海表面上的流速 $\mathbf{v}_0$ 的差异有关。

$$\mathbf{k} \times \nabla_p \Psi = f\mathbf{v} - f\mathbf{v}_0 \tag{3.27.2}$$

任意选取比容偏差 δ 定义(3.7.1)式～(3.7.4 式)中的基准值 $\tilde{S}_A$、$\hat{t}$、$\tilde{\theta}$ 或 $\hat{\Theta}$,都可以适用于动力高度偏差的定义。(3.27.1)式中比容偏差 δ 可以用比容 ν 替换而且不会影响到流函数的等压梯度。即,这个替换不会影响到(3.27.2)式,因为其附加项仅仅是压强的函数。习惯上,采用比容偏差优于比容,因为单精度变量的计算代码更为精确。但因为现在计算机都采用双精度计算,所以可以摒弃此观点,而且 δ 和 ν 都可以被应用在积分函数(3.27.1)式中,计算结果分别为“动力高度偏差”(Dynamic Height Anomaly)和“动力高度”(Dynamic Height)。根据(3.24.2)式,动力高度偏差(3.27.1)式并没有假设重力加速度是不变的,因此(3.27.2)式可以应用于垂直变化的重力加速度情况。

动力高度偏差 Ψ 的单位应为 $m^2 \cdot s^{-2}$。这是 GSW 库输出的动力高度偏差的计量单位(附录 N)。注意,关于动力偏差的积分(3.27.1)式中,当压强的计量单位是 dbar 时,得到的动力高度的单位应为 $m^3 \cdot kg^{-1} \cdot dbar$,但是在(3.27.2)式中应用这个单位,会使方程左边的水平梯度的计量单位与方程右边科氏参数(计量单位为 s^{-1})与速度乘积(计量单位是 s^{-1})的计量单位不一致。因此输出的动力高度偏差的单位是 $m^2 \cdot s^{-2}$。

3.28 蒙哥马利地转流函数(Montgomery geostrophic streamfunction)

蒙哥马利“加速势”(Montgomery acceleration potential)π 的定义为

$$\pi = p\delta - \int_0^p \delta(S_A[p'], t[p'], p')\, dp' \tag{3.28.1}$$

它是在比容偏差为 $\delta(S_A, t, p) = \delta_1$ 表面上流动相对于 0 dbar 上流动的地转流函数。根据下式,在比容偏差为 $\delta(S_A, t, p) = \delta_1$ 表面上 π 的二维梯度,只与在 $\delta = \delta_1$ 表面上的水平地转流 $\mathbf{v}$ 与海表面的地转流 $\mathbf{v}_0$ 之间的差异相关。

$$\mathbf{k} \times \nabla_{\delta_1} \pi = f\mathbf{v} - f\mathbf{v}_0 \text{ 或者 } \nabla_{\delta_1} \pi = -\mathbf{k} \times (f\mathbf{v} - f\mathbf{v}_0) \tag{3.28.2}$$

任意选取比容偏差 δ 定义(3.7.2)式中的基准值 $\hat{\hat{S}}_A$ 和 $\hat{\hat{t}}$,都适用于蒙哥马利地转流函数的定义(3.28.1)式。通过仔细选取基准值,可以减小中性切面和比容偏差面的差异(McDougall 和 Jackett,2007)。

蒙哥马利地转流函数(3.28.1)式经常被用作很多物理面上的流函数,而不是单纯地作为比容偏差面上的流函数。我们应该认识到这种做法所导致的误差。例如,在中性切面上的蒙哥马利地转流函数(3.28.1)式变成[而不是在 $\delta = \delta_1$ 面上的(3.28.2)式]:

$$\nabla_n \pi = -\mathbf{k} \times (f\mathbf{v} - f\mathbf{v}_0) + p\nabla_n \delta \tag{3.28.3}$$

其中,最后一项代表任意采用一个面,而不是采用导出蒙哥马利流函数的比容偏差面导致的误差。

Zhang 和 Hogg(1992)在(3.28.1)式中的第一项中减去任意压强偏移 $\bar{p}$，定义了改进的蒙哥马利流函数：

$$\pi^{\text{Z-H}} = (p - \bar{p})\delta - \int_0^p \delta(S_A[p'], t[p'], p')\,dp' \qquad (3.28.4)$$

中性切面上 $\pi^{\text{Z-H}}$ 的梯度为：

$$\nabla_n \pi^{\text{Z-H}} = -\mathbf{k} \times (f\mathbf{v} - f\mathbf{v}_0) + (p - \bar{p})\nabla_n \delta \qquad (3.28.5)$$

其中，当选取的恒定压强 $\bar{p}$ 非常接近表面压强的平均值时，上式的最后一项明显地小于(3.28.3)式中对应项。

当比容偏差 $\tilde{\tilde{\delta}}$ 的定义(3.7.3)式中选取合适的恒定基准值 $\tilde{\tilde{S}}_A$ 和 $\tilde{\tilde{\Theta}}$ 时，上式的最后一项可以进一步减小，因此这个面更进一步接近于中性切面(McDougall, 1989)。这种改进可以用下式进行说明：

$$\rho \nabla_n \tilde{\tilde{\delta}} = -[\kappa(S_A, \Theta, p) - \kappa(\tilde{\tilde{S}}_A, \tilde{\tilde{\Theta}}, p)]\nabla_n p \approx T_b^\Theta(\Theta - \tilde{\tilde{\Theta}})\nabla_n p \qquad (3.28.6)$$

(3.28.5)式中的最后一项可以近似为

$$(p - \bar{p})\nabla_n \tilde{\tilde{\delta}} \approx \frac{1}{2}\rho^{-1} T_b^\Theta(\Theta - \tilde{\tilde{\Theta}})\nabla_n (p - \bar{p})^2 \qquad (3.28.7)$$

因此选取合适的 $\bar{p}$ 、$\tilde{\tilde{S}}_A$ 和 $\tilde{\tilde{\Theta}}$ 可以减小(3.28.5)式中的最后一项，这一项代表在一个比比容偏差面更中性的面上，用地转流函数解释蒙哥马利地转流函数(3.28.4)式所导致的误差。

蒙哥马利地转流函数的计量单位应该是 $\text{m}^2 \cdot \text{s}^{-2}$。这是 GSW 库（附录 N)输出的动力高度偏差的计量单位。注意，(3.28.1)式或(3.28.4)式中比容偏差积分计算中，如果压强采用 dbar 作为计量单位，得到的动力高度偏差的单位是 $\text{m}^3 \cdot \text{kg}^{-1} \cdot \text{dbar}$，因此，在(3.28.2)式、(3.28.3)式或(3.28.5)式中应用这些计量单位，使方程左边的水平梯度的计量单位与方程右边的科氏参数(计量单位为 s^{-1})与速度乘积(计量单位是 $\text{m} \cdot \text{s}^{-1}$)的计量单位不一致。因此，如果(3.28.4)式中压强的计量单位为 Pa，那么蒙哥马利地转流函数的输出单位就为 $\text{m}^2 \cdot \text{s}^{-2}$。

3.29 Cunningham 地转流函数(Cunningham geostrophic streamfunction)

Saunders(1995)、Killworth(1986)、Cunningham(2000)以及 Alderson 和 Killworth(2005)建议在可压缩大洋的密度面上采用一个适宜的流函数，计算 Bernoulli 函数$\mathcal{B}$与焓势 h^0 的差异。因为单位质量的动能 $0.5\mathbf{u} \cdot \mathbf{u}$ 是 Bernoulli 函数的一个微小部分，忽略此项，Cunningham(2000)建议采用流函数 $\Pi + \Phi^0$ [见其方程(12)]，其中，

$$\Pi \equiv \mathcal{B} - h^0 - \frac{1}{2}\mathbf{u}\cdot\mathbf{u} - \Phi^0 = h - h^0 + \Phi - \Phi^0$$

$$= h(S_A, \Theta, p) - h(S_A, \Theta, 0) - \int_0^p \hat{\nu}[S_A(p'), \Theta(p'), p']dp' \qquad (3.29.1)$$

根据比容对压强的垂直积分和海面高度的重力势为 Φ^0，方程最后一行采用流体静力学方程 $p_z = -g\rho$ 表示 $\Phi \approx gz$。

采用焓势的定义(3.2.1)式改写(3.29.1)式的最后一行，Cunningham 的 Π 等于，

$$\Pi = -\int_0^p \hat{\nu}[S_A(p'), \Theta(p'), p'] - \hat{\nu}(S_A, \Theta, p')\mathrm{d}p' \qquad (3.29.2)$$

此式与动力高度偏差方程(3.27.1)式非常类似，唯一的区别是，(3.27.1)式中与压强无关的绝对盐度和保守温度的值为(S_{SO}，0℃)，而这里盐度和保守温度是位于海面的局地值，(S_A，Θ)。在(3.29.2)式对于压强的积分中，局地的绝对盐度和保守温度保持不变，但它们沿着任意密度面都会随着经度纬度的变化而变化。

沿中性切面 Π 的梯度为(McDougall 和 Klocker，2010)：

$$\nabla_n \Pi \approx \left\{\frac{1}{\rho}\nabla_z p - \nabla \Phi_0\right\} - \frac{1}{2}\rho^{-1} T_b^\Theta p^2 \nabla_n \Theta \qquad (3.29.3)$$

因此在 $\nabla_n \Pi$ 中，把 Π 用作地转流函数导致的近似误差为 $-\frac{1}{2}\rho^{-1}T_b^\Theta p^2 \nabla_n \Theta$。在位势密度面上，应用 Cunningham 流函数导致的误差近似为 $-\frac{1}{2}\rho^{-1}T_b^\Theta p(2p_r - p)\nabla_\sigma \Theta$。

3.30 近似中性面上的地转流函数(Geostrophic streamfunction in an approximately neutral surface)

为了得到一个近似中性面上[例如 Klocker 等(2009)引入的 ω－面或者 Jackett 和 McDougall(1997)定义的中性密度面]地转流函数相对精确表达式，在一个近似中性面上选取一个合适的基准海水团 ($\tilde{\tilde{S}}_A$，$\tilde{\tilde{\Theta}}$，$\tilde{\tilde{p}}$) 并且利用(3.7.3)式定义的比容偏差 $\tilde{\tilde{\delta}}$。近似地转流函数为(McDougall 和 Klocker，2010)：

$$\varphi^n(S_A, \Theta, p) = \frac{1}{2}(p - \tilde{\tilde{p}})\tilde{\tilde{\delta}}(S_A, \Theta, p) - \frac{1}{12}\rho^{-1}T_b^\Theta(\Theta - \tilde{\tilde{\Theta}})(p - \tilde{\tilde{p}})^2 - \int_0^p \tilde{\tilde{\delta}}\,\mathrm{d}p' \qquad (3.30.1)$$

无论沿着近似中性面保守温度对压强的变化是线性的还是二次方的，这个表达式都是非常精确的。即，在这些情况下，$\nabla_n \varphi^n \approx \frac{1}{\rho}\nabla_z p - \nabla \Phi_0 = -\mathbf{k} \times (f\mathbf{v} - f\mathbf{v}_0)$ 是一个很好的近似。

3.31 比容高度(Pressure – integrated steric height)

在两个固定压强面之间的地转欧拉流,可以用一个流函数表示对其深度积分的质量通量。利用流体静力学关系 $p_z = -g\rho$,对深度积分的质量通量 $\int \rho \mathbf{v} \mathrm{d}z$ 可以表示为 $-g^{-1}\int \mathbf{v}\mathrm{d}p$,这导致采用动力高度偏差对压强的积分 Ψ[见(3.27.1)式]构成比容高度 *PISH*(Pressure – Integrated Steric Height)[也被 Godfrey(1989)称作 DISH(Depth – Integrated Steric Height)]。

$$PISH = \Psi' = g^{-1}\int_0^P \Psi(p'')\,\mathrm{d}p'' = -g^{-1}\int_0^{p}\int_0^{p''}\delta(S_{\rm A}[p'],t[p'],p')\,\mathrm{d}p'\mathrm{d}p''$$

$$= -g^{-1}\int_0^{p}(p-p')\,\delta(S_{\rm A}[p'],t[p'],p')\,\mathrm{d}p' \qquad (3.31.1)$$

根据:

$$\mathbf{k}\times\nabla_p\Psi' = f\int_{z(p)}^{z(p=0)}\rho[\mathbf{v}(z')-\mathbf{v}_0]\,\mathrm{d}z' = g^{-1}f\int_0^{p}[\mathbf{v}(p')-\mathbf{v}_0]\,\mathrm{d}p' \qquad (3.31.2)$$

Ψ'的二维梯度,与当前压强面上的速度 $\mathbf{v}(z')$与0压强面上的速度 $\mathbf{v}_0$ 之差对深度积分的质量通量相关,任意选取比容偏差 δ 的定义[(3.7.2)式~(3.7.4)式]中基准值 $\hat{\hat{S}}_{\rm A}$,$\overset{\approx}{S}_{\rm A}$ 和 $\hat{\hat{t}}$,$\overset{\approx}{\theta}$,或者 $\overset{\approx}{\Theta}$,都适用于 *PISH* 的定义[见(3.31.1)式]。

因为海洋中一定深度上的流速远小于海表面的流速,习惯上把基准压强选为固定(深层)压强 p_1 上,因此(3.27.1)式变为:

$$\Psi = \int_{p}^{p_1}\delta(S_{\rm A}[p'],t[p'],p')\,\mathrm{d}p' \qquad (3.31.3)$$

PISH 变为:

$$PISH = \Psi' = g^{-1}\int_0^{p_1}\Psi(p'')\,\mathrm{d}p'' = g^{-1}\int_0^{p_1}\int_{p''}^{p_1}\delta(S_{\rm A}[p'],t[p'],p')\,\mathrm{d}p'\mathrm{d}p''$$

$$= g^{-1}\int_0^{p_1}p'\,\delta(S_{\rm A}[p'],t[p'],p')\,\mathrm{d}p'$$

$$= \frac{1}{2}g^{-1}\int_0^{p_1^2}\delta(S_{\rm A}[p'],t[p'],p')\,\mathrm{d}(p'^2) \qquad (3.31.4)$$

根据:

$$\mathbf{k}\times\nabla_p\Psi' = f\int_{z(p_1)}^{z(p=0)}\rho[\mathbf{v}(z')-\mathbf{v}_1]\,\mathrm{d}z' = g^{-1}f\int_0^{p_1}[\mathbf{v}(p')-\mathbf{v}_1]\,\mathrm{d}p' \qquad (3.31.5)$$

与 Ψ'的二维梯度相关的是,当前压强面上的速度与 p_1 压强面上、速度 $\mathbf{v}_1$ 的差值对深度积分的质量通量(3.31.1)式、(3.31.3)式和(3.31.4)式中出现的比容偏差 δ 可以用比容 ν 代替,并不影响流函数在等压面上的梯度。即,在 Ψ'中采用同样的替换并不影响(3.31.2)式和

(3.31.5)式,因为这一操作产生的附加项仅是压强的函数。当采用比容替代比容偏差时,(3.31.4)式变成了水体的重力势对深度的积分[另外,由于大气压强并不为零,需在式中加入一个极小项,McDougall(2003)]。

PISH 的计量单位应为 $kg \cdot s^{-2}$,因此,它二维梯度的计量单位和对深度积分的通量 $\rho[\mathbf{v}(z') - \mathbf{v}_1]$ 与科氏频率的乘积的计量单位相同。

3.32 压强与深度的换算(Pressure to height Conversion)

在海洋模式中,对绝对盐度 S_A 和保守温度 Θ 垂向分层,在每层把二者都当做常数的情况下,对水静力方程 $p_z = -g\rho$ 进行垂向积分,重力势变为:

$$\Phi = \Phi^0 - \int_0^p \nu(p')\,dp' \tag{3.32.1}$$

可以通过一系列精确的差值进行计算。采用 p^i 和 p^{i+1}(其中 $p^{i+1} > p^i$)来界定一系列压强的层次,上标 i 为层次标识,积分项[利用(3.7.5)式,即 $h_p|_{S_A,\Theta} = \hat{h}_p = \nu$]可以表示为 n 层比熵的差值之和,因此

$$\Phi = \Phi^0 - \int_0^p \nu(p')\,dp' = \Phi^0 - \sum_{i=1}^{n-1}\left[\hat{h}(S_A^i, \Theta^i, p^{i+1}) - \hat{h}(S_A^i, \Theta^i, p^i)\right] \tag{3.32.2}$$

3.33 冰点温度(Freezing temperature)

海水冰点温度 t_f 出现在海水的化学势 μ^W 和冰的化学势 μ^{Ih} 相等情况下。因此,它可以通过求解下面的隐函数得到:

$$\mu^W(S_A, t_f, p) = \mu^{Ih}(t_f, p) \tag{3.33.1}$$

或者等价地,根据 Gibbs 函数得到,

$$g(S_A, t_f, p) - S_A g_{S_A}(S_A, t_f, p) = g^{Ih}(t_f, p) \tag{3.33.2}$$

附录 I 概述了由 IAPWS-06(IAPWS,2009a)和 Wagner(2006)定义的 Ih 冰的 Gibbs 函数 $g^{Ih}(t, p)$。在盐度为零的特殊情况下,海水的化学势简化为纯水的 Gibbs 函数,即 $\mu^W(0, t, p) = g^w(t, p)$。通过 IAPWS(2008b)可以得到一个溶解压强关于温度的函数的简单相关函数,SIA 库已采用该函数。

在海表面,$p = 0$ dbar,根据(3.33.1)式,TEOS-10 的纯水冰点温度 $t_f(0\ g \cdot kg^{-1}, 0\ dbar) = 0.002\,519$℃,误差为 2 μK。注意,ITS-90 温标定义海水的三相点为 273.16 K。标准海水冰点温度 $t_f(S_{SO}, 0\ dbar) = -1.919$℃,误差为 2 mK。注意(3.33.1)式对于不含有空气的水/海水同样有效。溶解空气后海水的冰点会轻微降低;空气饱和的海水冰点温度会降低 2 mK。

为了估计压强与盐度变化对于冰点的微小影响,对(3.33.1)式进行幂级数展开计算比较方便。在计算给定盐度、压强变化无限小的极限情况下,可以得到冰点随压强变化而降低的系

数，如下［Clausius－Clapeyron 方程，Feistel 等（2010a）］：

$$\left.\frac{\partial t_{\mathrm{f}}}{\partial p}\right|_{S_{\mathrm{A}}} = \chi_p(S_{\mathrm{A}},p) = -\frac{g_p - S_{\mathrm{A}}g_{S_{\mathrm{A}}p} - g_p^{\mathrm{Ih}}}{g_T - S_{\mathrm{A}}g_{S_{\mathrm{A}}T} - g_T^{\mathrm{Ih}}} \tag{3.33.3}$$

TEOS－10 计算出此系数在纯水条件下的值：$\chi_p(0\ \mathrm{g\cdot kg^{-1}},0\ \mathrm{dbar}) = -0.742\,9\ \mathrm{mK/dbar}$，以及在标准海水条件下的值 $\chi_p(S_{\mathrm{SO}},0\ \mathrm{dbar}) = -0.748\,3\ \mathrm{mK/dbar}$，可以发现它随盐度变化很小。TEOS－10 的计算结果与 χ_p 最精确的测量值一致，它的实验误差为 0.001 5 mK/dbar（Feistel 和 Wagner，2005，2006）。因为 $|\chi_p|$ 的值总是超过绝热温度递减率 $|\Gamma|$，在绝热上升情况下，冷海水可以结冰并分解成冰与盐水，但是在下沉情况下，海水团绝不会发生这个现象。

给定压强下，计算绝对盐度无限小变化的极限，可以得到冰点温度随盐度变化而降低的系数（Srault 定律），

$$\left.\frac{\partial t_{\mathrm{f}}}{\partial S_{\mathrm{A}}}\right|_{p} = \chi_S(S_{\mathrm{A}},p) = \frac{S_{\mathrm{A}}g_{S_{\mathrm{A}}S_{\mathrm{A}}}}{g_T - S_{\mathrm{A}}g_{S_{\mathrm{A}}T} - g_T^{\mathrm{Ih}}} \tag{3.33.4}$$

纯水情况下其典型值为 $\chi_S(0\mathrm{g\cdot kg^{-1}},0\ \mathrm{dbar}) = -59.2\ \mathrm{mK/g/kg}$，海水情况下典型值为 $\chi_S(S_{\mathrm{SO}},0\mathrm{dbar}) = -56.9\ \mathrm{mK/g/kg}$。

作为应用中的粗略估计，（3.33.4）式可以展开为盐度的幂级数，只利用 TEOS－10 Gibbs 盐函数的首项，$g^{\mathrm{S}} \approx R_S T S_{\mathrm{A}} \ln S_{\mathrm{A}}$，这源于 Planck 的理想溶液理论（Planck，1888）。这里 $R_{\mathrm{S}} = R/M_{\mathrm{S}} = 264.759\,9\ \mathrm{J\cdot kg^{-1}\cdot K^{-1}}$ 是海盐的比气体常数，R 是普适摩尔气体常数，$M_{\mathrm{S}} = 31.403\,82\ \mathrm{g\cdot mol^{-1}}$ 是基准成分海盐的摩尔质量。（3.33.4）式的分母正比于（3.34.7）式的溶化热 L_p^{SI}。如此简化后可以得到如下结果：

$$\left.\frac{\partial t_{\mathrm{f}}}{\partial S_{\mathrm{A}}}\right|_{p} \approx -\frac{R_{\mathrm{S}}}{L_p^{\mathrm{SI}}}(T_0 + t_{\mathrm{f}})^2 \approx -59\ \mathrm{K} \tag{3.33.5}$$

这里我们采用标准海水近似 $t_{\mathrm{f}} = -2℃$，$L_p^{\mathrm{SI}} = 330\ \mathrm{J\cdot kg^{-1}}$。这个简单结果仅弱依赖于以上这些选择，并且与（3.33.4）式的精确计算结果以及 Millero 和 Leung（1976）相一致。海水的冰点总是低于纯水的冰点。

当海冰形成时，它包含了卤水包中残余的海水。在平衡状态下，这些卤水包的盐度仅依赖于温度和压强，而不是海水包的体积等其他要素，它可以作为（3.33.1）式的隐式解以 $S_{\mathrm{A}}(t,p)$ 函数形式计算出来。北冰洋海冰盐度的测量值，与（3.33.1）式计算结果非常一致，即使在海表面压强下，饱和析出浓度 110 g/kg 条件下，二者结果也非常一致（Feistel et al，2010b）。在高压下，Gibbs 函数的有效范围以及海水盐度冰点计算的有效范围，局限于50 g/kg。

注意，在 Planck 理想溶液理论导出的第一个近似中，上述特性依赖于溶解微粒的数目，而与微粒的大小、质量及电荷无关。换言之，它们主要依赖于溶解物质的摩尔数，而不是溶液的质量密度，相反，海水的密度和其他由密度导出属性均依赖于溶液的质量密度。本节中其他属性（3.33 节～3.42 节）都具有海水的依数特性。

3.34 融化潜热(Latent heat of melting)

纯水中的冰在等压下加热将会融化。如果该过程足够慢,慢到可以满足平衡状态时,温度可以保持不变。单位质量冰融化需要的热量为融化潜热,或是融化焓 L_p^{WI}。水的比焓 h^{W} 与冰的比焓 h^{Ih} (Kirchhoff 定律,Curry 和 Webster,1999)之间的差异为:

$$L_p^{\mathrm{WI}}(p) = h^{\mathrm{W}}(t_{\mathrm{f}},p) - h^{\mathrm{Ih}}(t_{\mathrm{f}},p) \tag{3.34.1}$$

这里 $t_{\mathrm{f}}(p)$ 是水的冰点,见 3.33 节。比焓 h^{W} 与 h^{Ih} 可以分别通过 IAPWS-95(IAPWS,2009b)和 IAPWS-06 (IAPWS,2009a)得到。

对于海水,冰融化后的水与周围盐水混合,如此改变了海水的冰点温度和盐度。因此,与此变化相关的焓将依赖于融化的条件。

融化潜热定义为,在压强、水与盐的总质量都不变而温度升高情况下,冰与海水混合物中每无限小质量的冰融化所增加的焓,它超过海水与冰单独升温所需的热量(Feistel 和 Hagen,1998;Feistel,2010b)。此过程中,水与盐的质量守恒是保证潜热公式不依赖于水与盐未知的绝对焓的基础,否则就伴随着一些质量交换。

海冰的焓 h^{SI},是其组成成分冰的焓与海水的焓的和,其中,冰的质量分数为 w^{Ih},焓为 h^{Ih},海水的液体质量分数为$(1-w^{\mathrm{Ih}})$,焓为 h,

$$h^{\mathrm{SI}} = (1-w^{\mathrm{Ih}})h(S_{\mathrm{A}},t,p) + w^{\mathrm{Ih}}h^{\mathrm{Ih}}(t,p) \tag{3.34.2}$$

当升温时,融化的水将改变冰的质量分数 w^{Ih}和盐度 S_{A}。(3.34.2)式对温度的导数为

$$\left.\frac{\partial h^{\mathrm{SI}}}{\partial T}\right|_p = (1-w^{\mathrm{Ih}})\left.\frac{\partial h}{\partial T}\right|_{S_{\mathrm{A}},p} + (1-w^{\mathrm{Ih}})\left.\frac{\partial h}{\partial S_{\mathrm{A}}}\right|_{T,p}\left.\frac{\partial S_{\mathrm{A}}}{\partial T}\right|_p + w^{\mathrm{Ih}}\left.\frac{\partial h^{\mathrm{Ih}}}{\partial T}\right|_p + (h^{\mathrm{Ih}}-h)\left.\frac{\partial w^{\mathrm{Ih}}}{\partial T}\right|_p \tag{3.34.3}$$

(3.33.4)式的倒数是盐水盐度随温度的变化率,利用盐总量守恒:$(1-w^{\mathrm{Ih}})S_{\mathrm{A}}=$常数,它与等压融化速率 $-\partial w^{\mathrm{Ih}}/\partial T|_p$ 相关,

$$\left.\frac{\partial S_{\mathrm{A}}}{\partial T}\right|_p = \frac{S_{\mathrm{A}}}{(1-w^{\mathrm{Ih}})}\left.\frac{\partial w^{\mathrm{Ih}}}{\partial T}\right|_p \tag{3.34.4}$$

通过此关系,(3.34.3)式简化为

$$\left.\frac{\partial h^{\mathrm{SI}}}{\partial T}\right|_p = (1-w^{\mathrm{Ih}})c_p + w^{\mathrm{Ih}}c_p^{\mathrm{Ih}} - L_p^{\mathrm{SI}}\left.\frac{\partial w^{\mathrm{Ih}}}{\partial T}\right|_p \tag{3.34.5}$$

融化速率前的系数

$$L_p^{\mathrm{SI}}(S_{\mathrm{A}},p) = h - S_{\mathrm{A}}\left.\frac{\partial h}{\partial S_{\mathrm{A}}}\right|_{T,p} - h^{\mathrm{Ih}} \tag{3.34.6}$$

给出了等压融化焓的理想表达式,即海水中水的比焓和冰的比焓的差异。对于任何可测量的热力学属性所需的物理条件:冰、水和盐任意的绝对焓,(3.34.6)式消掉了这三项,给出了冰与海水公式一致的基准条件(Feistel 等,2008a)。因为 $h = g + (T_0 + t)\eta$ 和(3.33.2)式,融化

潜热可以写成 η 的表达式，而不是 h，

$$L_p^{\mathrm{SI}}(S_{\mathrm{A}},p) = (T_0 + t_{\mathrm{f}}) \times \left(\eta - S_{\mathrm{A}} \left.\frac{\partial \eta}{\partial S_{\mathrm{A}}}\right|_{T,p} - \eta^{\mathrm{Ih}}\right) \tag{3.34.7}$$

这个结果不依赖于未知的常数。

融化潜热仅弱依赖于盐度和压强。在海表面压强下，纯水融化潜热的计算值 $L_p^{\mathrm{SI}}(0,0) = L_p^{\mathrm{WI}}(0) = 333\ 426.5\ \mathrm{J \cdot kg^{-1}}$，标准海水的 $L_p^{\mathrm{SI}}(S_{\mathrm{SO}},0) = 329\ 928.5\ \mathrm{J \cdot kg^{-1}}$，溶解的盐仅导致了这 1% 的差异。在 1 000 dbar 下这个差异降至 0.6%，$L_p^{\mathrm{SI}}(0,1\ 000\ \mathrm{dbar}) = L_p^{\mathrm{WI}}(1\ 000\ \mathrm{dbar}) = 331\ 528\ \mathrm{J \cdot kg^{-1}}$，标准海水的 $L_p^{\mathrm{SI}}(S_{\mathrm{SO}},1\ 000\ \mathrm{dbar}) = 328\ 034\ \mathrm{J \cdot kg^{-1}}$。TEOS－10 与 L_p^{WI} 最精确的测量值一致，试验误差为 200 $\mathrm{J \cdot kg^{-1}}$，或者 0.06%（Feistel 和 Wagner，2005；2006）。

3.35 升华压强（Sublimation pressure）

冰的升华压强 P^{subl} 定义为：给定温度或低于冰点温度下，水汽与冰平衡状态下的绝对压强 P。通过水汽化学势 μ^{V} 与冰的化学势 μ^{Ih} 相等得到该变量，即通过求解以下隐式方程得到：

$$\mu^{\mathrm{V}}(t,P^{\mathrm{subl}}) = \mu^{\mathrm{Ih}}(t,P^{\mathrm{subl}}) \tag{3.35.1}$$

或者等价地，根据 Gibbs 函数求解下式：

$$g^{\mathrm{V}}(t,P^{\mathrm{subl}}) = g^{\mathrm{Ih}}(t,P^{\mathrm{subl}}) \tag{3.35.2}$$

附录 I 总结了根据 IAPWS－06 和 Feistel 及 Wanger（2006）定义的冰的 Gibbs 函数 $g^{\mathrm{Ih}}(t,P)$。注意，这里采用的是绝对压强 P 而不是海水压强 p，因为冰的升华压强比大气压强小得多。

根据流水的 Helmholtz 函数 IAPWS－95，得到水汽的 Gibbs 函数 $g^{\mathrm{V}}(t,P)$；详细情况可以参考 Feistel 的文章（Feistel 等，2008a，2010a，2010b）。在水的三相点可以得到可能最大升华压强。根据（3.35.1）式计算出最大升华压强的 TEOS－10 值 $P^{\mathrm{subl}} = P_{\mathrm{t}} = 611.655$ Pa，误差为 0.01 Pa（IAPWS－06；Feistel 等，2008a）。

温度降至 20 K 时可以得到升华压强的理论值（Feistel 和 Wagner，2007），IAPWS（2008b）给出了扩展至 50 K 时升华压强的一个简单相关函数，SIA 库中包含了这个函数。（3.35.1）式所需的 IAPWS－95 函数 μ^{V} 只在 130 K 条件下有效。TEOS－10 建立了扩展至 50 K 范围内有效的函数（Feistel 等，2010a），这个函数作为缺省函数包含在 SIA 库中。自然条件下，水汽因为极低的密度，不可能存在于 50 K 以下，即使在太空真空条件下。因此，彗星的冰在远离太阳时不会蒸发。在地球极地大气的最低温度不会低于 130 K。

在空气中，冰存在于远远高于其自身升华压强的压强下。根据总绝对压强 P 和水汽的摩尔分数 x_{V}，计算得到湿空气中的水汽压，$P^{\mathrm{vap}} = x_{\mathrm{V}} P$，类似于海水的绝对盐度 S_{A}，变量 A 表示干空气在湿空气中的质量分数。水汽的摩尔分数为：

$$x_{\mathrm{V}} = \frac{1 - A}{1 - A\left(1 - \dfrac{M_{\mathrm{W}}}{M_{\mathrm{A}}}\right)} \tag{3.35.3}$$

其中，M_A 是干空气的摩尔质量分数，M_W 是水的摩尔质量分数。

与饱和空气中湿空气处于平衡状态的冰，其升华压强等于饱和空气的水汽压 $P^{subl}(t,P) = x_V^{sat}P$。为了计算(3.35.3)式中的 x_V^{sat}，根据湿空气中水汽的化学势 μ_W^{AV} 与冰的化学势 μ^{Ih} 相等，计算所需饱和状态下空气的质量分数 $A = A^{sat}(t,P)$，即求解如下隐式方程：

$$\mu_W^{AV}(A^{sat},t,P) = \mu^{Ih}(t,P) \tag{3.35.4}$$

或者等价地，根据 Feistel 等(2010b)定义的湿空气的 Gibbs 函数，$g^{AV}(A,t,P)$，求解 Gibbs 函数形式的下列等式，

$$g^{AV}(A^{sat},t,P) - A^{sat}g_A^{AV}(A^{sat},t,P) = g^{Ih}(t,P) \tag{3.35.5}$$

在 $t=0℃$ 和大气压强下，通过求解(3.35.4)式计算出 A^{sat}，然后利用(3.35.3)式计算出相应的摩尔分数，再乘以大气压强，可以得到冰的升华压强为 P^{subl}(0℃，101 325 Pa) = 613.745 Pa。同样，在标准海水的冰点温度下，升华压强 P^{subl}(-1.919℃，101 325 Pa) = 523.436 Pa。

观测或模式计算的水汽压和根据 TEOS-10 计算的升华压强之间的差异，是用于参数化质量通量的一个合适变量。

3.36 升华焓(Sublimation enthalpy)

升华是在 t 与 P 恒定的条件下，提供热量使冰变成纯水汽的过程，其中，t 是冰点或低于冰点的温度。单位质量冰升华所需要的热量就是升华潜热，或者升华焓 L_p^{VI}。它是水汽比焓 h^V 与冰比焓 h^{Ih}(Kirchhoff 定律；Curry 和 Webster，1999)之间的差异：

$$L_p^{VI}(t) = h^V(t,p^{subl}) - h^{Ih}(t,p^{subl}) \tag{3.36.1}$$

这里，$P^{subl}(t)$ 为冰在温度 t 时的升华压强，见 3.35 节中的定义。分别通过 IAPWS-95 和 IAPWS-06 得到水汽的比焓 h^V 与冰的比焓 h^{Ih}。理论上讲，通过简单的相关函数(Feistel 和 Wagner，2007)，可以在低至 20 K 范围内得到可靠的升华焓的值。在水的三相点，TEOS-10 的升华焓 L_p^{VI}(0.01℃) = 2 834 359 J·kg^{-1}，其误差为 1 000 J·kg^{-1}或者 0.03%。

当空气存在时，升华导致的水汽将增加气相，因此，增加了水汽的摩尔分数 x_V^{sat}。如果总压强 P 保持不变，分压强 $x_V^{sat}P$ 将会增加，而冰必须升温以保持升华压强 $P^{subl} = x_V^{sat}P$ 改变后的平衡。因此这种改变产生的焓依赖于特殊条件，在这个条件下，可能发生升华过程。在正常环境条件下这个影响很小，但是在较高的空气密度下，这个影响将至关重要。

这里我们定义升华潜热为冰和湿空气组成的混合系统，在压强恒定、总质量恒定、温度升高的条件下，单位无限小质量升华的冰所增加的焓，它超过海水与冰各自单独升温所需的热量(Feistel，2010a)。在这个热力学过程中，水与干空气的总质量守恒是保证潜热公式不依赖于未知的空气与水绝对焓的基础，否则就伴随着一些质量交换。

冰空气(ice air)焓,h^{AI},是其成分冰与湿空气焓的和,其中,冰的质量分数为 w^{Ih},焓为 h^{Ih},湿空气的质量分数为$(1-w^{Ih})$,焓为 h^{AV},

$$h^{AI} = (1 - w^{Ih})h^{AV}(A,t,p) + w^{Ih}h^{Ih}(t,p) \tag{3.36.2}$$

当升温时,升华产生的水汽气体质量减少了冰的质量分数 w^{Ih},而增加了湿度,即减少了气相中干空气的相对质量分数 A。(3.36.2)式对温度的导数为

$$\left.\frac{\partial h^{AI}}{\partial T}\right|_p = (1 - w^{Ih})\left.\frac{\partial h^{AV}}{\partial T}\right|_{A,p} + (1 - w^{Ih})\left.\frac{\partial h^{AV}}{\partial A}\right|_{T,p}\left.\frac{\partial A}{\partial T}\right|_p + w^{Ih}\left.\frac{\partial h^{Ih}}{\partial T}\right|_p + (h^{Ih} - h^{AV})\left.\frac{\partial w^{Ih}}{\partial T}\right|_p \tag{3.36.3}$$

空气质量分数的变化与等压升华率相关 $-\partial w^{Ih}/\partial T|_p$,根据干空气守恒:$(1-w^{Ih})A=$常数,可以得到:

$$\left.\frac{\partial A}{\partial T}\right|_p = \frac{A}{1 - w^{Ih}}\left.\frac{\partial w^{Ih}}{\partial T}\right|_p \tag{3.36.4}$$

利用这个关系,(3.36.3)式简化为

$$\left.\frac{\partial h^{AI}}{\partial T}\right|_p = (1 - w^{Ih})c_p^{AV} + w^{Ih}c_p^{Ih} - L_p^{AI}\left.\frac{\partial w^{Ih}}{\partial T}\right|_p \tag{3.36.5}$$

升华率前面的系数

$$L_p^{AI}(A,p) = h^{AV} - A\left.\frac{\partial h^{AV}}{\partial A}\right|_{T,p} - h^{Ih} \tag{3.36.6}$$

给出了等压升华焓的理想表达式,即湿空气中水汽的比焓和冰中水汽的比焓的差异。对于空气和水汽的理想气体近似,湿空气中水汽比焓 $h^{AV}-Ah_A^{AV}$,等于水汽的比焓 $h^V(t)$,而且仅是温度的函数,与压强及空气的存在无关(Feistel,2010a)。既然如此,(3.36.6)式与(3.36.1)式形式一致,除了这两个方程分别在不同压强条件下:P 和 P^{subl} 进行计算。对于任何可测量的热力学属性所需的物理条件:冰、水汽和空气任意的绝对焓,(3.36.6)式消掉了这三项给出了冰与湿空气公式一致的基准条件(Feistel 等,2008a;2010b)。升华潜热仅弱依赖于空气的质量分数和压强。

可以通过盐水的盐度或者根据3.38节所介绍的浮冰海表面的盐度,计算出海冰上的饱和空气的质量分数 $A=A^{sat}$。对于标准海水,其绝对海表面压强 $P_{SO}=101\ 325$ Pa,冰点温度 $t_f=-1.919$℃,TEOS-10 计算出饱和空气的质量分数为 $A=A^{sat}(t_f,P_{SO})$,以及对应的系数 $L_p^{AI}(A_{SO},P_{SO})=2\ 833\ 006\ \mathrm{J\cdot kg^{-1}}$。相关的升华压强 $P^{subl}(t_f,P_{SO})=523.436$ Pa,见3.35节。

观测数据表明海表面周围的空气在气候平均下是亚饱和的。相对于饱和情况,相对湿度为75%~82%(见3.40节)时 A 的值可能是对海洋空气更合理的估计(Dai,2006);这些值表示非平衡状态,它们导致了全球水循环中的纯汽化现象。

3.37 水汽压(Vapour pressure)

海水的水汽压 $P^{\text{vap}}(S_A,t)$ 定义为给定温度和盐度 S_A 条件下,水汽与海水平衡状态下的绝对压强 P。通过水汽化学势 μ^V 与海水中水的化学势 μ^W 相等得到该变量,因此,可以通过求解以下隐式方程得到:

$$\mu^V(t,P^{\text{vap}}) = \mu^W(S_A,t,P^{\text{vap}}) \tag{3.37.1}$$

或者等价地,根据 Gibbs 函数求解:

$$g^V(t,P^{\text{vap}}) = g(S_A,t,P^{\text{vap}}) - S_A g_{S_A}(S_A,t,P^{\text{vap}}) \tag{3.37.2}$$

注意,这里采用的是绝对压强 P 而不是海水压强 p,因为实际环境中,水汽压远远小于大气压。对应的海水压强(P^{vap} − 101 325 Pa)可能为负值,接近 -10^{-5} Pa。根据水的 Helmholtz 函数、IAPWS−95 和海水的 Gibbs 函数 IAPWS−08 、IAPWS−09(IAPWS,2009c)可以得到水汽与海水的 Gibbs 函数 $g^V(t,P)$ 和 $g(S_A,t,P)$ 。

对于纯水 $S_A=0$,(3.37.1)式的解被称为水的 $t-p$ 图表上的饱和曲线,它连接了三相点与临界点。水的三相点上对应着纯流体水可能的最低水汽压。通过(3.37.1)式计算出最小水汽压的 TEOS−10 值 $P^{\text{vap}}(0,0.01℃) = P_t = 611.655$ Pa,误差为 0.01 Pa(IAPWS−95;Feistel 等,2008a)。相比之下,标准海水的水汽压 $P^{\text{vap}}(S_{SO},0℃) = 599.907$ Pa。在实验室温度下,$P^{\text{vap}}(0,25℃) = 3\,169.93$ Pa,$P^{\text{vap}}(S_{SO},25℃) = 3\,110.57$ Pa。

溶解的盐将导致相对较小的水汽压稍微降低,该下降值可以通过(3.37.1)式在等温条件下对盐度的导数(Raoult 定律)得出,

$$\left.\frac{\partial P^{\text{vap}}}{\partial S_A}\right|_T = \frac{S_A g_{S_A S_A}}{g_p - S_A g_{S_A p} - g_p^V} \tag{3.37.3}$$

作为实际中的粗略估计,这个方程可以扩展为盐度的幂级数,利用 TEOS−10 中 Gibbs 函数的首项,$g^S \approx R_S T S_A \ln S_A$,源自 Planck 理想溶液理论。这里,$R_S = R/M_S = 264.759\,9\ \text{J}\cdot\text{kg}^{-1}\cdot\text{K}^{-1}$是海盐的比气体常数,$R$ 是普适摩尔气体常数,$M_S = 31.403\,82\ \text{g}\cdot\text{mol}^{-1}$是基准成分海盐的摩尔质量。与水汽比容相比,海水比容 g_p 可以忽略。水汽可以看做是理想流体,$g_p^V \approx RT/(M_W P^{\text{vap}})$,其中,$M_W = 18.015\,268\ \text{g}\cdot\text{mol}^{-1}$为水的摩尔质量。如此简化后可以得到:

$$\left.\frac{\partial P^{\text{vap}}}{\partial S_A}\right|_T \approx -\frac{M_W}{M_S}P^{\text{vap}} \approx -0.57 \times P^{\text{vap}} \tag{3.37.4}$$

海水的水汽压总是低于纯水的水汽压。

一般条件下,海水所受的压强 P 远远大于其水汽压。这种情况下,$P^{\text{vap}}(S_A,t,P)$ 定义为,给定压强 P、温度 t 和盐度 S_A 下,湿空气与海水平衡状态下的水汽压。根据湿空气中水汽的化学势 μ_W^{AV} 与海水的化学势 μ^W 相等来计算水汽压,即求解 A^{cond}的隐式方程:

$$\mu_{AV}^V(A^{\text{cond}},t,P) = \mu^W(S_A,t,P) \tag{3.37.5}$$

或者等价地，根据 Gibbs 函数求解 A^{cond}，

$$g^{\text{AV}}(A^{\text{cond}},t,P) - A^{\text{cond}} g_A^{\text{AV}}(A^{\text{cond}},t,P) = g(S_A,t,P) - S_A g_{S_A}(S_A,t,P) \qquad (3.37.6)$$

海盐的存在[(3.37.4)式]导致了水汽压降低，水汽压下高于凝聚点甚至在到达饱和点之前(即相对湿度为100%)，为了与海水的局部平衡，海表面空气中的水汽就凝聚出来。在大尺度平衡过程中，可能引入了水汽向下扩散至海表面，而不是露水或者雾的降落。通过计算凝聚点的次饱和空气的质量分数 A^{cond}，可以直接计算出(3.53.2)式中的水汽摩尔分数 x_V^{cond}，以及水汽压 $P^{\text{vap}}(S_A,t,P) = x_V^{\text{cond}} P$。Feistel 等(2010b)给出了计算出湿空气的 Gibbs 函数 g^{AV}，该工作将作为 IAPWS(2010)文档的一部分提供给用户。

(3.37.5)式计算出 TEOS－10 在海表面压强下的水汽压，$P^{\text{vap}}(0,0℃,P_{S0}) = 613.760$ Pa；标准海水的水汽压 $P^{\text{vap}}(S_{S0},0℃,P_{S0}) = 602.403$℃。在实验室温度下，相关的值分别为 $P^{\text{vap}}(0,25℃,P_{S0}) = 3\ 183.73$ Pa 及 $P^{\text{vap}}(S_{S0},25℃,P_{S0}) = 3\ 124.03$ Pa。

3.38 沸点温度（Boiling temperature）

水或者海水的沸点温度 $t^{\text{boil}}(S_A,P)$ 定义为水汽压(3.37 节)与给定压强 P 相等时的温度。通过水汽化学势 μ^V 与海水中水的化学势 μ^W 相等得到该变量，即隐式求解以下方程得到 t^{boil}：

$$\mu^V(t^{\text{boil}},P) = \mu^W(S_A,t^{\text{boil}},P) \qquad (3.38.1)$$

或者等价地，根据两个 Gibbs 函数相等计算 t^{boil}，

$$g^V(t^{\text{boil}},P) = g(S_A,t^{\text{boil}},P) - S_A g_{S_A}(S_A,t^{\text{boil}},P) \qquad (3.38.2)$$

在大气压下，TEOS－10 计算的沸点温度 $t^{\text{boil}}(0,P_{S0}) = 99.974$℃。TEOS－10 中 Gibbs 函数的有效范围仅至 80℃，此温度在 Gibbs 函数的有效范围外。

3.39 蒸发潜热(Latent heat of evaporation)

在 t 和 P 恒定情况下，纯液态水加热后变成水汽的过程为蒸发过程。单位质量液体蒸发所需要的热量称为蒸发潜热或者蒸发焓，L_p^{VW}。它是水汽比焓 h^V 与液态水比焓 h^W 之间的差异：

$$L_p^{\text{VW}}(t) = h^{\text{v}}(t,P^{\text{vap}}) - h^W(t,P^{\text{vap}}) \qquad (3.39.1)$$

这里，$P^{\text{vap}}(t)$ 是温度为 t 的水汽压(3.37 节)。利用 IAPWS－95 得到比焓 h^W 与 h^V。在水的三相点，TEOS－10 计算的蒸发焓为 $L_p^{\text{VW}}(0.01℃) = 2\ 500\ 915\ \text{J}\cdot\text{kg}^{-1}$。

海水蒸发产生的水汽，将改变与海水相关的大气气相。由此增加了水汽的摩尔分数，而海水丢失的水分导致其盐度增加，也改变了海水的焓。因此，与此变化相关的焓将依赖于蒸发过程。

这里，我们定义蒸发潜热为：在压强、水与干空气的总质量都不变而温度升高情况下，海水与湿空气混合物系统中，每无限小质量水蒸发所增加的焓，超过海水与湿空气单独升温所需的

热量(Feistel,2010b)。此过程中,空气、水与盐的质量守恒是保证潜热公式不依赖于未知的空气、水与盐绝对焓的基础,否则将伴随着一些质量交换。

海水空气(sea air)的焓 h^{SA},是其成分海水焓与湿空气焓的和,其中,海水的液体质量分数为 w^{SW},焓为 h,湿空气的质量分数为$(1-w^{SW})$,焓为 h^{AV},

$$h^{SA}=(1-w^{SW})h^{AV}(A,t,p)+w^{SW}h(S_A,t,p) \tag{3.39.2}$$

加热时,从液态蒸发至气态的水改变了海水的质量分数 w^{SW},提高了盐度 S_A 和湿度,同时减少了气态干空气的质量分数 A。(3.39.2)式对温度的导数为:

$$\left.\frac{\partial h^{SA}}{\partial T}\right|_p=(1-w^{SW})\left.\frac{\partial h^{AV}}{\partial T}\right|_{A,p}+(1-w^{SW})\left.\frac{\partial h^{AV}}{\partial A}\right|_{T,p}\left.\frac{\partial A}{\partial T}\right|_p$$

$$+w^{SW}\left.\frac{\partial h}{\partial T}\right|_{S_A,p}+w^{SW}\left.\frac{\partial h}{\partial S_A}\right|_{T,p}\left.\frac{\partial S_A}{\partial T}\right|_p+(h-h^{AV})\left.\frac{\partial w^{SW}}{\partial T}\right|_p \tag{3.39.3}$$

根据干空气质量守恒:$(1-w^{SW})A=\text{const}$,等压蒸发率 $-\left.\frac{\partial w^{SW}}{\partial T}\right|_p$ 与空气质量分数变化的关系式为:

$$\left.\frac{\partial A}{\partial T}\right|_p=\frac{A}{1-w^{SW}}\left.\frac{\partial w^{SW}}{\partial T}\right|_p \tag{3.39.4}$$

根据盐守恒:$w^{SW}S_A=$常数,盐度变化的公式为:

$$\left.\frac{\partial S_A}{\partial T}\right|_p=-\frac{S_A}{w^{SW}}\left.\frac{\partial w^{SW}}{\partial T}\right|_p \tag{3.39.5}$$

根据这些关系,(3.39.3)式可以简化为:

$$\left.\frac{\partial h^{SA}}{\partial T}\right|_p=(1-w^{SW})c_p^{AV}+w^{SW}c_p-L_p^{SA}\left.\frac{\partial w^{SW}}{\partial T}\right|_p \tag{3.39.6}$$

蒸发速率前面的系数:

$$L_p^{SA}(A,S_A,t,p)=h^{AV}-A\left.\frac{\partial h^{AV}}{\partial A}\right|_{T,p}-h+S_A\left.\frac{\partial h}{\partial S_A}\right|_{T,p} \tag{3.39.7}$$

给出了等压蒸发焓的理想表达式,即湿空气中蒸汽比焓的偏导数(前两项)与海水中水比焓的导数(后两项)的差异。空气和水汽近似为理想气体情况下,湿空气中水汽比焓 $h^{AV}-Ah_A^{AV}$ 等于水汽的比焓 $h^V(t)$,仅是温度的函数,与压强和空气是否存在无关(Feistel,2010a)。对于任何可测量的热力学属性所需的物理条件:水、盐和空气任意的绝对焓,(3.39.7)式消掉了这三项,给出了海水与湿空气公式一致的基准条件(Feistel 等,2010a)。蒸发潜热仅弱依赖于盐度和空气质量分数,几乎是温度和压强的线性函数。

(3.39.7)式中的导数项中的 A,可以从(3.37.6)式的湿空气和海水平衡条件:$A=A^{cond}$,间接计算出值。在这个湿度下空气仍是次饱和的,$A^{cond}>A^{sat}$,但是在海表面,水汽开始凝聚。只有在海水冰点以下,或盐度消失时,A^{cond} 和 A^{sat} 的值才相同,参见 3.40 节。

在压强恒定但温度变化的情况下,湿空气与海水平衡状态时,可以通过方程(3.37.6)式

计算出蒸发速率 $\partial w^{SW}/\partial T|_p$（Feistel 等，2010a）。相比之下，利用(3.39.2)～(3.39.7)式计算 L_p^{SA} 的导数仅用到了质量与焓的平衡，而实际上将湿空气与海水的非平衡状态也包含进来。因此，物理意义是非常明显的，(3.39.7)式可以应用于 A 任意不同于 A^{cond} 值，即无论湿空气与海表面是否平衡，都可以应用该方程。

表 3.39.1 选定凝聚点空气质量分数的典型值 A^{cond} 所对应的蒸发潜热 L_p^{SA}。

表 3.39.1　在不同的海表面条件下，选定利用(3.37.6)式计算平衡状态下空气质量分数 A^{cond} 的值，对应的由(3.39.7)式计算的蒸发潜热 L_p^{SA}。注意，TEOS－10 中湿空气公式的有效范围上限为 5 MPa，即，约为 500 dbar 海水压强

状况	S_A ($g \cdot kg^{-1}$)	T (℃)	P (dbar)	A^{cond} (%)	L_p^{SA} ($J \cdot kg^{-1}$)
纯水	0	0	0	99.622 31	2 499 032
Brakish 水	10	0	0	99.624 27	2 499 009
标准海水	35.165 04	0	0	99.629 31	2 498 510
热带海洋	35.165 04	25	0	98.059 33	2 438 971
高压	35.165 04	0	400	99.989 43	2 443 759

3.40　相对湿度和逸度（Relative humidity and fugacity）

穿越海表面的水通量和热通量的参数化公式，经常表示为给定空气的相对湿度与海水的关系。这一节将根据 TEOS－10 中湿空气与海水的位势函数，给出相对湿度和逸度的公式，我们将说明在海洋学通量计算（Feistel 等，2010a）中采用相对于凝聚的相对逸度，而不是相对于饱和的相对逸度的原因。因为凝聚发生在海表面相对湿度等于次饱和值的条件下，所以在饱和点附近，这两个通量公式表现出不同的符号（通量方向不同）。

文献中并没有唯一地定义相对湿度，但是在湿空气的理想气体范围内，这些常见的定义是一致的。在这种近似下，相对湿度只是在给定温度和给定水汽相的压强下液态水的特性，与空气存在无关。测温顾问委员会，CCT（Consultattive Commitee for Thermometry，www.bipm.org/en/committees/cc/cct）根据摩尔比例，给出相对湿度的定义："在给定压强和温度条件下，相对湿度为水汽的摩尔分数与在同样温度和压强条件下，相对于水或者冰饱和的湿空气中水汽的摩尔分数的百分比"。与 CCT 一致，国际纯水和应用化学联盟（IUPAC）对相对湿度的定义为："在某一观测温度下，大气中水的分压强与同样温度下纯水的饱和水汽压的百分比"（Calvert，1990；IUPAC，1997）。相对湿度的定义公式为：

$$RH_{CCT} = \frac{x_V}{x_V^{sat}} \qquad (3.40.1)$$

上式根据水汽的摩尔分数 $x_V(A)$，(3.35.3)式和饱和空气质量分数 $A = A^{sat}(t,P) = A^{cond}(0,t,$

P）或者根据纯水在高于冰点的温度 t 时液态水的（3.37.6）式，或者根据纯水在低于冰点温度 t 时冰的（3.35.5）式得到。这里 $A^{cond}(S_A,t,P)$ 是湿空气与海水平衡时湿空气的空气质量分数，见（3.37.5）式，此时由于 $S_A>0$，湿空气是不完全饱和的。

WMO 对相对湿度的定义为（Pruppacher 和 Klett，1997；Jacobson，2005）：

$$RH_{WMO}=\frac{r}{r^{sat}}=\frac{1/A-1}{1/A^{sat}-1} \tag{3.40.2}$$

其中，$r=(1-A)/A$。如果 r 很小，可以得到 $x_V\approx\frac{rM_A}{M_W}$［根据（3.35.3）式］，因此，$RH_{WMO}\approx RH_{CCT}$，即（3.40.1）式与（3.40.2）式近似一致。

有时，特别考虑位相或者化学平衡时，采用逸度（活度）会比分压强分数更方便（IUPAC，1997）。湿空气中水汽的逸度定义为：

$$f_V(A,T,P)=x_VP\exp\left\{\frac{\mu^V-\mu^{V,id}}{R_WT}\right\} \tag{3.40.3}$$

这里 $R_W=\frac{R}{M_W}$，是水中单位质量气体常数，$\mu^V(A,T,P)=g^{AV}-Ag_A^{AV}$ 是湿空气中水汽的化学势，$\mu^{V,id}$是 μ_V 在理想气体范围内的值，在气压很低情况下，$\mu^{V,id}$等于真正的化学势，

$$\mu^{V,id}(A,T,P)=g_0^V+\int_{T_0^V}^{T}\left(1-\frac{T}{T'}\right)c_p^{V,id}(T')\,dT'+R_WT\ln\frac{x_VP}{P_0^V} \tag{3.40.4}$$

g_0^V，P_0^V，T_0^V 和 $\mu^{V,id}$必须与可变常数 g^{AV} 给定的值一致（Feistel 等，2010a）。在 IAPWS－95 中可以得到水汽的理想气体热容 $c_p^{V,id}(T)$。无限稀释后理想气体的极限 f_V 收敛于水汽的分压强（Glasston，1947），

$$\lim_{P\to 0}f_V(A,T,P)=x_VP=P^{vap} \tag{3.40.5}$$

饱和逸度根据液态水（或者冰）和空气中的水汽平衡状态：$\mu^V(A,T,P)=\mu^W(0,T,P)$，进行定义，即

$$f_V^{sat}=x_V^{sat}P\exp\left\{\frac{\mu^W(0,T,P)-\mu^{V,id}(A^{sat},T,P)}{R_WT}\right\} \tag{3.40.6}$$

其中，$\mu^W=g(0,T,P)$ 是液态水的化学势（或者冰的化学势 μ^{Ih}），（3.40.6）式除以（3.40.3）式，利用（3.40.4）式，相对湿度逸度 φ 定义为

$$\varphi=\frac{f_V}{f_V^{sat}}=\exp\left\{\frac{\mu^V(A,T,P)-\mu^W(0,T,P)}{R_WT}\right\} \tag{3.40.7}$$

在理想气体范围内 $\mu^V=\mu^{V,id}$，利用（3.40.3）式，我们发现相对逸度 φ 与（3.40.1）式所定义的相对湿度一致。

利用凝结点 $A=A^{cond}$ 条件下的（3.40.7）式，（3.37.5）式可以导出与海水处于平衡状态时湿空气的相对逸度：

$$\varphi^{SA}=\frac{f_V^{SA}}{f_V^{sat}}=\exp\left\{\frac{\mu^W(S_A,T,P)-\mu^W(0,T,P)}{R_WT}\right\} \tag{3.40.8}$$

指数中化学势的差正比于海水的渗透系数 ϕ，根据 Gibbs 函数中的盐函数得到（Fiestel 和 Marion，2007；Feistel，2008），

$$\phi(S_A,T,P) = -\frac{1}{m_{SW}RT}\left[g^S - S_A\left.\frac{\partial g^S}{\partial S_A}\right|_{T,P}\right] \qquad (3.40.9)$$

其中，m_{SW} 是海水的质量摩尔浓度（Millero 等，2008a），

$$m_{SW} = \frac{S_A}{(1-S_A)M_S} \qquad (3.40.10)$$

根据海水中水的化学势，$\mu^W = g - S_A g_{S_A}$ 和（3.40.8）式～（3.40.10）式，海洋空气相对逸度的简单公式为：

$$\varphi^{SA} = \exp(-m_{SW}M_W\phi) \qquad (3.40.11)$$

它等同于海水中水的逸度 a_W。类似于理想气体近似值，海洋空气的逸度与空气的存在和特性都无关。在（3.40.11）式中，相对逸度 $\varphi^{SA} \leqslant 1$ 表示海水的水汽压比纯水的水汽压小，例如，高于冰点、与海水平衡的湿空气总是亚饱和的。

作为实际中的粗略估计，把（3.40.10）式和（3.40.11）式扩展成盐度的级数，根据 $m_{SW} = S_A/M_S + O(S_A^2)$ 和渗透系数 $\varphi = 1 + O(S_A)$，可以得到线性关系：

$$\varphi^{SA} \approx 1 - \frac{M_W}{M_S}S_A \qquad (3.40.12)$$

即海水的水汽压［（3.37.4）式］降低的 Raoult 定律。

给定压强且温度低于纯水冰点时，根据冰的化学势而不是液态水的化学势定义了水汽的饱和度，如下：

$$f_V^{sat} = x_V^{sat}P\exp\left\{\frac{\mu^{Ih}(T,P) - \mu^{V,id}(A^{sat},T,P)}{R_W T}\right\} \qquad (3.40.13)$$

它与（3.40.6）式不同。海洋空气的相对逸度为：

$$\varphi^{SA} = \frac{f_V^{SA}}{f_V^{sat}} = \exp\left\{\frac{\mu^W(S_A,T,P) - \mu^{Ih}(T,P)}{R_W T}\right\} \qquad (3.40.14)$$

当温度远远低于海水冰点时，（3.40.14）式中的指数消失，海洋空气饱和，$\varphi^{SA} = 1$，在任意低温度下，海冰空气都满足该条件。

非平衡状态下的热力通量由 Onsager 力，例如 μ/T 的梯度（De Groot 和 Mazur，1984）驱动。在海表面，假设在海气边界的两边都具有同样的温度和压强，驱动水迁移的无因次 Onsager 力 $X_{SA}(A,S_A,T,P)$，是湿空气中水的化学势与海水中水的化学势之间的差异：

$$X_{SA} = \Delta\left(\frac{\mu}{R_W T}\right) = \frac{\mu_{AV}^V(A,T,P)}{R_W T} - \frac{\mu^W(S_A,T,P)}{R_W T} \qquad (3.40.15)$$

在凝结点 $A = A^{cond}(S_A,T,P)$，而不是饱和点，根据（3.37.5）式消掉上式中两个化学势的差异。根据逸度方程（3.40.7）、（3.40.8）和（3.40.11）式，X_{SA} 同样可以表示为

$$X_{SA}=\ln\frac{\varphi(A)}{\varphi^{SA}(S_A)}=m_{SW}M_W\phi+\ln\varphi(A) \tag{3.40.16}$$

较之于相对逸度，其方程为(3.40.1)、(3.40.2)，联合公式(3.39.7)，海气 Onsager 力 X_{SA} 与参数化的穿越海表面非平衡潜热通量更为相关。对于湖沼或海水冰点以下这些特殊情况，公式简化为 $X_{SA}=\ln\varphi(A)$，它与近似理想气体的相对湿度 $\ln(RH_{CCT})$ 相当。(3.40.16)式计算所需要的属性变量都可以通过海水、冰和湿空气的 TEOS－10 热力学属性得到。

3.41　渗透压强(Osmotic pressure)

如果通过半渗透薄膜把纯水与海水隔开，该薄膜挡住盐粒子，只能使水分子通过，纯水将渗入到海水中使其稀释，并且可能增加它的压强，直至两个箱子中水的化学势相同(或者纯水储备消耗光)。在通常的模式配置中，这两个样本是热力耦合的，但是可能具有不同的压强；需要保持平衡的最终压强差就是海水的渗透压强。实际应用中的一个例子就是通过逆渗透的脱盐；如果容器中海水的压强超过它的渗透压强，溶液中的淡水就可以通过合适的薄膜壁被“挤出来”(Sherwood 等，1967)。对于生物，海水的渗透压强非常重要；它被看做是在有盐环境中少量物种幸存下来的原因。

渗透平衡的定义条件是压强 p^W 下纯水的化学势与压强 p 下海水的化学势相等，

$$g^W(t,p^W)=g(S_A,t,p)-S_A\left.\frac{\partial g}{\partial S_A}\right|_{T,p} \tag{3.41.1}$$

对于渗透压强，此隐式关系为

$$p^{osm}(S_A,t,p)=p-p^W \tag{3.41.2}$$

通过(3.41.1)式，可计算出 TEOS－10 中标准海水的渗透压强 $p^{osm}(S_{SO},0℃,0\ \text{dbar})=2\ 354\ 684\ \text{Pa}$。

3.42　最大密度对应的温度(Temperature of maximum density)

在 4℃左右，大气压强下，纯水的密度达到最大，低于此温度时，热扩散系数和绝热递减率将改变符号(Röntgen，1892；Mcdougall 和 Feistel，2003)。当盐度大于 23.8 g·kg^{-1}，最大密度对应的温度 t_{MD} 低于冰点温度 t_f(表 3.42.1)。最大密度和冰点在季节和空间上相互影响，对于层化稳定性以及具有永久垂向、侧向盐度梯度的含盐河口的季节性深对流非常重要，如波罗的海(Feistel 等，2008b；Leppäranta 和 Myrberg，2009；Reissmann 等，2009)。

最大密度对应的温度 t_{MD} 在热扩散消失的条件下计算，即，通过隐式方程求解 $t_{MD}(S_A,p)$，

$$g_{Tp}(S_A,t_{MD},P)=0 \tag{3.42.1}$$

表 3.42.1 给出通过此方程计算出 t_{MD} 的 TEOS－10 值

表 3.42.1　在表层压强下由 TEOS－10 计算绝对盐度 S_A 在 0～25 g·kg^{-1}范围内，无空气的含盐海水的冰点温度 t_f 和最大密度对应的温度 t_{MD}。括号内 t_{MD}的值小于冰点温度

S_A (g·kg^{-1})	t_f (℃)	t_{MD} (℃)	S_A (g·kg^{-1})	t_f (℃)	t_{MD} (℃)	S_A (g·kg^{-1})	t_f (℃)	t_{MD} (℃)
0	+0.003	3.978	8.5	−0.456	2.128	17	−0.912	0.250
0.5	−0.026	3.868	9	−0.483	2.019	17.5	−0.939	0.139
1	−0.054	3.758	9.5	−0.509	1.909	18	−0.966	0.027
1.5	−0.081	3.649	10	0.536	1.800	18.5	−0.994	−0.085
2	−0.108	3.541	10.5	−0.563	1.690	19	−1.021	−0.196
2.5	−0.135	3.432	11	−0.590	1.580	19.5	−1.048	−0.308
3	−0.162	3.324	11.5	−0.616	1.470	20	−1.075	−0.420
3.5	−0.189	3.215	12	−0.643	1.360	20.5	−1.102	−0.532
4	−0.216	3.107	12.5	−0.670	1.249	21	−1.130	−0.644
4.5	−0.243	2.999	13	−0.697	1.139	21.5	−1.157	−0.756
5	−0.269	2.890	13.5	−0.724	1.028	22	−1.184	−0.868
5.5	−0.296	2.782	14	−0.750	0.917	22.5	−1.212	−0.980
6	−0.323	2.673	14.5	−0.777	0.807	23	−1.239	−1.092
6.5	−0.349	2.564	15	−0.804	0.696	23.5	−1.267	−1.204
7	−0.376	2.456	15.5	−0.831	0.584	24	−1.294	(−1.316)
7.5	−0.403	2.347	16	−0.858	0.473	24.5	−1.322	(−1.428)
8	−0.429	2.238	16.5	−0.885	0.362	25	−1.349	(−1.540)

4 结论(Conclusions)

国际海水热力学方程—2010(TEOS-10)可以通过内部自洽的方法得到纯水、Ih 冰、海水和湿空气所有的热力学属性。其中,Ih 冰是自然界大量存在的六角晶体冰。这是第一次把世界大洋中海水成分微小变化产生的影响,尤其是它们对海水密度的影响包括在内的热力学方程(它使海洋中实用盐度的观测精确 10 倍)。

较之 1980 年国际海水状态方程(EOS-80),海水热力学方程—2010 最明显的变化是采用绝对盐度 S_A 代替了实用盐度 S_p(PSS-78)度量海水热力学属性中的盐度。最重要的是实用盐度仍然作为盐度变量被存放在数据库中。这样做是因为实用盐度是实测量(而绝对盐度是计算量),因此,国家海洋数据库不会因为错误的标识盐度数据而崩溃。

在计算海水热力学属性的所有算法中都采用绝对盐度更具理性,仅仅是因为海水的热力学特性(例如,密度和焓)都依赖于绝对盐度 S_A 而不是实用盐度 S_p;温度、压强和实用盐度 S_p 都相同的海水微团,只有当绝对盐度相同的情况下,密度才会相同。绝对盐度的计量单位是 SI 单位,淡水浓缩(concentration)和淡水质量通量是根据绝对盐度而不是实用盐度计算的。

绝对盐度的计算分为两步:一根据实用盐度通过(2.4.1)式计算出基准盐度;二根据 McDougall 等(2010a)计算机算法或其他方法计算出绝对盐度偏差,基准盐度和绝对盐度偏差的和就是绝对盐度。还有更精细的方法来定义"绝对盐度",并且当成分异常存在时,至少有 4 种不同的定义方法。我们选取能够得到最精确海水密度的定义,这是因为相当小的密度梯度都会影响大洋环流。计算绝对盐度的算法代表了 2010 年的技术发展水平,但是海洋学领域还相对不成熟。当测量到全球大洋中更多海水样本的密度后可能会提高算法的精确性。这些将来的工作公开后,利用这些结果将改进绝对盐度偏差算法,www.TEOS-10.org 网站上将提供这些算法。海洋学家应该公布他们文章中计算热力学属性软件的版本号。

因为绝对盐度是状态方程中合适的盐度变量,所以绝对盐度是海洋学期刊中公布的盐度变量。刊物应该公布把基准盐度转变成绝对盐度的软件版本号。无论如何,应该有一些应用来关注基准盐度与绝对盐度之间相关算法将来可能发生的改变,如果这些应用能公布基准盐度方面的图表将会更好。当做这些工作时,应该清楚说明盐度变量是基准盐度,而不是绝对盐度。

附录 A.20 中讨论了模式对于盐度的处理。推荐同时采用表征盐度 S_* 和绝对盐度偏差作为模式变量,这样模式的每一步都可以计算出密度盐度,进一步精确地计算出密度。

海洋模式中通常推荐采用位温作为温度变量,但是由于位温的变化方程中存在非守恒源项,而模式并没有考虑该项,显然海洋模式内部已经把预报温度变量当做保守温度 Θ。为了完成模式中采用 Θ 的转变,模式应该初始化 Θ,而不是 θ,模式输出的温度数据同样应该与 Θ 比较,而不是与 θ 比较。在模式运行中,任何依赖于海表面温度(SST)的海气通量,必须在模式中的每一时间步骤中采用 $\theta = \hat{\theta}(S_A, \Theta)$ 计算出来。最后还需要提供海洋模式由保守温度快速计算密度的方法,即 $\rho = \hat{\rho}(S_A, \Theta, p)$,附录 A. 30 中以及 TEOS - 10 手册中的附录 K 对此进行了介绍。

附录 L 中列出了推荐给海洋学家应用热力学属性应采用的术语、符号和计量单位。

当采用 TEOS - 10 时,作者应该说明引用本文[IOC,SCOR 和 IAPSO,2010:国际海水热力方程 - 2010:计算海水热力学属性。政府间海洋学委员会手册和指南 56 号,UNESCO(英文版),196 页]。读者也可以参考 TEOS - 10 用户手册[IOC,SCOR 和 IAPSO,2010:国际海水热力学方程—2010 用户指南。政府间海洋学委员会,手册和指南 56 号(简本),UNESCO],它简要介绍了 TEOS - 10 中盐的特性和相关计算软件。

附录 A　海水 Gibbs 函数的应用背景和理论基础(Background and theory underlying the use of the Gibbs function of seawater)

A.1　ITS－90 温度（ITS－90 temperature）

回顾已记录的温度和国际温标的不同定义对理解不同温标之间换算的局限性,是很有帮助的。

A.1.1　定义

作为基本物理量的热力学温度,其符号为 T,计量单位为开尔文。因为开尔文的英文单词中有一个小写的 k,所以计量单位的符号为大写的 K。1K 等于水的三相点热力学温度的 1/273.16[近期该定义发生的变化是,指明在定义中所采用的水的同位素组成,等同于 Veinna 标准平均海水(Veinna Standard Mean Ocean Water,VSMOW)的同位素组成]。摄氏温度,符号 t,定义为 $t/℃ = T/K - 273.15$,1℃与 1K 大小相同。

A.1.2　ITS－90 温标

定义温标是测温顾问委员会(CCT:Consultative Committee for Thermometry)的职责,该机构负责向国际重力和测量委员会(International Committee for Weight and Measures,经常采用其法语名称中头字母组合 CIPM 简写)汇报。在过去 40 年中,有两种温标被使用过,国际实用温标 1968(IPTS－68)和后来替代它的国际温标 1990(ITS－90),它们分别由 Barber(1969)和 Preston－Thomas(1990)定义。关于 1948 年和 1927 年的温标,读者可以参考 Preston － Thomas(1990)的论文。

在海洋学范畴内,温度由铂电阻温度计测定。温标由热电阻比率 W 的函数定义,其中 W 是温度为 t 时电阻温度计对应的热敏电阻值 $R(t)$ 与基准温度对应的热敏电阻值 R_0 的比值。在 IPTS－68 中,R_0 是 $R(0℃)$,而在 ITS－90 中,R_0 是 $R(0.01℃)$。计算温度的 W 函数可以详细描述这两个温标和两种类型温标之间的差别,对于 ITS－90,在 $0℃ < t_{90} < 968.71℃$ 范围内,可以采用 Preston－Thomas(1990)表 4 中提供的 10 个系数的多项式来描述 t_{90}。

我们注意到,从 W 到 T 和从 T 到 W 的换算都是采用多项式进行计算的,它们之间并不存在一个精确的逆变换。Preston - Thomas 指出,逆变换的差异在 0.13 mK 以内。实际上,在 861℃时逆变换的差异是0.13 mK,在 0℃ < t_{90} < 40℃范围内,在 31℃时逆变换的误差最大,最大值为 0.06 mK。CCT 允许这两个多项式变换之间差异的存在,并提供了说明,指出绝对误差是由温度的测定方法,更准确地说是由温度的定义造成的。

ITS - 90 使用过程中产生的第二个误差是由子范围的不一致导致的。上面提到的多项式是温度计的"理想"变化。实际操作中温度计会稍微偏离理想变化。ITS - 90 通过温度计在 5 个固定点上测量的电阻来计算误差,这 5 个点分别为水的三相点,锡、锌、铝和银的凝固点,范围为 0.01℃ < t_{90} < 961.78℃。如果没有测量到这 5 个点,可以利用已测点计算误差。当温度变化范围小时,可以只测量镓的熔点(t_{90} = 29.764 6℃)和水银的三相点(t_{90} = -38.834 4℃)。因此,对这些测量点的插值方法也不是唯一的。在一定程度上多项式拟合依赖于测量的固定点,也可能会有几个输出结果,这些结果在定义的范围内都同样有效。Preston - Thomas (1990)在 3.3.2 节和 3.3.3 节中给出误差函数的精确描述。测量不同的固定点集导致的误差函数之间的差异也依赖于温度计,因此不可能给出这种非唯一性的上界。在海洋标准化实验室中通常是测量水的三相点和镓的熔点(t_{90} = 29.764 6℃)上的值来计算误差函数。这样可以得到一个线性的误差函数,但是没有更高阶项。

简而言之,ITS - 90 的定义是不唯一的,另外,任意实际的温度计测量都不是完美无缺的(Rudtcsch 和 Fischer,2008;Feistel 等,2008a)。因此在 IPTS - 68 和 ITS - 90 之间不可能找到一个唯一而且精确的换算方法。

Goldberg 和 Weir(1992)及 Mares 和 Kalova(2008)讨论了把测量的热力学变量(例如比热)从一种温度定义转换到另外一种温度定义的过程。当采用机械能或者电能加热样本时,可以采用合适的仪器,例如安培计,以机械能或者电能的计量单位度量此能量,与温标的定义无关。很明显,根据基本的热力学关系(在绝对盐度恒定的条件下),$\mathrm{d}u = T\mathrm{d}\eta + P\mathrm{d}v$,相同的能量差 $\mathrm{d}\eta$ 导致不同的熵 η 值,它依赖于采用 1990 温标对温度计校正后的温度 T 读数与采用 1968 温标校正的温度 T 读数的比对结果。由熵导出的其他量也具有相同的依赖性,例如热容,

$$c_p = T\eta_T\big|_{S_A,p}$$

Douglas(1969)系统地列出了各种不同热力学属性的测量值和该值计算时所采用的实验室温标之间的数量关系。Goldberg 和 Weir(1992)以及 Weir 和 Goldberg(1996)提供了废弃温标转换为 ITS - 90 的公式。

用于构建热力学位势、并最终形成 TEOS - 10 的热学实验数据,都依据这些原则进行了仔细地转换,尤其是各种不同的旧定义之间的转换,例如卡路里和焦耳之间的转换。当由 TEOS - 10 计算的属性和文献中列出的历史测量数据结合时,必须注意这一点。

A.1.3 IPTS - 68 和 ITS - 90 之间的理论换算方法

在已经明白 IPTS - 68 和 ITS - 90 之间换算方法不是唯一定义的情况下,我们回顾一下

IPTS－68 和 ITS－90 之间换算误差的来源，或者换算的灵活性。

首先考虑为什么 t_{90} 和 t_{68} 温度不同：

（1）由于测量与水的三相点相关的融化/结冰状态下的绝对热力学温度的方法已经改进，导致固定点集在 ITS－90 中具有新的温度定义。

（2）对于一些给定的热电阻比 W，这两种温标在固定点之间的插值算法不同。

现在考虑为什么换算方法具有不唯一性：

（3）在 ITS－90 范围内，用户可以采用自己设定的系数［Preston－Thomas（1990），3.3.2.1 至 3.3.3 节］把 W 换算为 t_{90}，这导致了在子范围内的不一致。

（4）ITS－90 偏差函数对换算的影响是非线性的。因此偏差函数系数的大小将会影响到 t_{90} 和 t_{68} 之间的差异。每一个用于观测的温度计换算方法都不同。

负责完善 ITS－90 的工作组明确知道换算方法的不唯一性，Preston－Thomas（1990）文章中的表 6 给出了（t_{90} 和 t_{68} 之间）精度为 1 mK 的差异，因为：

（1）在一定范围内，热力学温度 T 误差的量级为 1 mK；

（2）即使采用同样的校正数据，ITS－90 子范围内的不一致仍能达到十分之几 mK。

因此，试图定义一个精度为 0.1 mK、普遍适用的（t_{90} 和 t_{68} 之间）换算公式是没有意义的，而且不可能找到唯一的换算函数。

A.1.4　IPTS－68 和 ITS－90 之间实际的换算方法

Rusby（1991）发布了用于拟合 Preston－Thomas（1990）表 6 的 8 阶多项式。这个拟合在 73.15 K 到 903.89 K（－200℃～630.74℃）范围内有效。他公布了采用多项式拟合表格内数据的误差在 1 mK 范围内，与 IPTS－68 的误差相同。

Rusby 的 8 阶多项式实际是“官方推荐”的 IPTS－68 和 ITS－90 之间的换算方法。这个多项式已经用于历史上的 IPTS－68 数据到 ITS－90 数据的转换，从而计算新海水热力学属性。

Rusby（1991）同样提出了一个在较小范围内：260 K～400 K（－13℃～127℃），两种温标之间简单有效的换算公式：

$$(T_{90}-T_{68})/\mathrm{K}=-0.000\,25(T_{68}/\mathrm{K}-273.15) \tag{A.1.1}$$

Rusby（1991）同样清楚地提醒读者（参见其论文的 1158 页），与温度间隔相关联的复合变量，例如热容和热电导率，依赖于导数 $\mathrm{d}(T_{90}-T_{68})/\mathrm{d}T_{68}$。大概在同一时间，Rusby 公布了从 t_{68} 到 t_{90} 的换算公式。Saunders（1990）建议海洋学家，在海洋学温度范围 $-2℃<t_{68}<40℃$ 内可以采用以下换算公式：

$$(t_{90}/℃)=(t_{68}/℃)/1.000\,24 \tag{A.1.2}$$

造成 Saunders（1990）和 Rusby（1991）换算公式之间的差异的原因，是因为在 0℃附近的最优斜率为 1.000 24，而在 100℃附近为 1.000 26（注意，水的沸点在 t_{68} 中是 100℃，而在 t_{90} 中是 99.974℃），因此，Rusby（1991）在 0℃到 100℃范围内选取 1.000 25 作为斜率。

当选择这两种温标之间合理的换算方式时，我们必须清楚，测量的电阻和任一个温标之间的换算都会有十分之几 mK 的误差，在海洋学范畴内，转换到绝对热力温度 T 的最大误差可能大于 1 mK。在实际的数据换算中，不可能找到比采用斜率 1.000 24 更好的换算方法；在一定的海洋温度范围内，采用 Rusby（1991）8 阶多项式拟合可以与 Saunders 采用斜率为 1.000 24 的计算结果完全一致。ITS－90 温标用于校正真正的热力学温度 T 和 IPTS－68 测量的温度之间的差异。

A.1.5　关于温度换算的建议

引入 ITS－90 温标的目的是订正真实的热力学温度 T 和 IPTS－68 温标记录的温度之间的差异。

T_{90}温标在某些范围内仍然存在缺陷，$T - T_{90}$的差值会达到几个 mK。CCT 正在进行这方面的调查，在 2000 年会议上（Rusby 和 White，2003），CCT 曾考虑引入一个新温标以克服已知的缺陷，并将根据引入时间命名为 ITS－XX。后来，CCT 第 1 工作组摒弃了引入新温标的构想。目前热力学领域正经历快速的变化。ITS－90 技术附录和文档中将描述 ITS－90 温标的局限，并随时记录更新热力学温度和 ITS－90 之间的差异。

目前存在两种方式对这两个温标进行换算：一是在大范围内采用 Rusby 的 8 阶多项式拟合方式；二是在海洋学界广泛应用的 Saunders 比例系数 1.000 24。因为它们的差异不仅小于热力学温度的误差，而且小于 IPTS－68 和 ITS－90 温标在实际应用中的误差，因此，它们不可区分。然而，我们注意到 Rusby（1991）建议在 －13℃ ~127℃ 范围内，线性拟合的换算斜率项采用 1.000 25，在 －2℃ 到 40℃ 范围内，采用 Saunders 系数 1.000 24 可以拟合得更好，而 Rusby 的 8 阶多项式拟合在海洋学温度范围以外更加完善。在 －2℃ ~10℃ 范围内 Saunders（1990）和 Rusby（1991）换算温度的差异小于 1 mK。

PSS－78 算法中需要采用 t_{68} 温度数据作为参数，为了在这些算法中采用 t_{90} 代替 t_{68}，可以采用（A.1.3）式进行计算，

$$(t_{68}/℃) = 1.000\,24(t_{90}/℃) \tag{A.1.3}$$

A.2　海水压强，校正压强和绝对压强（Sea pressure, gauge pressure and absolute pressure）

海水压强 p 定义为绝对压强减去一个标准大气压，$P_0 \equiv 101\,325$ Pa，即

$$p \equiv P - P_0 \tag{A.2.1}$$

在常规的海洋实际操作中海水压强的单位是分巴（dbar）。另一个常用的压强变量是在船载仪器的校正中出现的校正压强 p^{gauge}，它是绝对压强减去仪器校正时对应的大气压强（可能在实验室，也可能在海上）。因为气压随时空不同而改变，海水压强 p 与绝对压强明确相关，因此，

更应该是一个热力学变量。海水的 Gibbs 函数是关于海水压强 p 的函数(或者函数形式上等价于绝对压强 P 的函数),而不是关于校正压强的函数。

表 A.2.1 压强单位换算

	Pascal(Pa)	Decibar(dbar)	bar(bar)	Technical atmosphere(at)	atmosphere (atm)	torr(Torr)	Pound – forceper Square inch(psi)
1Pa	$\equiv 1 N/m^2$	10^{-4}	10^{-5}	10.197×10^{-6}	9.8692×10^{-6}	7.5006×10^{-3}	145.04×10^{-6}
1dbar	10^4	$\equiv 10^5$ dyn/cm^2	0.1	0.10197	98.692×10^{-3}	75.006	1.45037744
1bar	100 000	10	$\equiv 10^6$ dyn/cm^2	1.0197	0.98692	750.06	14.5037744
1 at	98 066.5	9.80665	0.980665	$\equiv 1$ kgf/cm^2	0.967841	735.56	14.223
1 atm	101 325	10.1325	1.01325.	1.0332	$\equiv 1$ atm	760	14.496
1 torr	133.322	1.3332×10^{-2}	1.3332×10^{-3}	1.3595×10^{-3}	1.3158×10^{-3}	$\equiv 1$ Torr	19.337×10^{-3}
1 psi	6 894.757	0.68948	68.948×10^{-3}	70.307×10^{-3}	68.046×10^{-3}	51.715	$\equiv 1$ 1bf/in^2

注:1 Pa = 1N/m^2 = 10^{-4}dbar = 10^{-5}bar = 10.197×10^{-6}at = 9.8692×10^{-6} atm,等。

海水压强与校正压强的差异非常小,可能在很多海洋学应用中并不明显。然而,海水 Gibbs 函数中采用的船载 CTD 压强已经通过船载桥式气压计的大气压强读数进行校正,它小于一个标准大气压 $P_0\equiv101\ 325$ Pa。(当 CTD 比海表面低时,监视软件会显示出校正压强,表明距海表面的距离)。

因为大气压强采用多种不同的计量单位,我们给出一个不同压强计量单位[ISO(1993)]之间的换算表(见表 A.2.1)。注意,1 分巴是 0.1 巴,1 毫米汞柱非常接近于 1 torr,它们之间的换算关系是 1 mmHg = 1.000 000 142 466 321… torr。torr 定义为 1 个标准大气压绝对压强的 1/760,因此,1 torr 等于(101325/760)Pa。

A.3 基准成分和基准成分盐标(Reference Composition and the Reference – Composition Salinity Scale)

正文中提及的 Millero 等人(2008a)定义的基准成分海水,附录 D 中的表 D.3 给出了各组成成分精确的摩尔分数。该成分模型通过精确测量标准海水属性得到,标准海水由北大西洋表层海水过滤而得。基准成分与海水电荷平衡并且和最新的原子量非常一致(Weiser,2006)。对于基准成分海水来说,基准成分盐度 S_R 是绝对盐度 S_A 的最优估计。

基准成分包含海水中所有质量大于 0.001 g·kg^{-1}(即 1.0mg·kg^{-1})的重要成分,这些成分显著影响实用盐度为 35 的海水的电导率或者密度。显著离子中不包括 Li^+(~0.18 mg·kg^{-1})和 Rb^+(~0.12 mg·kg^{-1})。对密度和电导率都没有显著影响的 N_2(~16 mg·kg^{-1})和 O_2(最多为 8 mg·kg^{-1})也没有包括在内。另外,在所有实验室和实测条件下的温度测量中,N_2 保持在小百分比范围内。溶解气体 CO_2(~0.7 mg·kg^{-1})和离子 OH^-(~0.08 mg·kg^{-1}),由于它们在碳系统动力平衡中的重要作用,也被包含在基准成分中。CO_2 转变为离子或者从离子转变过来所导致的 pH 值变化,将会影响电导率和密度。标准海水中主要营养物 $Si(OH)_4$、NO_3^- 和 PO_4^{3-} 的浓度无关紧要;在海洋中它们的浓度范围分别为 0 ~ 16 mg · kg^{-1}、0 ~ 2 mg · kg^{-1}、0 ~ 0.2 mg · kg^{-1}。基准成分不包括有机物。溶解有机物(Dissolved Organic Matter)不仅复杂,而且我们知之甚少。一般来说,海洋中溶解有机物的浓度为 0.5 ~ 2 mg · kg^{-1}。

基准成分盐度定义为守恒的,即在混合和蒸发过程中海盐不会从溶液中转移。根据此特性,任何海水样本的基准成分盐度可以确定为两种精确定义的海水混合或分离的产物。为此我们定义纯水和 KCl - 标准海水。纯水定义为 Vienna 标准平均海水,VSMOW,在 2001 版国际水和水汽属性协会(IAPWS,2005;BIPM,2005)指南中对其进行了描述;它被设定为零基准值。KCl - 标准海水(或简称为标准海水)定义为对应于实用盐度为 35 的海水样本。因此,在ITS - 90 温标 $t = 14.996$℃、一个标准大气压 $P = 101\ 325$ Pa 条件下,如果海水样本电导率等同于质量分数为 32.435 g · kg^{-1}的氯化钾溶液的电导率,该海水都可以称作为标准海水。这里,KCl 中的钾和氯元素具有正常同位素丰度(Weiser,2006),该丰度数据由国际纯粹和应用化学联合会(International Union of Pure and Applied Chemestry)定义。下文中涉及的所有规范化标准海水样本的基准盐度为 35.165 04 g · kg^{-1}。

因为定义基准成分盐度在混合过程中守恒,如果质量为 m_1、基准成分盐度为 S_{R1} 的海水样本与质量为 m_2、基准成分盐度为 S_{R2} 的海水样本混合,最后样本的基准成分盐度为 S_{R12},

$$S_{R12} = \frac{m_1 S_{R1} + m_2 S_{R2}}{m_1 + m_2} \tag{A.3.1}$$

当 m_1 和 m_2 为负值时,相当于海水中去除一定的盐,前提是 $m_1(1 - S_{R1}) + m_2(1 - S_{R2}) > 0$。尤其当 $S_{R2} = 0$(纯水),m_2 是海水样本标准化所需纯水的质量(即,m_2 是使盐度达到 $S_{R12} = 35.165\ 04$ g · kg^{-1}纯水的质量),则原先样本 1 的基准成分盐度为:

$$S_{R1} = [1 + (m_2/m_1)] \times 35.165\ 04 \text{ g} \cdot \text{kg}^{-1} \tag{A.3.2}$$

根据上述定义和计算过程,可以计算出任意海水样本在温度 $t = 14.996$℃(ITS - 90 温标)和一个标准大气压下的基准盐度。为了使此定义更加完整,此处注明在给定温度和压强下海水样本基准成分盐度,等于已知转变过程的同一样本在任意温度和压强下的基准成分盐度,该转变过程中没有物质交换,特别是没有蒸发、降水或者去除溶液中的物质。根据电导率 R_{15} 定义的实用盐度也借鉴此特性来保证算法的精确性。

同样,实用盐度 35 的定义与基准盐度 35.165 04 g · kg^{-1} 相关联。这个值由 Millero 等(2008a)利用基准成分模型、最新原子量(Weiser,2006)以及实用盐度所采用的测量电导率和实用盐度之间的关系 $S = 1.806\ 55$ Cl/(g · kg^{-1})测定。因为实用盐度与电导率之间的换算关系同样满足基准盐度,因此当实用盐度被界定时(比如,$2 < S_P < 42$),基准盐度可以达到实用盐度的测量精度,即

$$S_R \approx u_{PS} S_P,\text{其中},u_{PS} \equiv (35.165\ 04/35) \text{ g} \cdot \text{kg}^{-1} \tag{A.3.3}$$

为了方便应用,该近似等式可以看做为等式,因为近似特性仅仅反映了实用盐度定义算法的精度。由此可见,在混合或温度压强变化过程中,如果海水样本与周围环境没有物质交换,海水样本的实用盐度同基准盐度一样精确守恒。

很明显,实用盐度 $S_P=35$ 的海水样本的基准成分盐度 S_R 是 35.165 04 $g\cdot kg^{-1}$。Millero等(2008a)估算采用此值来表示基准成分海水的绝对盐度的绝对误差为 ±0.007 $g\cdot kg^{-1}$,而计量单位为 $g\cdot kg^{-1}$ 的基准盐度与实用盐度之间的差异则比此值大24倍。较之海水盐度的测量精度(精确至0.002 $g\cdot kg^{-1}$)此误差也很大。实用盐度定义的历史原因导致了这个误差的产生。这个原因在Millero等(2008a)和Millero(2010)论文中有详细描述,下面进行简要概括。

产生这个误差的两个基本原因是:首先,也是最明显的,Sørensen在1990年用于计算盐度时采用了原始的蒸馏技术(Forch等,1902),导致溶解物质中一部分挥发性要素的丢失,因此溶解物质的质量被低估;第二,Knudsen(1901)采用测量的 $Cl(‰)$ 来计算 $S(‰)$ 的近似关系仅仅是基于9个样本(一个来自于红海,一个来自于北大西洋,一个来自北冰洋,其余6个来自波罗的海)的分析结果。在Knudsen公式中反映了以下两种误差:一是采用蒸馏方法计算绝对盐度导致的误差;二是倾向于波罗的海地理条件所导致的误差。我们已发现其成分明显异常于北大西洋,

$$S_K(‰) = 0.03 + 1.805Cl(‰) \tag{A.3.4}$$

在20世纪70年代末通过实用盐标的决议时,虽然已知以上关系式包含了明显的错误,但为了保持数值的一致性,仍决定接受典型中部海洋条件下盐度的定义(Millero,2010)。为了满足盐度直接正比于氯的一致性,海洋学议案与标准联合工作组(JPOTS)决定采用Knudsen公式在 $S=35$($Cl=19.374\ 0$)时的比例常数(Wooster等,1969)。换算公式:

$$S(‰) = 1.806\ 55\ Cl(‰) \tag{A.3.5}$$

已经作为一个恒等运算被实用盐度的定义所采用,因此在过去的30年中,忽视或接受了这个运算所导致的误差。现在我们打破此惯例来定义一个新的盐标,该盐标基于标准海水的成分模型,能最好地计算出标准海水中盐的质量分数和海水的基准成分。此盐标的引入可以提供一个更有意义的海水盐度测量方法,并且简化了包含海水成分空间变化的海水绝对盐度计算。

最后说明,为了定义基准成分盐标,我们引入(A.3.3)式中的变量 u_{PS},定义 $u_{PS}\equiv(35.165\ 04/35)\ g\cdot kg^{-1}$。基准成分盐度为基准成分海水绝对盐度(即非水物质的质量分数)的最优估计,此要求决定了 u_{PS} 的值。但是采用 S_R 来计算基准成分海水的绝对盐度的误差在 $S=35$ 时不小于0.007 $g\cdot kg^{-1}$(Millero等,2008b)。因此,虽然 u_{PS} 在基准成分盐标定义中已经精确确定,但是必须注明采用基准盐度来定义基准成分海水绝对盐度的误差不为零。这个结论以及相关的结论将在后面的附录中进一步讨论。

A.4 绝对盐度(Absolute Salinity)

Millero等(2008a)列出了采用基准盐度 S_R 和绝对盐度 S_A 代替实用盐度 S_P 的6点优势:

1. 基于 PSS－78 盐标定义的实用盐度 S_P 脱离了 SI 计量单位体系（BIPM）。基准盐度和绝对盐度都可以采用计量单位（$g \cdot kg^{-1}$）。采用绝对盐度和基准盐度可以终结海洋学界关于采用"PSU"或"PSS"的争议，使研究论文更容易被非科学专业的读者阅读，而且与 SI 单位一致。

2. 海水中纯水的质量分数不是（$1-0.001S_P$），而是［$1-0.001S_A/(g \cdot kg^{-1})$］，其中 S_A 是绝对盐度，定义为海水溶解物的质量与海水总质量的比值。已知 $S_A/(g \cdot kg^{-1})$ 和 S_P 的差异大概为 0.5%。因此没有理由忽略这个已知差异，例如在海洋模式中。

3. PSS－78 局限于 $2<S_P<42$ 范围内。当一方面平稳过渡到纯水，另一方面浓缩至饱和情况下，例如在非常低温度情况下出现了海冰时，盐度数据都会超出这个范围，这都需要重新定义盐度。这对于 S_P 是一个挑战，而对于 S_R 却无关紧要。

4. 在盐度极低的情况下海水的理论 Debye－Hückel 极限定律，可以被用于测定海水 Gibbs 函数，只能由 S_R 的化学成分模型计算得到，而非 S_P。

5. 人造海水的基准盐度 S_R 与氯度存在固定的关系，而与电导率、盐度、温度和压强无关。

6. 在已知盐度成分时，可以精确描述相对于基准盐度的化学当量异常，但是相对于未知成分的 IAPSO 标准海水这种异常是不确定的。这些海水成分的变化导致了密度水平梯度的明显变化（大小为百分之几）。

根据第 2 点，在开放大洋中实用盐度 S_P 是一个无量纲、大约为 35 的数，不允许有计量单位或多重计量单位。因为绝对盐度 S_A 的定义是溶解于海水的物质的质量，所以表示绝对盐度 S_A 的方式很多。例如，下面所有的数量都是相等的［见 ISO（1993）和 BIPM（2006）］，

$$34\ g/kg = 34\ mg/g = 0.034\ kg/kg = 0.034 = 3.4\% = 34\ 000\ ppm = 34\ 000\ mg/kg$$

特别是，它严格定义了海水中淡水的质量分数为（$1-0.001S_A/g \cdot kg^{-1}$）或（$1-S_A$），如果写成（$1-0.001S_A$）就可能是错误的。显然，在任何特定应用中必须首先考虑绝对盐度的计量单位。如果先做到这一步就不会存在混淆，但是为了保持绝对盐度的数值接近于实用盐度 S_P，我们采用上式中的第一个形式，即 $g \cdot kg^{-1}$ 作为 S_A 的计量单位，（如同 $S_A = 35.165\ 04\ g \cdot kg^{-1}$）。定义基准盐度 S_R 与 S_A 具有相同的计量单位并服从同样的协定。在文献中或数据库中出现的、在 PSS－78 之前测量的、经常采用‰或 ppt（千分当量）表示的盐度"$S‰$"，转换为基准盐度的公式为：$S_R = u_{PS} S‰$，系数 u_{PS} 可以从（A.3.3）式中得到。

根据第 5 点，氯度是一个浓度数量，应用于实验室测定状态方程和其他属性，但是在现场观测和 PSS－78 定义中完全被忽略了（Millero，2010）。因为标准海水的相关关系 $S = 1.806\ 55\ Cl$ 被用于实用盐度的定义，这个关系可以作为标准海水精确的相关关系。因此采用千分号（‰）表示的氯度 Cl，可以根据 $S_R = u_{Cl} Cl$ 公式转换为基准盐度，其中系数 $u_{Cl} = 1.806\ 55 u_{PS}$。这些常数被推荐用于历史数据（1900 年以前）的转换计算。采用这些关系导致的误差，可能表现为历史数据相对于标准海水成分的异常。

根据第 6 点，溶解在海水中的成分并不恒定，不同的海盆之间略有不同，在河口、半封闭或

全封闭的海域这种变化更为剧烈。Brewer 和 Bradshaw(1975)和 Millero(2000)指出,这些海水相对成分的空间变化影响了实用盐度(在固定压强和温度条件下海水的电导率)和密度的关系。所有海水的热物理属性正如其他多成分的电解溶液一样,与主要成分的浓度直接相关,而不是与由电导率决定的盐度相关。一些非电解的变量(例如,$Si(OH)_4$,CO_2 和溶解的有机物)并没有电导率信息。因此,新 TEOS-10 海水热力学描述中,海水的 Gibbs 函数 g(Millero 等,2008;Millero,2010)表示为绝对盐度的函数 $g(S_A,t,p)$,而不是实用盐度 S_P 或基准盐度 S_R 的函数。附录 A.5 详细讨论了海水成分空间变化的问题。

关于第 2 点,必须指明:对于 $1-0.001S_A^{dens}/(g\cdot kg^{-1})$,$1-0.001S_A^{soln}/(g\cdot kg^{-1})$,$1-0.001S_A^{add}/(g\cdot kg^{-1})$ 或 $1-0.001S_*/(g\cdot kg^{-1})$,哪一个才是淡水质量分数最恰当的度量,目前可能存在争议(第 2.5 节和本附录后面都给出了不同版本的绝对盐度的定义)。较之于目前实用盐度 S_P 的应用这是很次要的,选取哪个表达式都可能依赖于淡水的质量分数。例如,如果在海洋模式中采用 S_* 作为盐度变量,并作为守恒变量处理,这种情况下,$1-0.001S_*/(g\cdot kg^{-1})$ 是表示淡水质量分数的最合适表达式。

应该注意,变量 S_A 作为函数 $g(S_A,t,p)$ 的参数,是依据基准成分盐标测量得到的绝对盐度("密度盐度"$S_A\equiv S_A^{dens}$)。这很重要,因为 Gibbs 函数拟合了在此盐标下实验室和现场观测的绝对盐度。因此,将来可能通过使 S_R 乘以一个稍微不同于 1 的因子(误差允许范围是 1 ± 0.002)而获得计算标准海水中溶解物的质量分数的改进算法。这里强调指出,因为 Gibbs 函数表示为基于基准成分盐标的绝对盐度的函数,采用任何其他盐标都(即使能更精确地计算出标准海水溶解物质的质量分数)将会减少由 Gibbs 函数所确定的热力学属性的精度。由于此方面的原因,我们建议在 Millero 等人所定义的盐标下(2008a)测量基准成分盐度,即使新的观测值表明采用更新的盐标可以改进真正质量分数的算法。即,我们建议不要更新(A.3.3)式中 u_{PS} 的值。如果将来需要更精确地计算质量分数的算法,这个更新的算法也肯定不能作为 TEOS-10 Gibbs 函数的参数来应用。

最后,我们说明在没有仔细地斟酌前,不能改变赋予 u_{PS} 值的第二个原因。127 工作组建议出版物中应该逐步淘汰采用实用盐度作为盐度的惯例,而支持采用绝对盐度的做法。最关键的是新盐度的测量方法应该稳定地延续到将来。特别是,我们注意到,用于决定基准盐度的 u_{PS} 值的任何改变都将导致发布的盐度值的改变,该盐度值与任何实际物理变化不相关。比如,当 u_{PS} 值从 35.165 04/35 变为 35.165 04/35 × 1.001 时,将会导致发布的盐度值有 0.035 $g\cdot kg^{-1}$ 的变化,该变化比当前盐度计的测量精度大 10 倍以上。由 u_{PS} 值(作为标准海水中溶解的盐的质量分数的度量)改进算法所导致的变化将使监测盐度作为气候变化指示剂的研究者产生严重的困惑。基于 Gibbs 函数表示为绝对盐度的函数的事实,该绝对盐度在由 Millero 等人(2008a)所定义的基准成分盐标下观测得到,我们强烈推荐基准成分盐度继续采用此盐标,而不改变 u_{PS} 的值。

对于基准成分的海水,基准盐度 S_R 是海水中非水物质质量分数的最优估计。基于 2.4 节和2.5节的讨论，在TEOS-10中，S_R是由Millero等(2008)为了满足提供标准海水中非水物质质量分数的最优估计的要求所决定的。后来，Pawlowicz等(2010)已说明，基准成分的溶解无机碳(DIC)含量比标准海水(SSW)和他准备的北大西洋表层水的DIC含量低117 μmol·kg^{-1}是可能的。这种DIC差异对电导率和密度的影响，并因此导致的对基准盐度和密度盐度的影响可以忽略不计。而它对溶液盐度的影响则要大10倍(Pawlowicz等,2010)为0.005 5 g·kg^{-1}，但仍小于Millero(2008)计算绝对盐度的误差0.007 g·kg^{-1}。由基准盐度作为绝对盐度的度量导致的最大误差，与其他物质的质量分数有关，比如硫酸盐，它最大可以达到0.05 g·kg^{-1}(Seitz等,2010a)。无论如何，基准成分海水硫酸盐的值在标准海水硫酸盐浓度最佳实验室计算的95%的误差范围内，因此，此时不需要对基准成分进行调整。

当海水成分不同于基准成分时(正如2.5节介绍)，有几种方法定义海水样本的绝对盐度。概念上最简单的定义是"海水样本在其温度和压强下所溶解的非水物质的质量分数"。这个定义的缺点是水和一些碳化合物依赖于温度和压强，当样本的温度和压强变化时，水和碳化合物之间的平衡将会发生改变，质量分数也会随温度和压强而改变，即使样本没有加入或减少物质。通过把海水样本放在25℃和固定的海水压强0 dbar下，可以克服这个缺点。当完成这些工作后，非水物质的质量分数称作"溶液绝对盐度"(Solution Absolute Salinity)，或者简写为"溶液盐度"(Solution Salinity)，S_A^{soln}。另外一个绝对盐度为"附加质量盐度"(Added-Mass Salinity)S_A^{add}，它是加入到标准海水中物质的质量分数与S_R的和，其中，加入到标准海水中的这些物质的浓度满足在恒温$t=25$℃、恒定海水压强0dbar条件下达到化学平衡。

绝对盐度另外一种形式为，"表征绝对盐度"(Performed Absolute Salinity)，它经常简写为"表征盐度"(Performed Salinity)，S_*，由Pawlowicz等人(2010)和Wright等(2010b)所定义。它被专门设计为尽量接近守恒的一个变量。即，S_*被设计为不受生物地球化学过程影响的一个变量，而这个过程会使其他类型的盐度产生不同程度的变化。表征盐度S_*的构建首先要计算生物地球化学过程对盐度度量S_A、S_A^{soln}或S_A^{add}的影响，然后再从适宜的盐度变量中去除这些影响。因为表征盐度S_*被设计为一个守恒变量，所以它将在海洋模式中发挥突出作用。

在一般情况下，在标准海水中任意增加许多成分，是没有简单的手段来度量S_A^{soln}或S_A^{add}的。因此需要一个更精确、且简单易行的测量海水中溶解物质的度量，为此TEOS-10采用了"密度盐度"(Density Salinity)这个变量。"密度盐度"S_A^{dens}定义为：通过TEOS-10密度公式计算出的盐度值，而公式中的密度是在$t=25$℃、海水压强$p=0$dbar条件下给定样本的实际测量密度。在不产生混淆的情况下，"密度盐度"(Density Salinity)也可以称作绝对盐度，标识为S_A，即$S_A \equiv S_A^{dens}$。应用$S_A \equiv S_A^{dens}$比应用S_A^{soln}或S_A^{add}至少有两点明显的好处：第一，可以采用源于SI单位制的方式，非常精确地测量出海水样本的密度；第二，采用$S_A \equiv S_A^{dens}$可以得到海水密度的最优估计。因为在应用海洋学中，密度值需要精确到最高精度，这点十分重要。

Pawlowicz等(2010)和Wright等(2010b)发现，海洋的组成成分的性质因海盆不同而不同，以下5个盐度度量S_R、S_A^{dens}、S_A^{soln}、S_A^{add}和S_*之间简单的线性关系为：

$$S_* - S_R \approx -0.35\delta S_R^{dens} \tag{A.4.1}$$

$$S_A^{dens} - S_R \equiv 1.0\delta S_R^{dens} \tag{A.4.2}$$

$$S_A^{soln} - S_R \approx 1.75\delta S_R^{dens} \tag{A.4.3}$$

$$S_A^{add} - S_R \approx 0.78\delta S_R^{dens} \tag{A.4.4}$$

(A.4.2)式是绝对盐度偏差的一个简单定义，$\delta S_A = \delta S_R^{dens} \equiv S_A^{dens} - S_R$。注意，在很多 TEOS－10 的文章中，$\delta S_A$ 更简单地表示为 $\delta S_R^{dens} \equiv S_A^{dens} - S_R$，该盐度差的全球图集已公布（McDougall 等，2010a）。在海洋模式中，相对于表征盐度 S_*，采用如下盐度差更为方便：

$$S_R - S_* \approx 0.35\delta S_R^{dens} \tag{A.4.5}$$

$$S_A^{dens} - S_* \approx 1.35\delta S_R^{dens} \tag{A.4.6}$$

$$S_A^{soln} - S_* \approx 2.1\delta S_R^{dens} \tag{A.4.7}$$

$$S_A^{add} - S_* \approx 1.13\delta S_R^{dens} \tag{A.4.8}$$

图 A.4.1 中盐度的数值线展示了这些关系。对于标准海水来说，S_R、S_A^{dens}、S_A^{soln}、S_A^{add} 和 S_*，5 个盐度变量都是相等的。应该说明(A.4.1)式～(A.4.8)式这些简单关系式都是由简单线性拟合复杂变化的模式计算而得来的。但是这些关系式的变化并不比海洋观测的典型误差大。这些线性关系式提供了一个追踪海洋模式中海水成分异常影响的途径（见附录 A.20）。

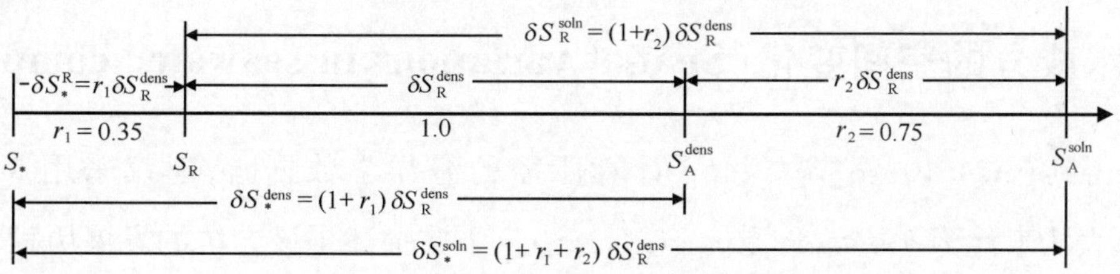

图 A.4.1 盐度的数值线，阐明非标准成分海水的不同形式盐度之间的差异

如果可以测量总碱度（TA）、溶解无机碳（DIC）和硝酸盐与硅酸盐浓度，但是不能测量密度偏差，那么，产生了计算（A.4.1）式～（A.4.8）式左边 4 种盐度之间差异的替换公式。Pawlowicz 等（2010）利用电导率和密度的化学模式，计算了上述众多盐度差是如何依赖于测量的海水属性的。以下方程根据（A.4.1）式～（A.4.4）式，由 Pawlowicz 等（2010）中的（51）式～（54）式导出。这些方程表示为海水样本中的硝酸盐浓度、硅酸盐浓度以及 TA 和 DIC 在样本和标准海水中最优估计值之间的差异 ΔTA 和 ΔDIC 这四者之间的关系。其中，硝酸盐浓度和硅酸盐浓度的计量单位为 $mol \cdot kg^{-1}$，ΔTA 和 ΔDIC 的计量单位为 $mol \cdot kg^{-1}$。对于标准海水，TA 和 DIC 的最优估计值分别为 $0.0023(S_P/35)\ mol \cdot kg^{-1}$ 和 $0.002\,08(S_P/35)\ mol \cdot kg^{-1}$［见 Pawlowicz（2010）、Pawlowicz 等（2010）和 Wright 等（2010b）中关于标准海水与基准成分海水方面的讨论］。

$$(S_* - S_R)/(g \cdot kg^{-1}) = -18.1\Delta TA - 7.1\Delta DIC - 43.0NO_3^- + 0.1Si(OH)_4 \tag{A.4.9}$$

$$(S_A^{dens} - S_R)/(g \cdot kg^{-1}) = 55.6\Delta TA + 4.7\Delta DIC + 38.9NO_3^- + 50.7Si(OH)_4 \quad (A.4.10)$$

$$(S_A^{soln} - S_R)/(g \cdot kg^{-1}) = 7.2\Delta TA + 47.0\Delta DIC + 36.5NO_3^- + 96.0Si(OH)_4 \quad (A.4.11)$$

$$(S_A^{add} - S_R)/(g \cdot kg^{-1}) = 25.9\Delta TA + 4.9\Delta DIC + 16.1NO_3^- + 60.2Si(OH)_4 \quad (A.4.12)$$

Pawlowicz 等(2010)给出(A. 4. 9)式 ~ (A. 4. 12)式拟合模型的标准偏差小于 10^{-4} kg · m^{-3},这是海上实用盐度测量精度的 1/20。很明显,如果可以测量 TA、DIC、硝酸盐和硅酸盐(它们的测量值均有自己的误差棒),这些公式可能比(A. 4. 1) ~ (A. 4. 8)式的近似线性公式更精确地计算出盐度差。根据线性组合(A. 4. 9) ~ (A. 4. 12)式,关于表征盐度 S_* 的盐度差(A. 4. 5) – (A. 4. 8)式可以写作:

$$(S_R - S_*)/(g \cdot kg^{-1}) = 18.1\Delta TA + 7.1\Delta DIC + 43.0NO_3^- - 0.1Si(OH)_4 \quad (A.4.13)$$

$$(S_A^{dens} - S_*)/(g \cdot kg^{-1}) = 73.7\Delta TA + 11.8\Delta DIC + 81.9NO_3^- + 50.6Si(OH)_4 \quad (A.4.14)$$

$$(S_A^{soln} - S_*)/(g \cdot kg^{-1}) = 25.3\Delta TA + 54.1\Delta DIC + 79.5NO_3^- + 95.9Si(OH)_4 \quad (A.4.15)$$

$$(S_A^{add} - S_*)/(g \cdot kg^{-1}) = 44.0\Delta TA + 12.0\Delta DIC + 59.1NO_3^- + 60.1Si(OH)_4 \quad (A.4.16)$$

A. 5 海水成分的空间变化(Spatial variations in seawater compositon)

当无法得到(A. 4. 10)式 $S_A^{dens} - S_R$ 计算所需的海洋学数据时,建议采用 McDougall 等(2010)的查表法来计算 $\delta S_A \equiv \delta S_R^{dens} \equiv S_A^{dens} - S_R$。下文描述了该方法的发展历程。

Millero 等(1976a,1978,2000,2008b)一系列论文和 McDougall 等(2009)论文公布了所收集的全球海洋海水样本在实验室中的密度测量值(在 25℃和大气压强条件下,采用振动管密度计进行测量)。利用(A. 3. 3)式由实用盐度计算得到基准盐度 S_R;通过状态方程和等式 $\rho^{meas} = \rho(S_A^{dens}, 25℃, 0dbar)$,密度测量值 ρ^{meas} 对应着一个绝对盐度 $S_A \equiv S_A^{dens}$。这两个盐度值间的差 $S_A^{dens} - S_R$ 是由于样本成分与基准成分不同造成的。在这些论文中,Millero 证实可以通过流体样本中硅酸盐的浓度大概估计盐度差 $S_A - S_R$。仅仅硅酸盐就能满足要求的原因为:①它与其他有关变量充分相关(例如总碱度、硝酸盐浓度和溶解无机碳);②它是上述物质典型浓度变化($g \cdot kg^{-1}$)的一个重要因子(约为 0.6);③它是非离子的,它的存在对电导率几乎没有影响,而直接影响密度。

当基于实验室内密度测量值计算得到的数据 δS_A,回归计算出海水样本的硅酸盐浓度时,McDougall(2010a)发现了如下简单关系:

$$\delta S_A/(g \cdot kg^{-1}) = (S_A - S_R)/(g \cdot kg^{-1}) = 98.24(Si(OH)_4/(mol \cdot kg^{-1})) \quad \text{全球}(A.5.1)$$

这个回归关系依据全球大洋中所有的观测数据计算得到,拟合的标准误差为 0.005 4 $g \cdot kg^{-1}$。

观测表明,每个海盆中 δS_A 对硅酸盐的依赖关系都不同,McDougall 等(2010a)对这个问题进行了探索,得到在不同空间位置上 δS_A 对硅酸盐的依赖关系。对于 30°S 以南的南大洋数据,最优简单拟合为:

$$\delta S_A/(\mathrm{g \cdot kg^{-1}}) = 74.884[\mathrm{Si(OH)_4/(mol \cdot kg^{-1})}] \qquad \text{南大洋(A.5.2)}$$

相关标准误差为 0.002 6 g · kg^{-1}。

对 30°S 以北太平洋、印度洋和大西洋的数据分别进行了处理。在这 3 个海域中,强制拟合关系与(A.5.2)式相匹配,而且拟合的斜率随纬度线性变化。拟合的结果为(纬度在 30°S 以北,即 $\lambda \geq -30°$):

$$\delta S_A/(\mathrm{g \cdot kg^{-1}}) = 74.884(1 + 0.3622[\lambda/30° + 1])[\mathrm{Si(OH)_4/(mol\ kg^{-1})}] \qquad \text{太平洋(A.5.3)}$$

$$\delta S_A/(\mathrm{g \cdot kg^{-1}}) = 74.884(1 + 0.3861[\lambda/30° + 1])[\mathrm{Si(OH)_4/(mol\ kg^{-1})}] \qquad \text{印度洋(A.5.4)}$$

$$\delta S_A/(\mathrm{g \cdot kg^{-1}}) = 74.884(1 + 1.0028[\lambda/30° + 1])[\mathrm{Si(OH)_4/(mol\ kg^{-1})}] \qquad \text{大西洋(A.5.5)}$$

McDougall,Jackett 和 Millero(2009a)在一个计算机算法中采用了绝对盐度偏差 $\delta S_A = S_A - S_R$ 与硅酸盐浓度之间的关系,该算法利用现存的全球硅酸盐数据库(Gouretski 和 Koltermanm,2004),在已知海水样本的实用盐度和它在全球海洋中的空间位置时,可以计算绝对盐度。这个计算机算法解释了波罗的海绝对盐度的最新研究成果,但是它没有说明在其他海域海水成分变化对绝对盐度的影响。波罗的海的绝对盐度与以往几十年的观测结果变化很大(Feistel 等,2010c)。McDougall 等(2010a)的计算机算法采用了 Feistel 等(2010c)建立并且在 2006 ~ 2009 年所应用关系:

$$\delta S_A = S_A - S_R = 0.087\ \mathrm{g \cdot kg^{-1}} \times (1 - S_R/S_{SO}) \qquad \text{(A.5.6)}$$

其中,$S_{SO} = 35.165\ 04\ \mathrm{g \cdot kg^{-1}}$,为实用盐度 35 对应的标准海水基准盐度。

为了度量海水成分空间变化的重要性,表 A.5.1 显示了不变压强下、1 000 m 以下,世界大洋水文图集数据的密度北向梯度。图的纵轴为固定压强下密度北向梯度之间的差异,其中一个在 TEOS – 10 密度算法中采用 $S_A \equiv S_A^{dens}$,另一个 TEOS – 10 密度算法采用 S_R 作为盐度参数。图 A.5.1 显示如果忽视海水成分变化的影响,全球大洋 1 000 m 以下 58% 的数据的“热成风”将被错估 2% 以上。

图 A.5.1 海水成分图中空间变化的重要性可以媲美于 TEOS – 10 标准海水的 Gibbs 函数与 EOS – 80 比较达到的改进效果。在 TEOS – 10 与 EOS – 80 中分别忽略海水成分空间变化,被称作基于 S_R 的 TEOS – 10 和基于 S_P 的 EOS – 80。图 A.5.2 展示了在部分大洋 1 000 m 以下,采用 TEOS – 10 而忽略成分变化后“热成风”改变的幅度。对比图 A.5.1 与图 A.5.2,可以看到通过结合海水成分的空间变化来实现采用 TEOS – 10 给“热成风”计算带来的主要益处;

TEOS－10 较之于 EOS－80 提高的最大精度，对于标准海水只有 18%，它与 TEOS－10 结合成分变化后的进一步提高一样大（如，图 A. 5. 2 纵轴的标准偏差是图 A. 5. 1 纵轴的 18%）。如果在这个比较中去除大西洋，成分变化的重要性会更大。

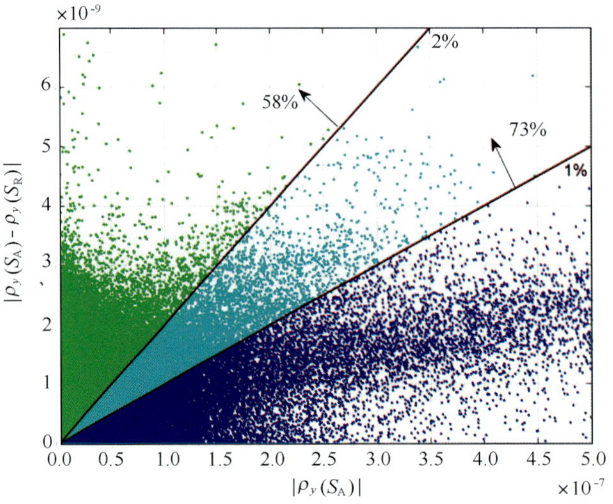

图 A. 5. 1 固定压强下密度的北向梯度（水平轴），由 Gouretski 和 Koltermann（2004）制作的世界大洋水文图集中大于 1 000 dbar 的数据计算得到，纵轴为在 TEOS－10 中分别采用 S_R 和 S_A 作为盐度参数计算密度后，密度梯度之间的差异

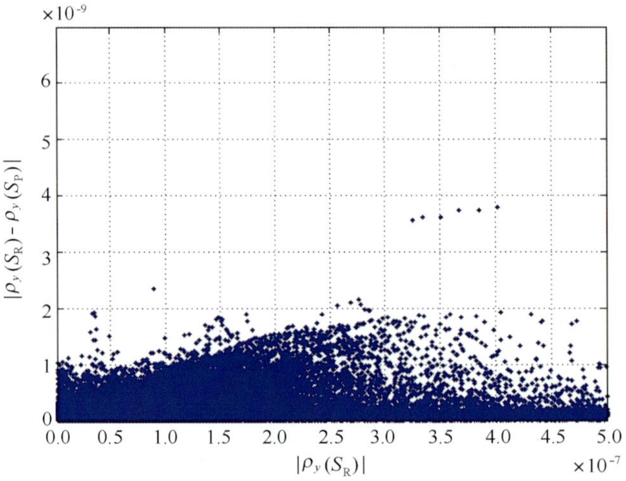

图 A. 5. 2 在固定压强下密度北向梯度（水平轴），由 Gouretski 和 Koltermann（2004）制作的世界大洋水文图集中大于 1 000 dbar 的数据计算得到，纵轴为在 TEOS－10 中采用 S_R 作为盐度参数计算密度，和 EOS－80 采用 S_P 作为盐度参数计算的密度，两个密度梯度之间的差异

IAPWS－08 和 IAPWS－06 对于海水和 Ih 冰热力学属性的描述，已被政府间海洋学委员会在 2009 年 6 月采纳为海水和 Ih 冰热力学属性的官方描述。通过采用 TEOS－10，也使我们确认由容易测量参数估算绝对盐度的方法是海水 TEOS－10 热力学描述最不成熟的方面。目

前采用由 Fortran 和 Matlab 语言开发的、在给定的实用盐度 S_P、经度 φ、纬度 λ 和海水压强 p（计量单位为 dbar）条件下计算绝对盐度 S_A 的计算机软件已发布在 http://www.TEOS-10.org。希望在未来几十年内可以获取新的观测数据（尤其是密度数据），从而改进计算绝对盐度的算法，并且根据实用盐度 S_P、经度 ϕ、纬度 λ 和海水压强 p 计算绝对盐度 S_A 的算法，在相关的合适的论文出现后，http://www.TEOS-10.org 网站上将会及时提供这些更新。这些软件的用户应该在论文中说明用于计算绝对盐度的软件的版本。

A.6　海水的 Gibbs 函数（Gibbs function of seawater）

海水的 Gibbs 函数 $g(S_A,t,p)$ 定义为纯水 Gibbs 函数 $g^W(t,p)$ 和盐水 Gibbs 函数 $g^S(S_A,t,p)$ 之和，因此，

$$g(S_A,t,p) = g^W(t,p) + g^S(S_A,t,p) \tag{A.6.1}$$

这种表达方式下，绝对盐度为零的海水热力学特性等同于纯水。海冰的 Gibbs 函数也继续保持一致，因此可以精确计算出海冰沿平衡曲线的特性（例如冰点是绝对盐度和压强的函数）。Feistel 等人（2008）论文中描述了将纯水、Ih 冰和海水的热力学势进行仔细匹配的方法。

已被国际接受的纯水热力学属性定义（IAPWS-95），是判定纯水的正式依据，并据此按照（A.6.1）式建立了海水的 Gibbs 函数。在扩展的温度和压强范围内：从冰点到临界点（$-22℃ < t < 374℃$ 和 $600\ \text{Pa} < p + P_0 < 1\ 000\ \text{MPa}$），液态水的 Gibbs 函数 $g^W(t,p)$ 都有效，但是该算法耗费计算时间。计算耗时的部分原因是 IAPWS-95 公式从 Helmholtz 函数角度进行描述，而 Helmholtz 函数中压强是温度和密度的函数，因此 Gibbs 函数 $g^W(t,p)$ 需要迭代计算［见 Feistel 等（2008）］。

对于实际海洋学应用来说，在海洋学的温度和压强范围内，温度范围自低于海水冰点温度（任意压强下）到 40℃（特别是从 $-[2.65 + (p + P_0) \times 0.074\ 3\ \text{MPa}^{-1}]$ ℃ 到 40℃），压强范围 $0 < p < 104$ dbar，我们推荐采用 Feistel（2003）Gibbs 函数的纯水部分，它已经被 IAPWS 核准作为补充准则：IAPWS-09。IAPWS-09 讨论了 Feistel（2003）Gibbs 函数拟合 IAPWS-95 中基本热力势的精度；总之，对于密度、热扩散系数和比热容这些变量，在 IAPWS-09 的有效范围内，IAPWS-09 和 IAPWS-95 二者不匹配的标准偏差在 20～100 之间，小于 IAPWS-95 拟合实验室数据的相应误差。因此，在海洋学范围内，IAPWS-09 和 IAPWS-95 可以作为同等精度的纯液态水的热力学描述。

该手册描述海水热力学属性的 Fortran 和 Mablab 算法都已发布，包括 IAPWS-95 和 IAPWS-09 中 $g^W(t,p)$ 的算法，这些参数与实验室测定参数同样精确，但是基于 IAPWS-09 的计算代码大约比基于 IAPWS-95 的计算代码快 65 倍。

用于构建 EOS-80 的绝大多数海水试验数据，在仔细调整至新的温标、盐标和改进的纯水基准 IAPWS-95 后，被再次用于 IAPWS-08 公式的构建中。此外，由于采用了多种理论关

系，例如理想溶液定律、Debye－hückel 极限定律等，合并了其他精确测量数据，例如最大密度对应的测量温度、水汽压和混合热等，以及大量计算 IAPWS－95 的背景数据集（Wagner 和 Pruβ，2002；Feister，2003，2008），（较之 EOS－80）IAPWS－08 获得了重大改进。例如，Millero 和 Li（1994）断言：相对 Del Grosso（1974）在高压、温度低于5℃时的海水公式，EOS－80 中纯水部分的 Chen 和 Millero（1977）声速公式会导致0.5 m·s^{-1}的偏差。Chen 和 Millero（1977）只测量了海水和水中的声速差异。对应地，在新 Gibbs 函数中，我们采用了 IAPWS－95 纯水分函数和 Del Grosso（1974）的声速公式，不仅在高压条件下与 Chen 和 Millero（1976）的密度数据一致，而且和 Bradshaw 和 Scheicher（1970）高压下热扩散数据一致。采用 IAPWS－95 会提高高压海水密度精度的原因，直接原因是纯水函数，间接原因是订正了早期的海水测量数据，使它们变成"新"的海水数据。采用这种方式，自然解决了 EOS－80 声速不一致的问题。

A.7 基本热力学关系（The fundamental thermodynamic relation）

由溶剂（水）和溶解物质（海盐）组成的系统，在不同平衡状态之间转变可逆的条件下，其基本的热力学关系与热力学属性的全微分相关。约束条件是此关系满足无限小的海水团无限小的变化。基本的热力学关系是

$$dh - v dp = (T_0 + t) d\eta + \mu dS_A \tag{A.7.1}$$

在 Warren（2006）论文中［方程（8）］可以找到基本热力学导数。方程（A.7.1）的左边经常写作 $du + (p + P_0) dv$，其中 $(p + P_0)$ 是绝对压强。这里 h 是比焓（即，单位质量海水的焓），u 是比内能，$v = \rho^{-1}$ 是比容，$(T_0 + t)$ 是绝对温度，η 是比熵，μ 是相对化学势。在流体动力学中，经常涉及随体导数 d/dt，即随流体运动的导数，$d/dt = \partial/\partial t + \mathbf{u} \cdot \nabla$，其中 $\mathbf{u}$ 是流体速度。在这类导数中假设局部热平衡（时间变化过程中热平衡仍被保持），则基本热力学关系是：

$$\frac{dh}{dt} - \frac{1}{\rho}\frac{dp}{dt} = (T_0 + t)\frac{d\eta}{dt} + \mu\frac{dS_A}{dt} \tag{A.7.2}$$

注意，熵不变并不意味着不存在不可逆过程，因为，在恒定压强下，存在不可逆的焓和密度变化过程，这个过程恰好对方程（A.7.1）或方程（A.7.2）具有相同的影响，而这些方程中熵的变化为零。

A.8 "守恒"和"等压守恒"属性（The "conservative" and "isobaric conservative" properties）

如果热力学变量 C 的变化方程（即，预报方程）满足如下形式，被称作是守恒的：

$$(\rho C)_t + \nabla \cdot (\rho \mathbf{u} C) = \rho \frac{dC}{dt} = -\nabla \cdot \mathbf{F}^C \tag{A.8.1}$$

由于"守恒"特性，当控制体的边界上不存在通量 $\mathbf{F}^C$ 时，控制体内 C 的总量不变。方程（A.8.1）中间部分被用作连续方程（质量守恒方程）：

$$\partial\rho/\partial t|_{x,y,z} + \nabla \cdot (\rho \mathbf{u}) = 0 \tag{A.8.2}$$

在特殊情况下，当一个变量的随体导数为零时［即方程（A.8.1）左边为零］，这个变量可以称作是“物质守恒”（materially conserved）的。

海洋中被认作 100% 守恒的唯一变量是质量［等价于方程（A.8.1）中，$C=1$，$F^{C}=0$］。事实上，参考附录 A.20 和附录 A.21，如果我们严格解释 $\rho\mathbf{u}$ 是通过单位面积的纯海水（即纯水加上溶解物）的质量通量，特别地，$\rho\mathbf{u}$ 不包括微粒物质通量，则连续方程（A.8.2）右边应该为 $\rho\mathcal{S}^{S_A}$，质量非守恒源是由于生物地球化学过程造成的。应该注意，连续方程的源项 $\rho\mathcal{S}^{S_A}$，由于因子 $\hat{S}_A/(1-\hat{S}_A)$，在绝对盐度的变化方程中的重要性小于在绝对盐度变化方程（A.21.8）中的重要性。因此目前海洋非颗粒部分符合连续方程守恒形式（A.8.2）的假设，已被目前的生物地球化学过程所证实。

另外两个变量，$\mathcal{E}=u+0.5\mathbf{u}\cdot\mathbf{u}+\Phi$［（B.15）式］和保守温度 Θ（或者等价的位焓，h^0）不完全守恒，但是假设它们守恒导致的误差可以忽略不计（见附录 A.21）。其他变量，如基准盐度 S_R、绝对盐度 S_A、位温 θ、焓 h、内能 u、熵 η、密度 ρ、位势密度 ρ_θ、比容偏差 δ 和 Bernoulli 函数 $\mathcal{B}=h+0.5\mathbf{u}\cdot\mathbf{u}+\Phi$［见（B.17）式］是非守恒变量。

在湍流混合过程中绝对盐度和基准盐度都不守恒，它们受到非守恒的再矿化过程影响。因为海水主要成分的变化由物种变化所导致，但它们对电导率影响很小，在某些条件下，把基准盐度 S_R 作为守恒变量是足够精确的。但是，我们注意到假设基准盐度 S_R 作为守恒变量导致的误差（根据对密度的影响），比把保守温度 Θ 作为保守变量导致的误差大 40 倍左右。构建表征盐度 S_* 的方法，并不包含导致海水成分空间变化的生物地球化学过程特征。这样，S_* 被特别设计为守恒的海洋盐度变量。我们通过海洋观测数据构建的表征盐度 S_* 的精度局限于我们对于生物地球化学过程的认知程度［见附录 A.4 和附录 A.5 及 Pawlowicz 等（2010）］。

由上所述，大洋中可以被认为守恒的变量（按精度的降序排列）为：①质量；②总能量 $\mathcal{E}=u+0.5\mathbf{u}\cdot\mathbf{u}+\Phi$；③保守温度 Θ；④表征盐度 S_*。

另一个形式的“守恒”属性为“等压守恒”（isobaric conservative），指在等压情况下两个流体团混合、没有内能和物质输入时，全部参数都守恒的情况。“等压守恒”特性是一个有用的海洋变量属性。任何“守恒”变量都是“等压守恒”的，因此除了上述 4 个守恒变量：质量、保守温度、表征盐度 S_* 和总能量 $\mathcal{E}$“等压守恒”以外，Bernoulli 函数 $\mathcal{B}$ 和比焓 h 同样“等压守恒”。

非“等压守恒”的变量，包括位温 θ、内能 u、熵 η、密度 ρ、位势密度 ρ^θ、比容偏差 δ。焓 h 和保守温度 Θ，都是非严格的“等压守恒”，因为控制体内分子粘性会导致流体运动动能耗散和颗粒物质的再矿化会导致盐源项出现时，焓 h 增加。但是它们对于热力学第一定律影响很小，习惯上，我们认为焓 h 是“等压守恒”变量。注意，虽然 h 是“等压守恒”，而不是“守恒”变量。

附录 A.18 和附录 A.21 表明，为了实际应用，我们可以把 Θ 和 h^0 当做“守恒”的（因此也是“等压守恒”）变量；这种作法忽略了机械能的扩散 ε 和其他等量阶或者更小量阶的项。因此为了海洋学的实际应用，我们把质量和以下其他 3 个变量当作“守恒”和“等压守恒”变量：①保守温度 Θ，（位焓 h^0）；②表征盐度 S_*；③总能量 $\mathcal{E}$。

这里我们简要说明,在海洋模式中把 S_* 和 Θ 之外的其他变量假定为守恒变量可能导致的误差。如果把绝对盐度 S_A 当做模式中的盐度变量,并按照保守变量对待,所导致的盐度误差(模式长时间运行后)和绝对盐度偏差的量阶相同,在北太平洋该误差大于 0.025 $g \cdot kg^{-1}$,对应的密度误差为 0.020 $kg \cdot m^{-3}$。作为这种密度误差重要性的度量,我们注意到在海洋状态方程中采用 S_R 代替 S_A,固定压强上密度北向梯度(即热成风)对于全球大洋 1 000dbar 以下 58% 的数据,被错误计算的幅度大于 2%。我们显然不希望在海洋气候模式的海洋要素动力方程中存在这样的系统误差。附录 A.20 讨论了在海洋模式中计算非守恒的再矿化作用的方法。我们建议在海洋模式中采用表征盐度 S_* 作为模式中守恒的盐度变量,同时继续采用(A.20.1)节中绝对盐度偏差的方程(A.20.3)~(A.20.5)。

虽然还没有彻底地调查清楚海洋模式中把位温 θ 当做保守变量处理可能导致的误差,但是 McDougall(2003)和 Tailleux(2010)已经开始这个课题的研究。McDougall(2003)发现 θ 的典型误差为 ±0.1℃,而在孤立区域如亚马孙河淡水入海区域,误差可以达到 1.4℃。对应的经向热通量误差为 0.005 PW(或者相对误差为 0.4%)。在海洋模式中采用保守温度 Θ 可以使这些误差降低两个量级。

如果海洋热力平衡,它的温度处处相同,水和各种溶解物质的化学势也如此,每种溶解物质的熵和浓度将只是压强的函数。湍流混合作用正好相反,它使盐度和熵恒等,但是会导致温度和化学势梯度是压强的函数。即湍流混合导致一个非平衡状态。由重力场的对称破坏作用导致了分子混合和湍流混合之间的不同;在无重力的实验室内,湍流混合和分子混合作用相同。

注意,由 Landau 和 Lifshitz(1959)方程(58.11)和附录 B 中的方程(B.23)给出了盐的分子通量项 $\mathbf{F}^S$。$\mathbf{F}^S$ 不仅包含了通常的分子扩散和 $-\rho \nabla S_A$,还包含了分别正比于温度和压强梯度的其他两数据项。正是这些数据项导致了非湍流大洋中溶解物质平衡的垂直梯度非零且各不相同;最后一项被称作重力扩散效应(baro - diffusion effect)。真实大洋中湍流混合的存在使大洋均一化并且保持海盐成分相对恒定。

注意,一个指定参数的"守恒方程"经常用于描述该参数如何变化,以便适应各种通量发散和各种非守恒'源'项的方程。比如,经常被提及的熵或"位温"的"守恒方程"。因为这些变量是非守恒的,如果把它们的演变方程作为"守恒方程"是不正确的。因此,我们将只对守恒参数(为了实际应用)采用"守恒方程"这个术语。对于其他参数,我们称其为它们的"演变方程"或"预报方程"或者"局部平衡方程"。

A.9 "势"属性(The "potential" property)

当海水团从一个压强面绝热移动到另一个压强面,在没有质量交换和湍流动能与内能之间内部转换情况下,任何保持不变的海水热力学属性都被称作具有"势",或者是一个"势"参数。"势"参数最基本的例子是绝对盐度 S_A 和熵 η。在热力学第一定律方程(B.19)中可以看

到熵 η 的恒定性;(B. 19)式右边为零,当绝对盐度不变时,熵也是恒定的。任何一个只是绝对盐度和熵的函数的热力学属性,在以上变化过程中也保持不变时,被称作有“势”。有“势”的热力学量包括位温 θ、位焓 h^0、保守温度 Θ 和位势密度 ρ^θ(无论选用了什么基准压强)。无“势”的热力学量是温度 t、焓 h、内能 u、比容 v、密度 ρ、比容偏差 δ、总能量 $\mathcal{E}$ 和 Bernoulli 函数 $\mathcal{B}$。根据方程(B. 17),在不考虑分子流动而且压强场稳定时,随流体流动的 Bernoulli 函数 $\mathcal{B}$ 是不变的。通常这种情况是不存在的。方程(B. 17)将解释 $\mathcal{E}$ 的非守恒特性。

一些作者采用“准 - 物质”(quasi - material)这一术语描述一个变量有“势”。“准 - 物质”源自变量只在不可逆的混合过程下变化,而在绝热和等盐变化时保持不变的概念。

“绝热”(adiabatic)习惯上指流体团与周围环境没有热量交换的过程。用绝热这个定义,流体团的熵 η、位温 θ、位焓 h^0 和保守温度 Θ 在等盐和绝热过程中仍然可能变化。这是因为机械能 ε 的扩散导致 η 和 θ 的增加。当一个海水团绝热、没有质量交换地从一个压强面移至另一个压强面,任意一个保持不变的海水热力学属性,都被称作有“势”,或者换言之,是一个“势”变量。

在附录 A. 8 中,我们断定只有质量和 3 个变量 E 、S_* 和 Θ(近似)是“守恒的”(也是“等压守恒的”)。因为 E 无“势”,我们断定只有质量和两个变量 S_* 和 Θ 具有全部 3 个属性,即它们是“守恒的”、“等压守恒的”和“有势”变量。对于保守温度 Θ,它是近似“守恒”(“等压守恒”),因此,Θ 不是一个 100% 守恒的变量,它的守恒性比位温和熵高出两个量级。类似的,表征盐度 S_* 原则上 100% 守恒,但是,我们通过水文观测估算 S_* 的能力非常有限[例如通过近似关系(A. 4. 1)式或者(A. 4. 9)式]。

表 A. 9. 1 中各种海洋学变量分类依据是它们是否有“势”,不管它们是不是“守恒”变量、是不是“等压守恒”变量、是不是仅是 (S_A, t, p) 的函数。注意,Θ 是表中唯一一个具有 4 个对号的变量,而 S_* 前三列为对号,最后一列不是,这是因为它不仅是 (S_A, t, p) 的函数,而且还是海水成分的函数。因此,Θ 是一个最理想的热力学变量。如果不是因为绝对盐度的非守恒性,它也是一个理想的热力学变量,基于此,表征盐度优于绝对盐度。保守温度 Θ 和表征盐度 S_* 是表中仅有的既有“势”又“守恒”的两个变量。表 A. 9. 1 最后 4 行是位势密度 ρ^θ(见 3. 4 节),δ(见 3. 7 节),正压强 ρ_v(见附录 A. 28)和中性密度 γ^n(见 3. 14 节和附录 A. 29)。

表 A. 9. 1　各种海洋学变量的“势”、“守恒”、“等压守恒”和函数特性

参数符号	有“势”?	“守恒的”?	“等压守恒的”?	(S_A, t, p) 的函数?
S_*	√	√	√	×
S_A	√	×[1]	×[1]	√
S_R, S_P	√	×[1]	×[1]	×
t	×	×	×	√
θ	√	×	×	√
η	√	×	×	√
h	×	×	√[2]	√

续表

参数符号	有“势”?	“守恒的”?	“等压守恒的”?	(S_A,t,p)的函数?
Θ, h^0	√	$√^3$	$√^3$	√
u	×	×	×	√
B	×	×	$√^4$	×
E	×	$√^4$	$√^4$	×
ρ, v	×	×	×	√
ρ^θ	√	×	×	√
δ	×	×	×	√
ρ_v	×	×	×	$√^5$
γ^n	×	×	×	×

1. 有机物的再矿化改变 S_R 比改变 S_A 小;2. 设定 ε 和再矿化影响可以忽略;3. 设定 ε 和其他同量阶的项可以忽略[见后文(A.21.13)节讨论];4. 设定再矿化影响可以忽略;5. 只要基准声速函数 $c_0(p,\rho)$ 已经被选定。

A.10 证明 $\theta=\theta(S_A,\eta)$ 和 $\Theta=\Theta(S_A,\theta)$ [Proof that $\theta=\theta(S_A,\eta)$ and $\Theta=\Theta(S_A,\theta)$]

考虑海表面上发生的变化(特别是在 0dbar 面上),压强增量 dp 为零时,温度与基准压强为 0 dbar 的位温相同。把比焓 h 和化学势 μ 设置为熵 η 的函数(代替温度 t),即 h 和 μ 关于 η 的函数形式应该为 $h=\hat{h}(S_A,\eta,p)$ 和 $\mu=\hat{\mu}(S_A,\eta,p)$,根据(A.7.1)式,则

$$\hat{h}_\eta(S_A,\eta,0)d\eta+\hat{h}_{S_A}(S_A,\eta,0)\mathrm{d}S_A=(T_0+\theta)\mathrm{d}\eta+\mu(S_A,\eta,0)\mathrm{d}S_A \qquad (A.10.1)$$

式中表明熵 η 仅仅是绝对盐度 S_A 和位温 θ 的函数,即 $\eta=\eta(S_A,\theta)$,并不依赖于压强。可以由此导出 $\theta=\theta(S_A,\eta)$。

同样,根据(3.2.1)式和(3.3.1)式中位焓和保守温度的定义,当 $p=0$ 时,(A.7.1)式变为,

$$c_p^0\mathrm{d}\Theta=(T_0+\theta)\mathrm{d}\eta+\tilde{\mu}(S_A,\theta,0)\mathrm{d}S_A \qquad (A.10.2)$$

这表明保守温度仅仅是绝对盐度和位温的函数,$\Theta=\Theta(S_A,\theta)$,并不依赖于压强。它可以导出 Θ 仅仅是 S_A 和 η 的函数。因此,Θ 有“势”。

A.11 各种比焓等压导数(Various isobaric derivatives of specific enthalpy)

鉴于比焓在大洋中“热”输运和守恒中的重要作用,这里导出恒定压强下比焓对绝对盐度的导数,以及对 3 个“类似温度”(temperature - like)变量 η、θ 和 Θ,及对实测温度 t 的导数。

当实测温度 t 被看做“类似温度”变量时,$h=h(S_A,t,p)$ 的 3 个标准导数为:

$$\partial h/\partial S_A|_{T,p}=\mu(S_A,t,p)-(T_0+t)\mu_T(S_A,t,p) \qquad (A.11.1)$$

$$\partial h/\partial T|_{S_A,p} = c_p(S_A,t,p) = (T_0+t)\eta_T(S_A,t,p) \tag{A.11.2}$$

$$\partial h/\partial p|_{S_A,T} = \nu(S_A,t,p) - (T_0+t)\nu_T(S_A,t,p) \tag{A.11.3}$$

现在,把比焓作为熵的函数(而不是温度 t),即,$h = \hat{h}(S_A,\eta,p)$,基本热力学关系(A.7.1)式变为:

$$\hat{h}_\eta \mathrm{d}\eta + \hat{h}_{S_A} dS_A = (T_0+t)\mathrm{d}\eta + \mu dS_A \text{ 其中},\partial\hat{h}/\partial p|_{S_A,\eta} = \nu \tag{A.11.4}$$

因此,

$$\partial\hat{h}/\partial\eta|_{S_A,p} = (T_0+t),\partial\hat{h}/\partial S_A|_{\eta,p} = \mu \tag{A.11.5}$$

现在把比焓作为位温的函数(而不是实测温度 t),即 $h = \tilde{h}(S_A,\theta,p)$,基本热力学关系(A.7.1)式变为:

$$\tilde{h}_\theta \mathrm{d}\theta + \tilde{h}_{S_A} \mathrm{d}S_A = (T_0+t)\mathrm{d}\eta + \mu \mathrm{d}S_A \text{ 其中},\partial\tilde{h}/\partial p|_{S_A,\theta} = \nu \tag{A.11.6}$$

为了计算偏导数 $\tilde{h}_\theta$,首先根据其对熵的导数,写作:

$$\tilde{h}_\theta|_{S_A,p} = \eta_\theta|_{S_A}\hat{h}_\eta|_{S_A,p} = \eta_\theta|_{S_A}(T_0+t) \tag{A.11.7}$$

其中利用了(A.11.5)式。该方程在 $p=0$ 时为(这里位温的基准压强为 $p=0$)

$$\tilde{h}_\theta|_{S_A,p=0} = c_p(S_A,\theta,0) = \eta_\theta|_{S_A}(T_0+\theta) \tag{A.11.8}$$

利用这两个方程得到 $\tilde{h}_\theta$ 的理想表达式:

$$\boxed{\tilde{h}_\theta|_{S_A,p} = c_p(S_A,\theta,0)\frac{(T_0+t)}{(T_0+\theta)}} \tag{A.11.9}$$

为了计算偏导数 $\tilde{h}_{S_A}$,首先根据对比焓函数写作 $h = \hat{h}[S_A,\eta(S_A,\theta),p]$,因此,导数为

$$\tilde{h}_{S_A}|_{\theta,p} = \hat{h}_{S_A}|_{\eta,p} + \hat{h}_\eta|_{S_A,p}\eta_{S_A}|_\theta \tag{A.11.10}$$

比熵 $\eta = -g_T$[(2.10.1)式]对绝对盐度的导数为 $\eta_{S_A} = -g_{S_A T}$,等于 $-\mu_T$,这是因为由(2.9.6)式定义的化学势 $\mu = g_{S_A}$。在位温不变时(而不是实测温度不变),(A.11.10)式中熵对于 S_A 的偏导数在 p = 0 时,为 $-\mu_T$。把(A.11.5)式的两部分都代入(A.11.10)式,得到 $\tilde{h}_{S_A}$ 的理想表达式如下:

$$\boxed{\tilde{h}_{S_A}|_{\theta,p} = \mu(S_A,t,p) - (T_0+t)\mu_T(S_A,\theta,0)} \tag{A.11.11}$$

注意,这个公式中包含着一些在常规压强 p 下计算的数据项和一个在基准压强 $p=0$ 下计算的数据项。

现在,把比焓作为保守温度(不是实测温度)的函数,即 $h = \hat{h}(S_A,\Theta,p)$,基本热力学关系(A.7.1)式变为

$$\hat{h}_{\Theta}\mathrm{d}\Theta + \hat{h}_{S_A}\mathrm{d}S_A = (T_0 + t)\mathrm{d}\eta + \mu\mathrm{d}S_A \text{ 其中}, \partial\hat{h}/\partial p|_{S_A,\Theta} = \nu \qquad (A.11.12)$$

由此方程导出的偏导数 $\hat{h}_{\Theta}$ 为

$$\hat{h}_{\Theta}|_{S_A,p} = (T_0 + t)\eta_{\Theta}|_{S_A,p} = (T_0 + t)\eta_{\Theta}|_{S_A} \qquad (A.11.13)$$

当 $p = 0$ 时,此式简化为

$$\hat{h}_{\Theta}|_{S_A,p=0} = c_p^0 = (T_0 + \theta)\eta_{\Theta}|_{S_A} \qquad (A.11.14)$$

联合这两个公式,得到 $\hat{h}_{\Theta}$ 的理想表达式为:

$$\boxed{\hat{h}_{\Theta}|_{S_A,p} = \frac{(T_0 + t)}{(T_0 + \theta)}c_p^0} \qquad (A.11.15)$$

为了计算偏导数 $\hat{h}_{S_A}$,首先把焓的函数写作 $h = \hat{h}[S_A, \eta(S_A, \Theta), p]$,对其求导,得到[利用(A.11.5)式]:

$$\tilde{h}_{S_A}|_{\Theta,p} = \mu(S_A, t, p) + (T_0 + t)\eta_{S_A}|_{\Theta} \qquad (A.11.16)$$

在 $p = 0$ 时,微分方程(A.11.12)左边简化为 $c_p^0\mathrm{d}\Theta$,因此,由(A.11.12)式可以得到:

$$\eta_{S_A}|_{\Theta} = -\frac{\mu(S_A, \theta, 0)}{(T_0 + \theta)} \qquad (A.11.17)$$

因此,$\hat{h}_{S_A}$ 的理想表达式为

$$\boxed{\hat{h}_{S_A}|_{\Theta,p} = \mu(S_A, t, p) - \frac{(T_0 + t)}{(T_0 + \theta)}\mu(S_A, \theta, 0)} \qquad (A.11.18)$$

上文 4 个方框内比焓的等压导数表达式非常重要,它们结合在一起组成了对于位温和保守温度的热力学第一定律。

A.12 η, θ, Θ 和 S_A 之间的微分关系(Differential relationships between η, θ, Θ and S_A)

根据形式如(A.11.6)式和(A.11.12)式的基本热力学关系,并利用附录 A.11 中的方框内的 4 个公式,我们发现如下关系:

$$\begin{aligned}(T_0 + t)\mathrm{d}\eta + \mu(p)\mathrm{d}S_A &= \frac{(T_0 + t)}{(T_0 + \theta)}c_p(0)\mathrm{d}\theta + [\mu(p) - (T_0 + t)\mu_T(0)]\mathrm{d}S_A \\ &= \frac{(T_0 + t)}{(T_0 + \theta)}c_p^0\mathrm{d}\Theta + \left[\mu(p) - \frac{(T_0 + t)}{(T_0 + \theta)}\mu(0)\right]\mathrm{d}S_A\end{aligned} \qquad (A.12.1)$$

三式同时减去数据项 $\mu(p)\mathrm{d}S_A$,再同时乘以 $(T_0 + \theta)/(T_0 + t)$,得到:

$$(T_0 + \theta)\mathrm{d}\eta = c_p(0)\mathrm{d}\theta - (T_0 + \theta)\mu_T(0)\mathrm{d}S_A = c_p^0\mathrm{d}\Theta - \mu(0)\mathrm{d}S_A \qquad (A.12.2)$$

由此得到 η, θ, Θ 和 S_A 之间的微分关系:

$$\Theta_{\theta}\big|_{S_A} = c_p(S_A,\theta,0)/c_p^0,$$

$$\Theta_{S_A}\big|_{\theta} = [\mu(S_A,\theta,0) - (T_0 + \theta)\mu_T(S_A,\theta,0)]/c_p^0 \quad \text{(A. 12. 3)}$$

$$\Theta_{\eta}\big|_{S_A} = (T_0 + \theta)/c_p^0, \Theta_{S_A}\big|_{\eta} = \mu(S_A,\theta,0)/c_p^0 \quad \text{(A. 12. 4)}$$

$$\theta_{\eta}\big|_{S_A} = (T_0 + \theta)/c_p(S_A,\theta,0),$$

$$\theta_{S_A}\big|_{\eta} = (T_0 + \theta)\mu_T(S_A,\theta,0)/c_p(S_A,\theta,0) \quad \text{(A. 12. 5)}$$

$$\theta_{\Theta}\big|_{S_A} = c_p^0/c_p(S_A,\theta,0),$$

$$\theta_{S_A}\big|_{\Theta} = -[\mu(S_A,\theta,0) - (T_0 + \theta)\mu_T(S_A,\theta,0)]/c_p(S_A,\theta,0) \quad \text{(A. 12. 6)}$$

$$\eta_{\theta}\big|_{S_A} = c_p(S_A,\theta,0)/(T_0 + \theta), \eta_{S_A}\big|_{\theta} = -\mu_T(S_A,\theta,0) \quad \text{(A. 12. 7)}$$

$$\eta_{\Theta}\big|_{S_A} = c_p^0/(T_0 + \theta), \eta_{S_A}\big|_{\Theta} = -\mu(S_A,\theta,0)/(T_0 + \theta) \quad \text{(A. 12. 8)}$$

A. 13 热力学第一定律(The First Law of Thermodynamics)

19 世纪时 Gibbs(1873)和其他先驱者发现了热力平衡状态下的能量守恒定律。根据内能、热量和功之间的平衡进行构建,类似于(A. 7. 1)式,被称作热力学第一定律(Thomson,1851;Clausius,1876;Alberty,2001)。在一个局部弱热力平衡的条件下(Glansdorff 和 Prigogine,1971),初始的热力学概念可以总结为描述由分子流动和宏观运动导致的流体动力不可逆的演变过程(Landan 和 Lifshitz,1959;De Groot 和 Masur,1984)。

某些情况下"热力学第一定律"被用于描述总能量的变化,总能量是内能、势能和动能的总和。这里我们按照应用较普遍的热力学第一定律,把热力学第一定律看做是总能量守恒方程与动能加势能的演变方程之间的差,其余部分可以被模糊地称为"热"(heat)演变方程(A. 13. 1)(Landau 和 Lifshitz,1959;McDougall,2003;Griffies,2004)。

因此,热力学第一定律可以写作[见附录 B 中(B. 19)式及附录 A 中(A. 13. 3)式、(A. 13. 4)式和(A. 13. 5)式;所有这些方程都是热力学第一定律的有效变形]:

$$\rho\left(\frac{\mathrm{d}h}{\mathrm{d}t} - \frac{1}{\rho}\frac{\mathrm{d}p}{\mathrm{d}t}\right) = -\nabla\cdot\mathbf{F}^{\mathrm{R}} - \nabla\cdot\mathbf{F}^{\mathrm{Q}} + \rho\varepsilon + h_{S_A}\rho\mathcal{S}^{S_A} \quad \text{(A. 13. 1)}$$

其中,$\mathbf{F}^{\mathrm{R}}$ 是辐射热通量,$\mathbf{F}^{\mathrm{Q}}$ 是所有形式的热分子扩散通量,它是温度梯度的法向热分子通量与一个正比于盐分子通量[Dufour 效应,见(B. 24)式]之和。最后,ε 是单位质量机械能耗散率,它被转变为内能。$h_{S_A}\rho\mathcal{S}^{S_A}$ 是由于再矿化作用造成的绝对盐度内源项的焓增加率。附录 B 总结了(A. 13. 1)式的推导过程,同时讨论了与总能量和 Bernoulli 函数相关的演变方程。

根据 Fofonoff(1962),我们注意到(A. 13. 1)式的一个重要结果:当两个有限大小的海水团在恒定压强下混合时,焓总量是守恒的。通过以下变化就可以看到这个结论:把(A. 13. 1)式与连续方程 $\partial\rho/\partial t + \nabla\cdot(\rho\mathbf{u}) = 0$ 结合,得到发散形式的热力学第一定律:

$$\partial(\rho h)/\partial t + \nabla\cdot(\rho\mathbf{u}h) - \frac{\mathrm{d}p}{\mathrm{d}t} = -\nabla\cdot\mathbf{F}^{\mathrm{R}} - \nabla\cdot\mathbf{F}^{\mathrm{Q}} + \rho\varepsilon + h_{S_A}\rho\mathcal{S}^{S_A} \quad \text{(A. 13. 2)}$$

假设在没有穿越控制体边界的辐射通量和分子通量情况下,对包围这两个流体团的控制体进行体积分。包围这两个流体团的体积可能在流体运动(在恒定压强下)、混合和压缩过程中发生变化。这些混合过程中由粘滞力导致的机械能耗散和由绝对盐度产生的源项通常被忽略,但是实际上当两个初始流体团混合时,确实会导致焓的微小增加。撇开这些非守恒项,基于以上假设,(A.13.2)式简化为两个初始流体团ρh的体积分与混合后流体团ρh的体积分相等,即焓总量保持不变。

这个非守恒热力学结论在海洋学中最为重要。恒定压强下流体混合后焓守恒的事实,是我们理解大洋中"热通量"(heat fluxes)和"热含量"(heat content)的核心结论。如何强调这个结论的重要性都不过分;它必须是所有海洋学和气候动力学入门课程的组成部分。与这个结论同样重要的是,它不能导出"焓是表示大洋中'热含量'最合适的变量"这一结论。由于焓"无势",所以它并不适合表示大洋中的"热含量"。而位焓h^0(相对于0海水压强)是表示大洋中"热含量"的最佳热力学变量。

热力学第一定律,(A.13.1)式[利用(A.7.2)式]可以写成如下形式的熵演变方程:

$$\rho\left[(T_0+t)\frac{\mathrm{d}\eta}{\mathrm{d}t}+\mu\frac{\mathrm{d}S_\mathrm{A}}{\mathrm{d}t}\right]=-\nabla\cdot\mathbf{F}^\mathrm{R}-\nabla\cdot\mathbf{F}^\mathrm{Q}+\rho\varepsilon+h_{S_\mathrm{A}}\rho\,\mathcal{S}^{S_\mathrm{A}} \qquad (\mathrm{A.13.3})$$

热力学第一定律,即(A.13.1)式也可以写成位温θ(基准压强为p_r)的方程[Bacon 和 Fofonoff,1996 和 McDougall,2003,通过把(A.11.9)式和(A.11.11)式代入到(A.13.1)式得到]:

$$\rho\left\{\frac{(T_0+t)}{(T_0+\theta)}c_p(p_\mathrm{r})\frac{\mathrm{d}\theta}{\mathrm{d}t}+[\mu(p)-(T_0+t)\mu_T(p_\mathrm{r})]\frac{\mathrm{d}S_\mathrm{A}}{\mathrm{d}t}\right\}=$$

$$-\nabla\cdot\mathbf{F}^\mathrm{R}-\nabla\cdot\mathbf{F}^\mathrm{Q}+\rho\varepsilon+h_{S_\mathrm{A}}\rho\,\mathcal{S}^{S_\mathrm{A}} \qquad (\mathrm{A.13.4})$$

其中,T_0是摄氏零度(T_0为273.15 K),对于保守温度Θ,利用(A.11.15)式和(A.11.18)式,热力学第一定律变为(根据 McDougall,2003):

$$\rho\left\{\frac{(T_0+t)}{(T_0+\theta)}c_p^0\frac{\mathrm{d}\Theta}{\mathrm{d}t}+\left[\mu(p)-\frac{(T_0+t)}{(T_0+\theta)}\mu(0)\right]\frac{\mathrm{d}S_\mathrm{A}}{\mathrm{d}t}\right\}=$$

$$-\nabla\cdot\mathbf{F}^\mathrm{R}-\nabla\cdot\mathbf{F}^\mathrm{Q}+\rho\varepsilon+h_{S_\mathrm{A}}\rho\,\mathcal{S}^{S_\mathrm{A}} \qquad (\mathrm{A.13.5})$$

其中,c_p^0是由(3.3.3)式中精确定义的、15位的固定常数,见附录D的表D.5。

附录A.16、附录A.17和附录A.18中的非守恒参数熵、位温和保守温度可以被量化,首先采用Taylor序列展开式来表示造成这些参数变化的有关非线性热力项,然后在$S_\mathrm{A}-\Theta$坐标系的等值线图中对这些非守恒参数进行图示。换言之,附录A.16、附录A.17和附录A.18量化了(A.13.3)式、(A.13.4)式和(A.13.5)式左边的非理想特性。即,这些附录将量化这些方程左边的导数项,使其正比于$\rho\mathrm{d}\eta/\mathrm{d}t$、$\rho\mathrm{d}\theta/\mathrm{d}t$和$\rho\mathrm{d}\Theta/\mathrm{d}t$。

通过检查(A.13.3)式、(A.13.4)式和(A.13.5)式左边随体导数的系数项(在固定压强下)的变化范围,可以实现对η、θ和Θ这三个参数非守恒程度的分级。大洋环流可以看做是被一系列独立的湍流混合所打乱的一系列海水团绝热和等盐运动。在任何绝热和等盐输运阶段，所有“势”参数都保持不变，因此在绝热和等盐输运过程中，熵、位温和保守温度 100% 保持不变。在固定压强下产生的湍流混合所导致的熵的非守恒增量，依赖于(A.13.3)式中的系数 (T_0+t) 和 μ 在固定压强下的变化。同样位温的非守恒增量依赖于方程(A.13.4)式中系数 $c_p(p_r)(T_0+t)/(T_0+\theta)$ 和 $[\mu(p)-(T_0+t)\mu_T(p_r)]$ 在固定压强下的变化，保守温度的非守恒增量依赖于(A.13.5)式中的系数 $(T_0+t)/(T_0+\theta)$ 和 $[\mu(p)-\mu(0)(T_0+t)/(T_0+\theta)]$ 在固定压强下的变化。

根据此方式看这些方程，我们注意到，(A.13.3)式中熵的随体导数乘以绝对温度 (T_0+t)，绝对温度在海表面的变化幅度大约为 15% [(273.15 + 40)/273.15 ≈ 1.146]；(A.13.4)式中乘以 $d\theta/dt$ 的因子项，其变化受等压比热 $c_p(S_A,t,p_r)$ 的支配，等压比热容是 S_A 的函数，并且在海表面的变化幅度为 5%（见图 A.13.1）；而保守温度的随体导数在(A.13.5)式中是乘以常量“热容” c_p^0 和在海洋中变化很小的 $(T_0+t)/(T_0+\theta)$，尤其是当我们只考虑这个比值在每个压强上的变化时。在海表面这个比值是单位 1，而在深海中这个比值也近似是单位 1。随后的三节 A.16 节、A.17 节和 A.18 节表明非守恒参数比值 $\eta:\theta:\Theta$ 在现实变化中大概为 1:1:0.01。

基于这个结果，我们可以断定大洋中位温并不比熵更保守，由热力学第二定律我们知道热力学属性必须在不可逆的混合过程中产生。幸运的是，在海洋中保守温度更为精确守恒而且容易在物理海洋中被应用。因为保守温度也有“势”，它是海水“热含量”的一个精确描述。图 A.13.1 表示了在海表面位温 θ 和保守温度 Θ 之间的差异 $\theta-\Theta$（根据 Mcdougall, 2003）。如果一个海洋模式采用了位温作为预报温度参数而不是保守温度，采用与等压比热容[见(3.3.3)式给出的 c_p^0]同样的常数值，忽略位温 θ 的预报方程中应该出现的非守恒源数据项进行运行，将导致这个海洋模式输出误差。这些误差依赖于自然边界条件，图 A.13.1 展示了在通量边界出现的错误。

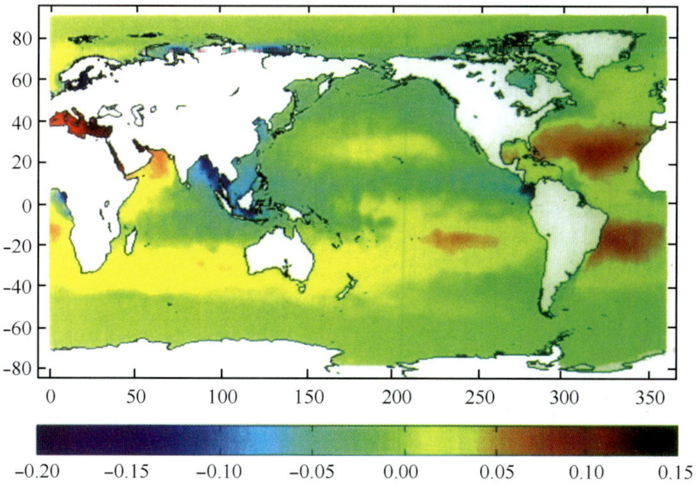

图 A.13.1　海表面上位温 θ 和保守温度 Θ 之间的差异：$\theta-\Theta$ 的年平均等值线(℃)图，引自 Gouretski 和 Koltermann(2004)

此节通过守恒方程论证了位焓和保守温度的优点，随后的微团参数同样证明了它们的优点。首先海气通量需要被作为位焓的通量看待，它是 c_p^0 与保守温度的乘积。第二，附录 A.18 表明当流体微团混合实测焓守恒时，假设任意深度混合时位焓守恒所导致误差都可以忽略。第三，大洋环流可以看做是一系列的保守温度 Θ 绝对不变（因为它有"势"）的绝热和等盐运动，与一系列保守温度 Θ 守恒的湍流混合过程叠加。因此很明显，Θ 是平流和扩散中都几乎守恒的数量，它的表面通量正比于海气热通量。

A.14 平流"热"能量与扩散"热"通量（Advective and diffusive "heat" fluxes）

在 3.23 节、附录 A.8 和附录 A.13 中，热力学第一定律实际上等价于保守温度的守恒方程（A.21.15）。我们已强调"热"平流可以由 $c_p^0\Theta$ 平流精确地计算出来。因此，$c_p^0\Theta$ 可以看做是单位质量海水的"热含量"（heat content），该做法导致的误差小于把 $c_p^0\theta$ 或者 $c_p(S_A,\theta,0\text{dbar})\theta$ 看做是单位质量海水"热含量"导致误差的 1%（见附录 A.21 关于此问题的讨论）。

守恒形式的（A.21.15）式意味着湍流扩散热通量沿着保守温度的平均梯度方向，而不是沿着位温的平均梯度方向。此节将量化这两个平均温度梯度之间的差异。

首先考虑沿着中性切面的温度梯度。根据（3.11.2）式，可以发现，

$$(\alpha^\theta/\beta^\theta)\nabla_n\theta = \nabla_n S_A = (\alpha^\Theta/\beta^\Theta)\nabla_n\Theta \qquad (A.14.1)$$

因此，中性切面上 θ 和 Θ 的梯度通过它们各自的热扩散和盐浓缩系数相关联，即

$$\nabla_n\theta = \frac{(\alpha^\Theta/\beta^\Theta)}{(\alpha^\theta/\beta^\theta)}\nabla_n\Theta \qquad (A.14.2)$$

可以容易地计算出二维矢量 $\nabla_n\theta$ 与 $\nabla_n\Theta$ 之间的比例因子并进行图示。在计算前，我们给出该比例因子的其他两个等价形式。

中性切面上 θ 和 Θ 的梯度关系为［根据 $\Theta = \tilde{\Theta}(S_A,\theta)$］，

$$\nabla_n\Theta = \tilde{\Theta}_\theta\nabla_n\theta + \tilde{\Theta}_{S_A}\nabla_n S_A \qquad (A.14.3)$$

利用中性切面上的关系式 $\nabla_n S_A = (\alpha^\theta/\beta^\theta)\nabla_n\theta$，可以发现，

$$\nabla_n\Theta = [\tilde{\Theta}_\theta + (\alpha^\theta/\beta^\theta)\tilde{\Theta}_{S_A}]\nabla_n\theta \qquad (A.14.4)$$

在 3.13 节中我们还发现 $T_b^\theta\nabla_n\theta = T_b^\Theta\nabla_n\Theta$，因此可以得到如下等价方程：

$$\left|\frac{\nabla_n\theta}{\nabla_n\Theta}\right| = \frac{(\alpha^\Theta/\beta^\Theta)}{(\alpha^\theta/\beta^\theta)} = \frac{T_b^\Theta}{T_b^\theta} = [\tilde{\Theta}_\theta + (\alpha^\theta/\beta^\theta)\tilde{\Theta}_{S_A}]^{-1} \qquad (A.14.5)$$

方程最后部分 Θ 的两个偏导数都与压强无关，而比值 $(\alpha^\theta/\beta^\theta)$ 是压强的函数。图 A.14.1 展示了在 $p=0$ 时中性切面上 θ 梯度和 Θ 梯度的比值［（A.14.5）式］，由图可见，中性的面上位温梯度有时比保守温度梯度的差异大 1%。该比值［（A.14.5）式］只是压强的弱函数。该图也

表明了该 θ 和 Θ 垂直湍流扩散通量的比例因子。类似(A.14.3)式,垂直梯度关系为

$$\Theta_z = \tilde{\Theta}_\theta \theta_z + \tilde{\Theta}_{S_A} S_{A_z} \qquad (A.14.6)$$

利用(3.15.1)式中稳定度的定义,可以发现,

$$\frac{\theta_z}{\Theta_z} \approx \left[\tilde{\Theta}_\theta + R_\rho^{-1}(\alpha^\theta/\beta^\theta)\tilde{\Theta}_{S_A}\right]^{-1} \qquad (A.14.7)$$

图 A.14.1 显示稳定度 R_ρ 数值上接近于 1,比例 (θ_z/Θ_z) 接近于 $|\nabla_n\theta|/|\nabla_n\Theta|$。可以计算并画出(A.14.7)式中 R_ρ 的其他值。

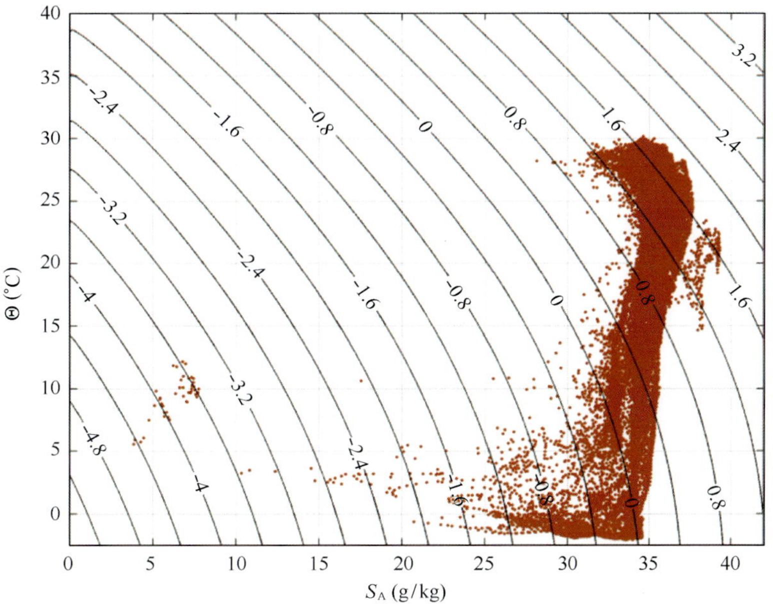

图 A.14.1　$(|\nabla_n\theta|/|\nabla_n\Theta|-1)\times 100\%$ 在 $p=0$ 上的等值线,展示了中性切面上 θ 梯度和 Θ 梯度差值的百分比。红点源于 Gouretski 和 Koltermann(2004)$p=0$ 的海洋图集

正如 3.8 节所示,采用位温量化与采用保守温度量化穿越中性面的热压平流的结果是相同的。由混合增密效应引起的穿越中性面速度是不相同的。分别采用位温和保守温度计算的混合增密效应导致穿越中性面速度的比值 $(C_b^\theta \nabla_n\theta\cdot\nabla_n\theta)/(C_b^\Theta \nabla_n\Theta\cdot\nabla_n\Theta)$(见 3.9 节)可以表示为

$$\frac{C_b^\theta|\nabla_n\theta|^2}{C_b^\Theta|\nabla_n\Theta|^2} = \frac{C_b^\theta}{C_b^\Theta}\frac{(\alpha^\Theta/\beta^\Theta)^2}{(\alpha^\theta/\beta^\theta)^2} = \frac{C_b^\theta}{C_b^\Theta}\left(\frac{T_b^\Theta}{T_b^\theta}\right)^2 = \frac{C_b^\theta}{C_b^\Theta}\left[\tilde{\Theta}_\theta + (\alpha^\theta/\beta^\theta)\tilde{\Theta}_{S_A}\right]^{-2} \qquad (A.14.8)$$

图 A.14.2 画出了上述比值的等值线。(A.14.8)式的比值并不是单位 1,在海洋学范畴内,它的变化相对较小,这表明分别由 θ 和 Θ 计算的混合增密效应导致的穿越中性切面的平流是它们各自在 $\rho=0$ 上的 0.5% 以内。

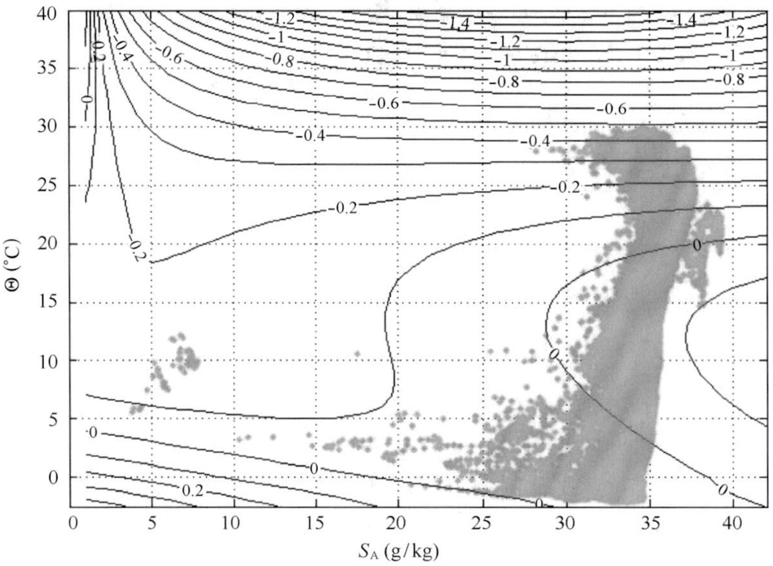

图 A. 14. 2　$p=0$ 时，$(C_b^\theta|\nabla_n\theta|^2)/(C_b^\Theta|\nabla_n\Theta|^2)-1$ 百分比的等值线图

A. 15　α^θ，β^θ，α^Θ 和 β^Θ 计算公式的推导（Derivation of the expressions for α^θ，β^θ，α^Θ and β^Θ）

本节将导出（2. 18. 2）式 ~（2. 18. 3）式及（2. 19. 2）式 ~（2. 19. 3）式中热扩散系数 α^θ 和 α^Θ 以及盐浓缩系数 β^θ 和 β^Θ 的表达式。

为了得到（2. 18. 2）式中的 α^θ，我们首先需要得到 $\partial\theta/\partial t|_{S_A,p}$ 的表达式。通过将熵的方程 $\eta(S_A,t,p)=\eta(S_A,\theta[S_A,t,p,p_r],p_r)$ 对实测温度求微分可获得，该等式同样用于定义位温。

$$\left.\frac{\partial\theta}{\partial t}\right|_{S_A,p}=\frac{\eta_T(S_A,t,p)}{\eta_T(S_A,\theta,p_r)}=\frac{g_{TT}(S_A,t,p)}{g_{TT}(S_A,\theta,p_r)} \tag{A. 15. 1}$$

由此可以得到 α^θ 的理想表达式如下，

$$\alpha^\theta=\left.\frac{1}{\nu}\frac{\partial\nu}{\partial\theta}\right|_{S_A,p}=\left.\frac{1}{\nu}\frac{\partial\nu}{\partial t}\right|_{S_A,p}\left(\left.\frac{\partial\theta}{\partial t}\right|_{S_A,p}\right)^{-1}=\frac{g_{Tp}(S_A,t,p)g_{TT}(S_A,\theta,p_r)}{g_p(S_A,t,p)g_{TT}(S_A,t,p)} \tag{A. 15. 2}$$

为了导出（2. 18. 2）式中的 α^Θ，我们首先需要得到 $\partial\Theta/\partial t|_{S_A,p}$ 的表达式。通过熵的等式 $\eta(S_A,t,p)=\hat{\eta}(S_A,\Theta[S_A,t,p])$ 对实测温度求微分可得到，

$$\left.\frac{\partial\Theta}{\partial t}\right|_{S_A,p}=\eta_T(S_A,t,p)\left.\frac{\partial\Theta}{\partial\eta}\right|_{S_A}=-(T_0+\theta)\frac{g_{TT}(S_A,t,p)}{c_p^0} \tag{A. 15. 3}$$

其中方程的第二部分利用了计算 $\Theta_\eta|_{S_A}$ 的（A. 12. 4）式。利用它可以得到 α^Θ 的理想表达式如下，

$$\alpha^\Theta=\left.\frac{1}{\nu}\frac{\partial\nu}{\partial\Theta}\right|_{S_A,p}=\left.\frac{1}{\nu}\frac{\partial\nu}{\partial t}\right|_{S_A,p}\left(\left.\frac{\partial\Theta}{\partial t}\right|_{S_A,p}\right)^{-1}=-\frac{g_{Tp}(S_A,t,p)}{g_p(S_A,t,p)}\frac{c_p^0}{(T_0+\theta)g_{TT}(S_A,t,p)} \tag{A. 15. 4}$$

为了导出(2.19.2)式中的β^{θ},我们首先需要得到 $\partial\theta/\partial S_{\mathrm{A}}|_{T,p}$ 的表达式。通过由熵的等式 $\eta(S_{\mathrm{A}},t,p) = \eta(S_{\mathrm{A}},\theta[S_{\mathrm{A}},t,p,p_{\mathrm{r}}],p_{\mathrm{r}})$ 对绝对盐度求微分可得到,该等式同样用于位温的定义。

$$\begin{aligned}\left.\frac{\partial\theta}{\partial S_{\mathrm{A}}}\right|_{T,p} &= \theta_{\eta}|_{S_{\mathrm{A}}}[\eta_{S_{\mathrm{A}}}(S_{\mathrm{A}},t,p) - \eta_{S_{\mathrm{A}}}(S_{\mathrm{A}},\theta,p_{\mathrm{r}})] \\ &= \frac{(T_0+\theta)}{c_p(S_{\mathrm{A}},\theta,p_{\mathrm{r}})}[\mu_T(S_{\mathrm{A}},\theta,p_{\mathrm{r}}) - \mu_T(S_{\mathrm{A}},t,p)] \\ &= \frac{g_{S_{\mathrm{A}}T}(S_{\mathrm{A}},t,p) - g_{S_{\mathrm{A}}T}(S_{\mathrm{A}},\theta,p_{\mathrm{r}})}{g_{TT}(S_{\mathrm{A}},\theta,p_{\mathrm{r}})}\end{aligned} \tag{A.15.5}$$

其中(A.12.5)式和(A.12.7)式采用了同样的基准压强 p_{r},而不是 $p_{\mathrm{r}}=0$。通过$\rho = \tilde{\rho}(S_{\mathrm{A}},\theta[S_{\mathrm{A}},t,p,p_{\mathrm{r}}],p)$ 对绝对盐度的微分(Gill,1982;McDougall,1987a)得到:

$$\beta^{\theta} = \left.\frac{1}{\rho}\frac{\partial\rho}{\partial S_{\mathrm{A}}}\right|_{\theta,p} = \left.\frac{1}{\rho}\frac{\partial\rho}{\partial S_{\mathrm{A}}}\right|_{T,p} + \alpha^{\theta}\left.\frac{\partial\theta}{\partial S_{\mathrm{A}}}\right|_{T,p} \tag{A.15.6}$$

利用(A.15.5)式可以得到β^{θ} 的理想表达式(2.19.2),

$$\beta^{\theta} = -\frac{g_{S_{\mathrm{A}}p}(S_{\mathrm{A}},t,p)}{g_p(S_{\mathrm{A}},t,p)} + \frac{g_{Tp}(S_{\mathrm{A}},t,p)[g_{S_{\mathrm{A}}T}(S_{\mathrm{A}},t,p) - g_{S_{\mathrm{A}}T}(S_{\mathrm{A}},\theta,p_{\mathrm{r}})]}{g_p(S_{\mathrm{A}},t,p)g_{TT}(S_{\mathrm{A}},t,p)} \tag{A.15.7}$$

注意,(A.15.5)式和(A.15.7)式方括号中消掉了绝对盐度均方根的自然对数项。

为了导出(2.19.3)式中的β^{Θ},我们首先需要得到 $\partial\Theta/\partial S_{\mathrm{A}}|_{T,p}$ 的表达式。这通过把熵的等式 $\eta(S_{\mathrm{A}},t,p) = \hat{\eta}(S_{\mathrm{A}},\Theta[S_{\mathrm{A}},t,p])$ 对绝对盐度求微分得到,

$$\begin{aligned}\left.\frac{\partial\theta}{\partial S_{\mathrm{A}}}\right|_{T,p} &= \Theta_{\eta}|_{S_{\mathrm{A}}}[\eta_{S_{\mathrm{A}}}(S_{\mathrm{A}},t,p) - \hat{\eta}_{S_{\mathrm{A}}}|_{\Theta}] \\ &= \frac{[\mu(S_{\mathrm{A}},\theta,0) - (T_0+\theta)\mu_T(S_{\mathrm{A}},t,p)]}{c_p^0} \\ &= [g_{S_{\mathrm{A}}}(S_{\mathrm{A}},\theta,0) - (T_0+\theta)g_{S_{\mathrm{A}}T}(S_{\mathrm{A}},t,p)]/c_p^0\end{aligned} \tag{A.15.8}$$

其中利用了(A.12.4)式和(A.12.8)式,通过$\rho = \hat{\rho}(S_{\mathrm{A}},\Theta[S_{\mathrm{A}},t,p],p)$ 对绝对盐度求微分得到,

$$\beta^{\Theta} = \left.\frac{1}{\rho}\frac{\partial\rho}{\partial S_{\mathrm{A}}}\right|_{\Theta,p} = \left.\frac{1}{\rho}\frac{\partial\rho}{\partial S_{\mathrm{A}}}\right|_{T,p} + \alpha^{\Theta}\left.\frac{\partial\Theta}{\partial S_{\mathrm{A}}}\right|_{T,p} \tag{A.15.9}$$

利用(A.15.8)式可以得到β^{Θ} 的理想表达式(2.19.3),即

$$\beta^{\Theta} = -\frac{g_{S_{\mathrm{A}}p}(S_{\mathrm{A}},t,p)}{g_p(S_{\mathrm{A}},t,p)} + \frac{g_{Tp}(S_{\mathrm{A}},t,p)[g_{S_{\mathrm{A}}T}(S_{\mathrm{A}},t,p) - g_{S_{\mathrm{A}}}(S_{\mathrm{A}},\theta,0)/(T_0+\theta)]}{g_p(S_{\mathrm{A}},t,p)g_{TT}(S_{\mathrm{A}},t,p)} \tag{A.15.10}$$

注意,(A.15.8)式和(A.15.10)式方括号中消掉了绝对盐度均方根的自然对数项。

A.16 熵的非守恒增量(Non – conservative production of entropy)

在本节以及随后的 4 节(A.16 节 ~ A.19 节),将通过考虑在固定压强下两个海水团混合

时的变化，量化一些热力学变量（熵、位温、保守温度和位势密度）的非守恒性质。混合过程是彻底的，即海水团最终状态的绝对盐度和熵处处相同。即，我们考虑通过湍流混合完成混合过程。在附录 A. 20 中，将考虑由微粒有机物的再矿化过程所导致的绝对盐度变化过程。在附录 A. 16 ~ 附录 A. 19 中将不考虑这个变化过程。附录 A. 16 ~ 附录 A. 19 的量化过程忽略海水成分的变化。

根据 Fofonoff（1962）的研究，当初始温度和盐度都不同的两个流体团在压强 p 下进行混合时，假设这个混合过程已经完成，最终状态的绝对盐度、熵和其他所有属性达到均匀一致。假设这个混合过程耗散了少量的机械能，因此可以省略方程（A. 13. 1）中的 ε 项，这个方程变为：

$$(\rho h)_t + \nabla \cdot (\rho \mathbf{u} h) = - \nabla \cdot \mathbf{F}^{\mathrm{R}} - \nabla \cdot \mathbf{F}^{\mathrm{Q}} \qquad \text{压强恒定} \qquad (\mathrm{A.\,16.\,1})$$

注意，这个方程与方程（A. 8. 1）形式相同，因此在恒定压强情况下混合时 h 守恒，即 h 等压守恒（isobaric conservative）。在这个条件下，当两个海水团混合、系统封闭、没有辐射和分子热通量穿越外边界时，方程（A. 16. 1）右边对时间和空间积分结果为零。在边界上 $\nabla \cdot (\rho \mathbf{u} h)$ 的积分也同样为零。因此，最终状态的 ρh 的体积分和初始条件下的积分结果相同，即熵守恒。因此两个流体团混合时，质量、含盐量和焓都守恒，即

$$m_1 + m_2 = m \qquad (\mathrm{A.\,16.\,2})$$

$$m_1 S_{\mathrm{A1}} + m_2 S_{\mathrm{A2}} = m S_{\mathrm{A}} \qquad (\mathrm{A.\,16.\,3})$$

$$m_1 h_1 + m_2 h_2 = m h \qquad (\mathrm{A.\,16.\,4})$$

熵的不守恒特性意味着它遵守如下方程：

$$m_1 \eta_1 + m_2 \eta_2 + m \delta \eta = m \eta \qquad (\mathrm{A.\,16.\,5})$$

这里，S_{A}，h 和 η 是流体混合后最终状态下的绝对盐度、焓和熵，而 $\delta\eta$ 是在不守恒混合过程中熵的增量。熵 η 的函数形式为 $\eta = \breve{\eta}(S_{\mathrm{A}}, h, p)$，对混合流体的 S_{A} 和 h 进行 Taylor 序列展开，保留到二阶项，其中 $[S_{\mathrm{A2}} - S_{\mathrm{A1}}] = \Delta S_{\mathrm{A}}$，$[h_2 - h_1] = \Delta h$。因此，可以计算出 η_1 和 η_2，结合（A. 16. 4）式和（A. 16. 5）式，可以得到：

$$\delta\eta = -\frac{1}{2}\frac{m_1 m_2}{m^2}\left\{\frac{\partial^2 \breve{\eta}}{\partial h \partial h}(\Delta h)^2 + 2\frac{\partial^2 \breve{\eta}}{\partial h \partial S_{\mathrm{A}}}\Delta h \Delta S_{\mathrm{A}} + \frac{\partial^2 \breve{\eta}}{\partial S_{\mathrm{A}} \partial S_{\mathrm{A}}}(\Delta S_{\mathrm{A}})^2\right\} \qquad (\mathrm{A.\,16.\,6})$$

本节结尾部分隐含着可以量化熵的增量，（A. 16. 6）式，但是现在我们的问题是，约束热力学第二定律的条件是否可以约束海水的 Gibbs 函数 $g(S_{\mathrm{A}}, t, p)$。热力学第二定律告诉我们任意可能具有不同焓和盐度的两个流体团结合，熵增量 $\delta\eta$ 不可能为负。通过（A. 16. 6）式，这个必要条件意味着以下 3 个不等式：

$$\breve{\eta}_{hh} < 0 \qquad (\mathrm{A.\,16.\,7})$$

$$\breve{\eta}_{S_{\mathrm{A}}S_{\mathrm{A}}} < 0 \qquad (\mathrm{A.\,16.\,8})$$

$$(\breve{\eta}_{hS_{\mathrm{A}}})^2 < \breve{\eta}_{hh}\breve{\eta}_{S_{\mathrm{A}}S_{\mathrm{A}}} \qquad (\mathrm{A.\,16.\,9})$$

其中，最后一个必要条件反映了（A. 16. 6）式二次型判别式必须为负，因为熵已经是 Gibbs 函数的一阶导数，对于 Gibbs 函数不同的三阶导数来说，应具有 3 个不同的约束条件。实际

上，只有众所周知的两个约束条件来约束 Gibbs 函数二阶导数。

根据基本的热力学关系式（A.7.1），我们发现（其中 T 是绝对温度，$T = T_0 + t$）：

$$\breve{\eta}_h = \left.\frac{\partial \eta}{\partial h}\right|_{S_A,p} = T^{-1} \qquad (A.16.10)$$

$$\breve{\eta}_{S_A} = \left.\frac{\partial \eta}{\partial S_A}\right|_{h,p} = -\frac{\mu}{T} \qquad (A.16.11)$$

通过这些关系，可以得到 η 的二阶导数如下：

$$\breve{\eta}_{hh} = \left.\frac{\partial^2 \eta}{\partial h^2}\right|_{S_A,p} = \left.\frac{\partial T^{-1}}{\partial h}\right|_{S_A,p} = \frac{-T^{-2}}{c_p} \qquad (A.16.12)$$

$$\breve{\eta}_{S_A h} = \left.\frac{\partial^2 \eta}{\partial h \partial S_A}\right|_p = \left.\frac{\partial(-\mu/T)}{\partial h}\right|_{S_A,p} = -\frac{1}{c_p}\left(\frac{\mu}{T}\right)_T \qquad (A.16.13)$$

以及

$$\breve{\eta}_{S_A S_A} = \left.\frac{\partial^2 \eta}{\partial S_A^2}\right|_{h,p} = \left.\frac{\partial(-\mu/T)}{\partial S_A}\right|_{T,p} - \left.\frac{\partial(-\mu/T)}{\partial h}\right|_{S_A,p} \left.\frac{\partial h}{\partial S_A}\right|_{T,p}$$

$$= -\frac{\mu_{S_A}}{T} - \frac{T^2}{c_p}\left[\left(\frac{\mu}{T}\right)_T\right]^2 \qquad (A.16.14)$$

最后一个方程源自 $\breve{\eta}_{S_A} = \breve{\eta}_{S_A}(S_A, h[S_A, t, p], p)$。

约束条件式（A.16.7）$\breve{\eta}_{hh} < 0$，要求（源于（A.16.12）式）等压热容 c_p 是正的，或者 $g_{TT} < 0$。约束条件式（A.16.8）$\breve{\eta}_{S_A S_A} < 0$，则要求[源于（A.16.14）式]：

$$g_{S_A S_A} > -\frac{T^3}{c_p}\left[\left(\frac{\mu}{T}\right)_T\right]^2 \qquad (A.16.15)$$

即，Gibbs 函数对于绝对盐度的二阶导数 $g_{S_A S_A}$ 必须大于某些负数。约束条件式（A.16.9）$(\breve{\eta}_{hS_A})^2 < \breve{\eta}_{hh}\breve{\eta}_{S_A S_A}$ 要求[代替（A.16.12）式、（A.16.13）式和（A.16.14）式]：

$$\frac{g_{S_A S_A}}{T^3 c_p} > 0 \qquad (A.16.16)$$

因为等压热容必须是正的，这要求 $g_{S_A S_A} > 0$，因此，比（A.16.15）式的要求更高。

我们断定，对于函数形式为 $\eta = \breve{\eta}(S_A, h, p)$ 的熵必须有 3 个必要条件：（A.16.7）式到（A.16.9）式，从而满足即水团混合时产生熵的热力学第二定律的约束条件，采用 Gibbs 函数形式 $g(S_A, t, p)$，这 3 个约束条件满足以下两个限制条件：

$$g_{TT} < 0 \qquad (A.16.17)$$

$$g_{S_A S_A} > 0 \qquad (A.16.18)$$

热力学第二定律没有对混合导数 $g_{S_A T}$ 和 Gibbs 函数的三阶导数强加任何附属条件。

约束条件（A.16.18）式可以理解为盐分子沿化学势 $\mu(S_A, t, p)$ 梯度方向的扩散（Lifshitz, 1959）。即盐分子通量正比于 $-\nabla\mu$。对 $-\nabla\mu$ 进行绝对盐度梯度、温度梯度和压强梯度展开，我们发现第一项是 $-\mu_{S_A}\nabla S_A$，为了避免不稳定的盐扩散，必须保证 $\mu_{S_A} = g_{S_A S_A} > 0$。因此，约束条件(A.16.18)式意味着盐分子扩散必须为正。

Gibbs 函数的两个约束条件:(A.16.17)式和(A.16.18)式在热力学文献中很著名。它们由 Landau 和 Lifshitz (1959)根据热分子通量和盐分子通量对于熵增量的贡献而推导出来[他们论文中的方程(58.9)和方程(58.13)]。Planck(1935)同 Landau 与 Lifshitz(1980)在他们论文的 96 页一样(Lifshitz 和 Pitayevski 制作的 1976 年扩展版本以前的 98 页),也通过热力稳定性推导出这些不等式。通过以上流体团混合的非平衡热力学研究结论,可以发现湍流混合主导着海洋中的混合过程(分子扩散在耗散示踪变化中起着补充作用),因此可以通过以上非平衡热力学研究成果,得到同样的海水 Gibbs 函数约束条件。

除第二定律的必要条件(A.16.17)式和(A.16.18)式以外,海水的 Gibbs 函数必须满足其他约束条件。一个是绝热(和等盐)压缩率必须是正的,否则流体将会在压强增加时膨胀,这是个不稳定状态。采用 g_p 大于 0 (因为比容必须为正)作为必要条件,绝热(和等盐)压缩率为正意味着以下两个约束条件[源自(2.16.1)式]:

$$g_{pp} < 0 \tag{A.16.19}$$

$$(g_{Tp})^2 < g_{pp}g_{TT} \tag{A.16.20}$$

我们得到 g_{TT} 是负的(g_{Tp} 可能为正或负)。(A.16.20)式对于 g_{pp} 的强制性比(A.16.19)式更强,要求 g_{pp} 小于一个负数而不是小于零。最后不等式可以理解为一个热扩散系数 α^t 的约束条件,意味着它的平方必须小于 $g_p^2 g_{pp} g_{TT}$ 或者相对压缩比(κ)是负的,声速是复数。

以上讨论的海水 Gibbs 函数 $g(S_A,t,p)$ 的约束条件可以总结为:

$$g_p > 0, g_{S_AS_A} > 0, g_{pp} < 0, g_{TT} < 0, (g_{Tp})^2 < g_{pp}g_{TT} \tag{A.16.21}$$

回到量化海洋中非守恒参数——熵的问题上,当在 $p=0$ 压强上发生了混合过程时,熵的增量(A.16.6)式可以如下表示为保守温度 Θ(因为在 $p=0$ 压强上 Θ 仅正比于 h)的函数[现在熵的函数形式为 $\eta = \hat{\eta}(S_A,\Theta)$]:

$$\delta\eta = -\frac{1}{2}\frac{m_1m_2}{m^2}\left[\frac{\partial^2\hat{\eta}}{\partial\Theta^2}(\Delta\Theta)^2 + 2\frac{\partial^2\hat{\eta}}{\partial\Theta\partial S_A}\Delta\Theta\Delta S_A + \frac{\partial^2\hat{\eta}}{\partial {S_A}^2}(\Delta S_A)^2\right] \tag{A.16.22}$$

质量相同的流体团混合时将产生最大的熵的非守恒增量,因此 $\frac{1}{2}m_1m_2m^{-2} = \frac{1}{8}$,我们将采用此数值用于随后的讨论。为了阐述熵的非守恒增量的大小,我们首先用一个一维的常数乘以熵,因此构造的变量(熵温度)在 $(S_A,\Theta) = (S_{SO}, 25℃)$ 的值为 25℃,然后减去 Θ。在图 A.16.1 中 S_A—Θ 坐标系上展示了结果的等值线。

图 A.16.1 中整个 $S_A-\Theta$ 平面上变量都不为零的原因是因为熵是一个非守恒参数。当选择两个海水样本沿着直线进行混合,可以在此图上读出熵的非守恒增量(计量单位是℃)。一个最极端的情况,当一个 $(S_A,\Theta) = (0\ g\cdot kg^{-1}, 0℃)$ 的海水团,与图上另一个温度最高盐度最大的海水团,二者等质量混合时产生的熵 η 的非守恒增量结果近似为 0.9℃。

因为熵可以表示为不依赖于压强、只是绝对盐度和保守温度的函数 $\eta = \hat{\eta}(S_A,\Theta)$,并且

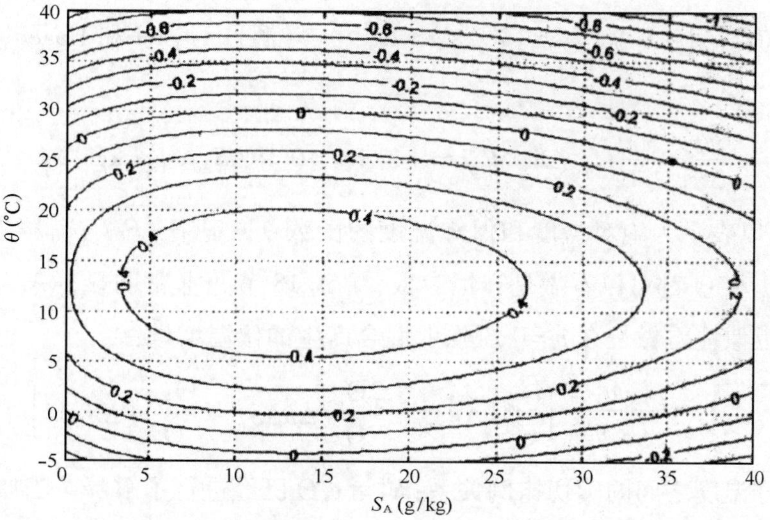

图 A.16.1 海洋中熵非守恒变化(计量单位为℃)等值线图

在海洋的任何压强下 S_A 和 Θ 都可以看做是守恒参数(见附录 A.18),很明显,由(A.16.22)式给出、由图 A.16.1 所展示的非守恒参数,等于较精确的(A.16.6)式在任意压强下的计算结果。造成(A.16.6)式和(A.16.22)式计算的熵的非守恒增量不同的原因是由于在不同压强下 Θ 的非守恒增量不为零(如同这两个公式只包含了无限 Taylor 序列的二阶项)。

A.17 位温 θ 的非守恒增量(Non - conservative Production of potential temperature θ)

当流体团在压强不变的情况下不可逆地完全混合时,守恒的热力学属性是质量、绝对盐度和焓。如同 A.12 节中,没有外部热量和质量输入的两个流体团混合情况下,表示以上 3 个参数守恒的方程是(A.16.2)式~(A.16.4)式。在混合过程中位温是不守恒的,位温的变化方程为

$$m_1\theta_1 + m_2\theta_2 + m\delta\theta = m\theta \tag{A.17.1}$$

焓的函数 $h = \tilde{h}(S_A,\theta,p)$ 对于混合流体的 θ 和 S_A 的 Taylor 序列展开式中,保留到二阶项 $[S_{A2} - S_{A1}] = \Delta S_A$ 和 $[\theta_2 - \theta_1] = \Delta\theta$。然后计算 h_1 和 h_2,利用(A.16.4)式和(A.17.1)式,可以得到:

$$\delta\theta\tilde{h}_\theta = \frac{1}{2}\frac{m_1 m_2}{m^2}\{\tilde{h}_{\theta\theta}(\Delta\theta)^2 + 2\tilde{h}_{\theta S_A}\Delta\theta\Delta S_A + \tilde{h}_{S_A S_A}(\Delta S_A)^2\} \tag{A.17.2}$$

当质量相同的流体团混合时将产生最大的增量,对应的 $\frac{1}{2}m_1 m_2 m^{-2} = \frac{1}{8}$,热容 $\tilde{h}_\theta$ 不是 θ 的强函数,而是 S_A 的强函数,因此(A.17.2)式波形括号内的第一项通常比第二项小。(A.17.2)式的第三项 $\tilde{h}_{S_A S_A}(\Delta S_A)^2$,导致了“热量稀释”(“dilution heating”),通常比第二项

小。$\tilde{h}_{\theta S_A}$ 的典型值约为 $-5.4\ \mathrm{J \cdot kg^{-1}K^{-1}(g \cdot kg^{-1})^{-1}}$（源自 Feistel 和 Hagen,1995），因此位温变化的近似公式为：

$$\frac{\partial\theta}{\Delta\theta} \approx \frac{1}{4}\tilde{h}_{\theta S_A}\Delta S_A / \tilde{h}_{\theta} \approx -3.4 \times 10^{-4}[\Delta S_A / (\mathrm{g \cdot kg^{-1}})] \tag{A.17.3}$$

因为位温可以表示为绝对盐度和保守温度的函数 $\theta = \hat{\theta}(S_A, \Theta)$，与压强无关，因为大洋中任何压强下 S_A 和 Θ 都可以看做是守恒参数（见 A.18 节），非常明显，（A.17.2）式产生的非守恒增量，可以近似地看做是在 $p=0$ 压强上混合产生的位温增量：

$$\delta\theta = \frac{1}{2}\frac{m_1 m_2}{m^2}\left\{\frac{\Theta_{\theta\theta}}{\Theta_\theta}(\Delta\theta)^2 + \frac{2\Theta_{\theta S_A}}{\Theta_\theta}\Delta\theta\Delta S_A + \frac{\Theta_{S_A S_A}}{\Theta_\theta}(\Delta S_A)^2\right\} \tag{A.17.4}$$

其中，位焓和保守温度之间的确切比例关系：$h^0 \equiv c_p^0\Theta$ 已经进行了解释。当质量相同的流体团混合时位温增量最大，因此，$\frac{1}{2}m_1 m_2 m^{-2} = \frac{1}{8}$，我们将采用此数值用于随后的讨论。

（A.17.2）式或者（A.17.4）式可以用于计算由于两个海水团穿过已知温度和盐度差异的锋而混合产生的位温非守恒增量。图 A.17.1 中位温和保守温度之间差异 $\theta—\Theta$ 的等值线，可以用于解释（A.17.4）式。此图可以读出位温的非守恒增量，方法是选择两个海水样本沿着二者之间的直线混合（沿着这条线绝对盐度和保守温度都守恒），对应图上的位温增量（单位为℃）结果。考虑最极端情况，一个 $(S_A, \Theta) = (0\ \mathrm{g \cdot kg^{-1}}, 0℃)$ 海水团，另一个是图 A.17.1 上温度最高盐度最大的海水团，当二者等质量混合时产生的位温 θ 的非守恒增量近似为 -0.55℃。可以与上文中图 A.16.1 所讨论最大熵的增量相比，后者近似为 0.9℃。

海洋中由于大量的不确定的混合事件所导致的属性观测值，以及在这些混合事件中所积累的 θ 的非守恒增量，通常是正负明确的形式。我们怎样才能在这么多未知的、已发生的混合过程中把位温当做守恒变量所产生的误差计算出来？这个貌似很难的问题，通过考虑今天的海洋模式实际做什么而部分解决了。这些海洋模式建立了没有非守恒源的温度守恒方程，因此模式中温度变量可以解释为保守温度。这是目前的情况，图 A.17.1 中温度差异的等值线说明了把模式中的温度变量当做位温所导致的误差。即，图 A.16.1 和图 A.17.1 中等值线的值表示误差的大小，单位是℃，与假设 η 和 θ 分别作为守恒变量密切相关。这些温度差异的等值线囊括了导致海洋现有状态的很多混合过程所累积的非守恒变化结果。熵的这种误差的最大值大概为 1.0℃（根据图 A.16.1），位温的最大误差近似为 -1.8℃（根据图 A.17.1）。Mcdougall（2003）已经说明世界大洋中 1% 海表面温度的 $\theta - \Theta$ 值在 0.25℃ 范围以外，这意味着在海洋模式中把位温当做守恒量所导致误差的大小。

根据热力学第二定律，我们知道熵是一个非守恒参数，这个结果提示海洋学家不能把熵当成一个守恒参数。通过对比图 A.16.1 和图 A.17.1，我们得出这样的结论：大洋中位温和熵同样近似为非守恒参数。这意味着在大洋中追踪水团或用于作为衡量海水“热含量”的参数时，θ 并不比 η 更好。通过图 A.17.1 中等值线的曲率，可以清楚地看到位温的非守恒增量可能为

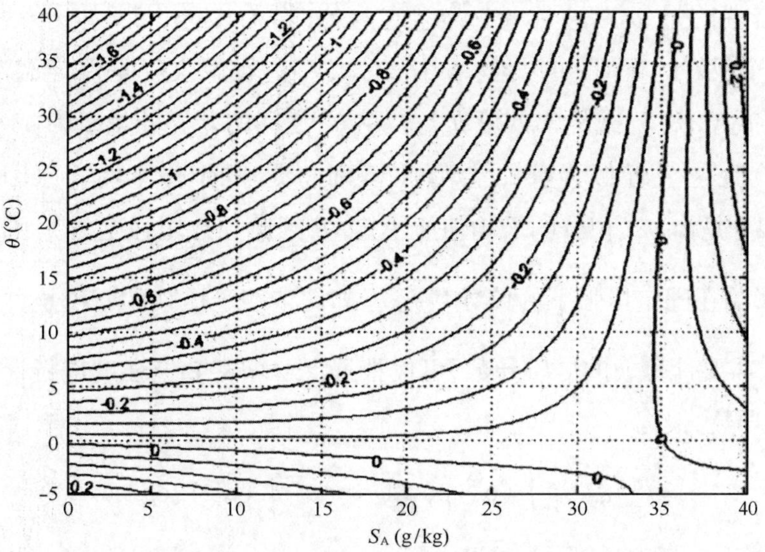

图 A.17.1　位温和保守温度 $\theta-\Theta$ 差异(计量单位为℃)的等值线图，用于展示海洋中位温 θ 非守恒增量

正，也可能为负。

A.18　保守温度的非守恒增量(Non-conservative production of conservative temperature)

当海水团在恒定压强下进行不可逆转的完全混合时，混合过程中守恒的热力学变量是质量、绝对盐度和焓。在 A.16 节和 A.17 节中，我们考虑混合过程中没有外部热和质量输入，通过(A.16.2)式至(A.16.4)式 3 个方程表示了这三个变量的守恒特性。位焓 h^0 和保守温度 Θ 在混合过程中并不精确守恒，Θ 的增量为：

$$m_1\Theta_1 + m_2\Theta_2 + m\delta\Theta = m\Theta \tag{A.18.1}$$

形式为 $h = \hat{h}(S_A,\Theta,p)$ 的焓函数对混合流体 Θ 和 S_A 进行 Taylor 序列展开，保留到二阶项 $[S_{A2} - S_{A1}] = \Delta S_A$ 和 $[\Theta_2 - \Theta_1] = \Delta\Theta$。然后计算出 h_1 和 h_2，利用(A.16.4)式和(A.18.1)式，可以得到：

$$\delta\Theta\hat{h}_\Theta = \frac{1}{2}\frac{m_1 m_2}{m^2}\{\hat{h}_{\Theta\Theta}(\Delta\Theta)^2 + 2\hat{h}_{\Theta S_A}\Delta\Theta\Delta S_A + \hat{h}_{S_A S_A}(\Delta S_A)^2\} \tag{A.18.2}$$

为了计算这些偏导数，首先利用(3.2.1)式把位焓 $c_p^0\Theta$ 改写为：

$$h = \hat{h}(S_A,\Theta,p) = c_p^0\Theta + \int_0^p \hat{\nu}(S_A,\Theta,p')\,\mathrm{d}p' \tag{A.18.3}$$

上式对于 Θ 的微分为：

$$h_\Theta|_{S_A,p} = \hat{h}_\Theta = c_p^0 + \int_0^p \frac{\alpha^\Theta}{\rho}\mathrm{d}p' \tag{A.18.4}$$

(A. 18. 4)式的右端的量级为 $c_p^0 + \rho^{-1}\alpha^\Theta p$，它只比 c_p^0 大 0. 001 5 c_p^0 [p 为 4×10^7 Pa(4 000 dbar)]。作为一个很好的近似，可以把(A. 18. 2)式左边看做仅仅是保守温度增量 $\delta\Theta$。当分别由(3. 2. 1)式和(A. 18. 3)式给出的焓 h 与位焓 h^0 之间的差异的量级为 $\rho^{-1}p$（与焓的典型值大小相同）时，检验这个近似为什么会如此精确将是非常有趣的。原因是(3. 2. 1)式和(A. 18. 3)式的积分是由 ρ^{-1} 积分的平均值所决定的，因此导致压强函数 h 和 h^0 之间存在明显偏差，但是并不影响在固定压强下的偏导数 $\hat{h}_\Theta$。即使依赖于压强的密度也并不影响 $\hat{h}_\Theta$。

(A. 18. 2)式需要计算 $\hat{h}$ 的二阶导数，可以根据混合增密效应强度进行计算。(A. 18. 4)式是对保守温度的导数，根据：

$$\hat{h}_{\Theta\Theta} = \int_0^p (\alpha^\Theta/\rho)_\Theta \mathrm{d}p' \approx \rho^{-1}\int_0^p (\alpha^\Theta)_\Theta \mathrm{d}p' \qquad (A.\ 18.\ 5)$$

因此，(A. 18. 2)式可以近似地写作（假设 $m_1 = m_2$）：

$$\delta\Theta \approx \frac{p}{8\rho c_p^0}\{\alpha_\Theta^\Theta(\Delta\Theta)^2 + 2\alpha_{S_A}^\Theta \Delta\Theta\Delta S_A - \beta_{S_A}^\Theta(\Delta S_A)^2\} \qquad (A.\ 18.\ 6)$$

(A. 18. 6)式表明保守温度的非守恒增量几乎正比于固定压强上密度的非守恒增量[见(A. 19. 4)式]经常近似称作“混合增密”，(McDougall，1987b)，

$$\delta\rho_\theta \approx \frac{\rho}{8}\{\alpha_\Theta^\Theta(\Delta\Theta)^2 + 2\alpha_{S_A}^\Theta \Delta\Theta\Delta S_A - \beta_{S_A}^\Theta(\Delta S_A)^2\}$$

$$= \frac{\rho}{8}\{\alpha_\theta^\theta(\Delta\theta)^2 + 2\alpha_{S_A}^\theta \Delta\theta\Delta S_A - \beta_{S_A}^\theta(\Delta S_A)^2\} \qquad (A.\ 18.\ 7)$$

Θ 的变化导致了温度的增加（或减小）和密度的变化 $-\rho\alpha^\Theta\delta\Theta$。增加的密度[利用(A. 18. 6)式]和由于混合增密[根据(A. 18. 7)式]造成的密度增加的比率为 $-\rho\alpha^\Theta/\rho c_p^0$，在压强为 40 MPa(4 000 dbar)时，比率约为 0. 001 5。因此，非常明显，混合增密效应比非守恒 Θ 对密度的影响大得多。无论如何，根据(A. 18. 6)式，我们可以看到 Θ 的非守恒增量正比于压强和混合增密强度。

(A. 18. 6)式括号中的第一项通常是其他两项的 10 倍(McDougall，1987b)，因此，保守温度的增量 $\delta\Theta$ 与保守温度差异 $\Delta\Theta = \Theta_2 - \Theta_1$ 的比率近似为

$$\frac{\delta\Theta}{\Delta\Theta} \approx \frac{p\alpha_\Theta^\Theta\Delta\Theta}{8\rho c_p^0} \approx 3.3\times10^{-9}(p/\mathrm{dbar})(\Delta\Theta/\mathrm{K}) \qquad (A.\ 18.\ 8)$$

其中，α_Θ^Θ 值为 $1.1\times10^{-5}\,\mathrm{K}^{-2}$(McDougall，1987b)。

在海表面，保守温度 Θ 是完全守恒的($\delta\Theta = 0$)。非守恒增量 $\delta\Theta$ 随着压强线性增加[见(A. 18. 6)式]，但是在较大压强下，大洋中温度和盐度减小，由上面的方程可见，$\delta\Theta$ 的减小量正比于温度和盐度比值的平方。McDougall(2003)断言，当压强为 600 dbar 时产生的 $\delta\Theta$ 比其他压强都要大，图 A. 18. 1 展示了此压强上产生的保守温度的非守恒增量 $\delta\Theta$。图中等值线是 Θ 和后面构建的在 $p = 600$ dbar 压强上完全守恒的量之间的差异。这个守恒量是由当前压强

上的守恒量焓 h 加上 S_A 构建的线性函数，满足在（$S_A=0, \Theta=0℃$）和（$S_A=35.164\ 04\ g \cdot kg^{-1}, \Theta=0℃$）时为零。按比例扩大这个守恒量，使其在（$S_A=35.164\ 04\ g \cdot kg^{-1}, \Theta=25℃$）时，结果为25℃。按照这种方式，图 A. 18. 1 中等值线的值计量单位为℃，且显示出保守温度在 $p=600$ dbar 面上并不完全是一个守恒变量。图 A. 18. 1 中可见混合海水团在边界上产生的最大变化为 4×10^{-3}℃，真实大洋中在此压强上该值的变化范围非常小，正如图 A. 18. 1 所表明的。McDougall（2003）断言真实大洋中 Θ 非守恒增量比位温 θ 非守恒增量的 1/100 还要小。

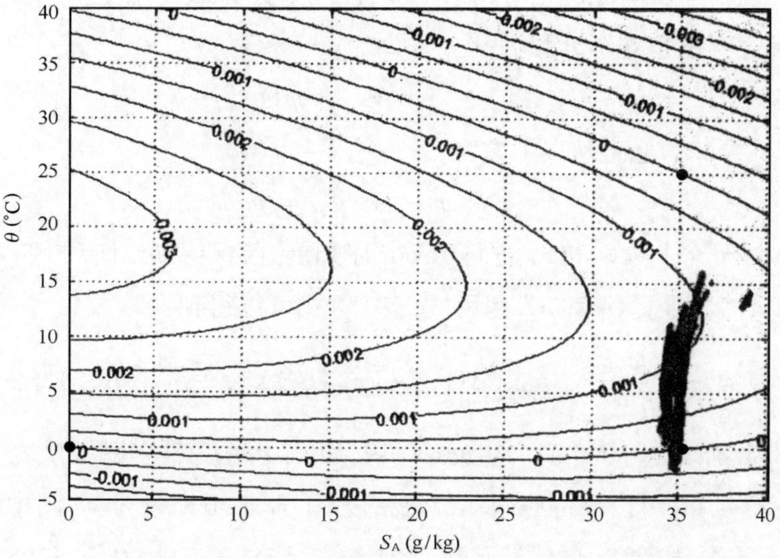

图 A. 18. 1　海洋中在 $p=600$ dbar 下，保守温度 Θ 非守恒增量的等值线图，
点群显示了大部分海洋数据在 $p=600$ dbar（6MPa）面上，强制为 0 的 3 点在图中用黑点表示

图 A. 18. 1 中等值线的曲率显示保守温度的非守恒增量可能通常为正，因此如果海洋模式中忽略此变化，Θ 将被低估。为了确认保守温度的非守恒增量总为正，我们需要检查 $\alpha_{\Theta}^{\Theta}>0$、$-\beta_{S_A}^{\Theta}>0$ 以及 $(\alpha_{S_A}^{\Theta})^2>-\alpha_{\Theta}^{\Theta}\beta_{S_A}^{\Theta}$［根据（A. 18. 6）式］。至今此约束条件还没被验证。

根据（A. 18. 8）式和（A. 17. 3）式，我们可以写出两个海水团混合时保守温度增量与位温增量的比值的近似表达式：

$$\frac{\delta\Theta}{\delta\theta}\approx-10^{-5}(p/\mathrm{dbar})(\Delta\Theta/\mathrm{K})(\Delta S_A/[\mathrm{g}\cdot\mathrm{kg}^{-1}])^{-1} \tag{A. 18. 9}$$

把深海中温度差异与盐度差异比率的典型值设为 10 K/［g · kg^{-1}］，（A. 18. 9）式变为 $\delta\Theta/\delta\theta\approx10^{-4}(p/\mathrm{dbar})$。压强为 4 000 dbar 时 $\delta\Theta/\delta\theta\approx-0.4$，这意味着保守温度非保守性几乎与位温相同。这种情况下，深海中温度的差别与盐度的差别都非常小，因此两种类型温度的增量 $\delta\theta$ 与 $\delta\Theta$ 都非常小。在 600 dbar 下，保守温度的非守恒增量 $\delta\Theta$ 最大，但是比 $\delta\theta$ 的最大值低两个量级。附录 A. 16 ~ 附录 A. 18 的内容基本根据 McDougall（2003）的论文完成。

A.19 密度和位势密度的非守恒增量(Non – conservative production of density and of potential density)

为了计算密度的非守恒增量,假定保守温度 100% 守恒(见附录 A.18),密度写成如下函数形式:

$$\rho = \hat{\rho}(S_A, \Theta, p) \tag{A.19.1}$$

如同前文提到的两个流体团混合时,混合过程中质量和绝对盐度守恒[(A.16.2)式和(A.16.3)式],保守温度也守恒,因此,

$$m_1\Theta_1 + m_2\Theta_2 = m\Theta \tag{A.19.2}$$

密度的非守恒特性意味着它遵从以下方程,

$$m_1\rho_1 + m_2\rho_2 + m\delta\rho = m\rho \tag{A.19.3}$$

把密度按照混合流体的 Θ 和 S_A 进行 Taylor 序列展开,保留到二阶项 $[S_{A2} - S_{A1}] = \Delta S_A$ 和 $[\Theta_2 - \Theta_1] = \Delta\Theta$。然后计算 ρ_1 和 ρ_2,利用(A.19.3)式可以得到:

$$\delta\rho = -\frac{1}{2}\frac{m_1 m_2}{m^2}\left\{\hat{\rho}_{\Theta\Theta}(\Delta\Theta)^2 + 2\hat{\rho}_{S_A\Theta}\Delta\Theta\Delta S_A + \hat{\rho}_{S_AS_A}(\Delta S_A)^2\right\} \tag{A.19.4}$$

图 A.19.1 展示了压强 $p=0$ dbar 时产生的(A.19.4)式中密度非守恒增量 $\delta\rho$。此图展示了位势密度 ρ^θ(注意,符号 ρ^Θ 可以等价地用作位势密度)的非守恒增量 $\delta\rho^\theta$。图中等值线对应数量的构建方法如下:首先,构建 S_A 的线性函数,此函数满足($S_A=0,\Theta=0$℃)和($S_A=35.165\ 04$ g · kg^{-1},$\Theta=0$℃)时,等于 ρ^θ,然后按比例扩大 ρ^θ 减去 S_A 的线性函数的差值,使结果在($S_A=35.165\ 04$ g · kg^{-1},$\Theta=25$℃)时为 25℃。图 A.19.1 是 ρ^θ 和 S_A 线性组合与保守温度之间差异的等值线。这个图形可以使人采用温度的计量单位理解密度的保守特性。在图 A.19.1 上,极端流体混合后的密度增量与降温 10℃时产生的密度增量相同。从图 A.18.1 中,可以见到 Θ(微小)非守恒性近似为这个结果的 1/4 000。

A.20 海洋数值模式中盐度的表征(The representation of salinity in numerical ocean model)

作为利用海水状态方程计算密度和其导数的必要前奏,因为盐度被用于流体静力学关系并频繁用于中性混合算法,海洋数值模式需要在每一时间步上计算出盐度。目前数值模式的实际做法是把大洋内部的盐度作为完美的守恒物理量,由于海水蒸发、降水、拒盐、冰融化、江河径流,在海表面和近岸边界的盐度都会发生变化,而在远离边界时盐度满足平流扩散方程。如果盐度变化中考虑成分变化,则需要这个研究工作做一些改变。这些改变可以被分成两类:第一,除了淡水流入和拒盐,所有通过海表面和海洋模式的海岸边界进入的溶解物质,可以看做成分异常的源;第二,海洋模式内部应将生物的成长、消减和再矿化导致的变化都考虑在内。这里我们集中讨论第二个问题。尽管必须引入生物地球化学模型而最终解决这些问题,但本

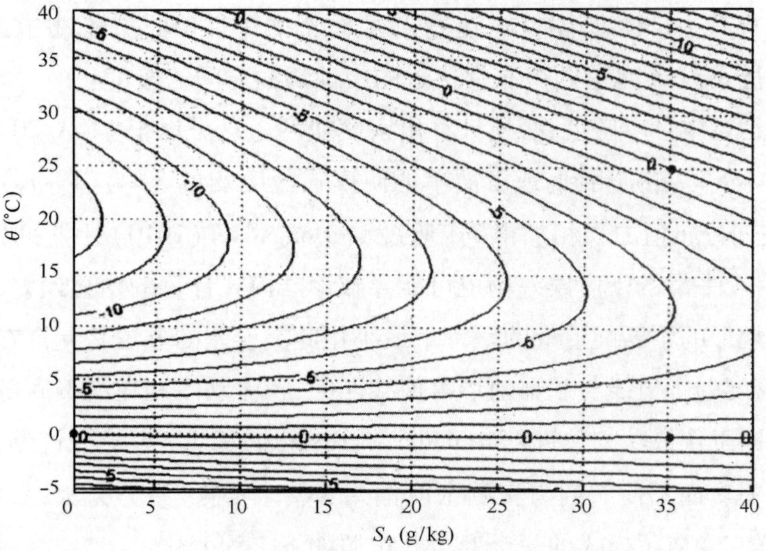

图 A. 19. 1　位势密度 ρ_Θ 非守恒变化结果的等值线图，必须为零的三个黑点在图中用黑点表示

节我们将讨论一些解决问题的实际方法，这些方法基于 A. 4 节中论及的 S_R、S_* 及 $S_A = S_R^{dens}$ 之间的近似关系（A. 4. 5）式和（A. 4. 6）式。在完成书稿时，这些建议的方法还没有被验证，因此这里必须说明，海洋模式对海水成分异常的处理方法还在研究中。

我们首先重申（A. 4. 5）式和（A. 4. 6）式，即

$$S_R - S_* \approx r_1 \delta S_R^{dens} \tag{A. 20. 1}$$

$$S_A^{dens} - S_* \approx (1 + r_1)\delta S_R^{dens} \tag{A. 20. 2}$$

其中，r_1 根据 Paulowicz 等人（2010）的成果，被定为常数 0. 35，并且本节中这些近似关系都被看做精确关系。绝对盐度异常 $\delta S_R^{dens} \equiv S_A^{dens} - S_R$ 是通过振动束密度计直接测量海水样本盐度值与样本实用盐度的差值，该物理量的全球查表已经存在（McDougall 等，2010a）。因为这个盐度差异基于实测值，它是用于建立随后成分异常数值模式中海水成分异常的自然测度。

A. 20. 1　把表征盐度 S_* 作为守恒变量

因为表征绝对盐度（后文中简称表征盐度）被设置为一个守恒变量，忽略了生物地球化学过程，它的演变方程将是方程（A. 8. 1）的守恒形式。对此类守恒方程进行适当方式的平均（见附录 A. 21），表征盐度的守恒方程变为［根据（A. 21. 7）式］：

$$\frac{d\hat{S}_*}{dt} = \frac{1}{h}\nabla_n \cdot (hK\nabla_n \hat{S}_*) + \left(D\frac{\partial \hat{S}_*}{\partial z}\right)_z \tag{A. 20. 3}$$

如附录 A. 21 的说明，尖号标识的变量 $\hat{S}_*$ 是表征盐度的厚度加权平均值，在两个非常接近的中性切面之间进行平均计算得到。（A. 20. 3）式左边的随体导数是相对于 Eulerian 速度和高度坐标系下准 Stokes 速度之和（等价于附录 A. 21 对水平速度厚度加权平均值与穿越中性面的

速度平均值)，方程右边是标准记数法，这意味着 $\hat{S}_*$ 沿着中性切面扩散，扩散率为 K，并垂直于穿过等密面的扩散率 D(h 是这两个非常接近的中性切面之间的厚度)。

为了在模式运行中计算密度，必须计算出密度盐度。这可以根据(A.20.2)式把模式盐度变量 S_* 与$(1+r_1)\delta S_R^{dens}$ 相加得到，或者简单地使模式盐度变量 S_* 与$(1+r_1)$乘以目前观测的 δS_R^{dens}(实测)的空间分布值之积相加得到[通过 McDougall 等(2010)计算机算法而得]。虽然经验表明，即使一个平滑的密度误差场也可能导致诊断模式计算的明显误差，主要是由于密度误差与模式底部地形的不匹配造成的。一个最小化此类误差的方法是允许在特定的密度场进行动力调整，如密度的等值线与底部地形等值线匹配，将流动限制在沿着底部地形内。这个简单的办法是强诊断工作成功的关键(Sarmiento 和 Bryan，1982)。为了允许绝对盐度偏差 δS_R^{dens} (x,y,p)的动力调整，而不使它们与实测密度偏差 δS_R^{dens}(实测)差异太大，我们建议建立 δS_R^{dens} 的变化方程，这样它变成了模式的一个变量并按照如下方程变化：

$$\frac{d\delta S_R^{dens}}{dt} = \frac{1}{h}\nabla_n \cdot (hK\nabla_n \delta S_R^{dens}) + \left(D\frac{\partial \delta S_R^{dens}}{\partial z}\right)_z + \tau^{-1}[\delta S_R^{dens}(obs) - \delta S_R^{dens}] \quad (A.20.4)$$

这里模式变量 δS_R^{dens} 应该根据观测的 δS_R^{dens}(obs)进行初始化，平流和扩散与其他变量相同，但是除此之外，非守恒源 $\tau^{-1}[\delta S_R^{dens}(obs) - \delta S_R^{dens}]$ 被用于使模式变量 δS_R^{dens} 恢复到观测值，恢复时间 τ 可以根据模式需要进行选取。应该用至少 30 天的时间来进行重大调整，但是如果相对于观测数据的漂移足够慢，则可能需要更长的调整周期(长至几年)。调整时间的下界是根据使密度场与地形匹配的平流过程所花费时间的粗略估计。调整时间的上界，则由满足较之于垂直方向和海盆尺度水平重分配的时间，恢复时间相对较短的需求来设置的。

理想地，我们希望得到非守恒源项，该源项反映了导致海洋内部再矿化过程的实际物理和化学过程，但是只有当我们对这些过程的了解足够深入时才可能实现，(A.20.4)式提供了一个前沿方法。通过 $S_A^{dens} - S_*$ 的(A.4.14)式(Pawlowicz 等，2010)我们可以看到将来如何改进这个工作的端倪。如果建立了用于计算方程右边量的生物地球化学模式，它可以立即被集成到海洋模式中用于诊断包括生物地球化学过程对模式密度及其环流的影响。

总之，此推荐方法中包括了 $\hat{S}_*$ 和 δS_R^{dens} 的演变方程(A.20.3)和(A.20.4)式，模式每一时间步上按照下式计算 $\hat{S}_A^{dens}$：

$$\hat{S}_A^{dens} = \hat{S}_* + (1 + r_1)\delta S_R^{dens} \quad (A.20.5)$$

式中$(1+r_1)$目前的最优估计值为 1.35。基于基准盐度的观测值和 δS_R^{dens} (观测)全球数据库，利用(A.20.1)式(即，$S_* = S_R - r_1\delta S_R^{dens}$)计算的表征盐度值对模式进行初始化。

A.20.2 包含源项的绝对盐度变化方程

下面将介绍绝对盐度，特指密度盐度 $S_A \equiv S_A^{dens}$ 的演变方程(A.20.6)的一个等价过程。检查(A. 20. 2)式，$S_A^{dens} - S_* \approx (1 + r_1)\delta S_R^{dens}$，发现 S_* 是一个守恒变量，非常明显，S_A^{dens} 的非守恒增量是$(1 + r_1)$乘以速率的结果，该速率是相同非守恒过程影响绝对盐度偏差 δS_R^{dens} 的速率。因为[根据(A. 20. 4)式]δS_R^{dens} 的非守恒源为$\tau^{-1}[\delta S_R^{dens}(obs) - \delta S_R^{dens}]$，因此密度盐度的变化方程为：

$$\frac{d\hat{S}_A^{dens}}{dt} = \frac{1}{h}\nabla_n \cdot (hK\nabla_n \hat{S}_A^{dens}) + \left(D\frac{\partial \hat{S}_A^{dens}}{\partial z}\right)_z + (1 + r_1)\tau^{-1}[\delta S_R^{dens}(obs) - \delta S_R^{dens}]$$

$$= \frac{1}{h}\nabla_n \cdot (hK\nabla_n \hat{S}_A^{dens}) + \left(D\frac{\partial \hat{S}_A^{dens}}{\partial z}\right)_z + \hat{\mathcal{S}}^{S_A} \qquad (A. 20. 6)$$

此方程也可以由(A. 20. 3)式加上$(1 + r_1)$乘以(A. 20. 4)式后导出。后文中采用$\hat{\mathcal{S}}^{S_A}$标识密度盐度变化方程的非守恒源。

此研究工作也支持δS_R^{dens}的演变方程(A. 20. 4)，并且模式中的盐度变量$\hat{S}_A^{dens}$直接用作状态方程和模式中的其他热力学函数。根据基准盐度的观测值和 McDougall(2010a)的全球 $\delta S_R^{dens}(obs)$ 数据库，利用由(A. 4. 2)式($S_A^{dens} = S_R + \delta S_R^{dens}$)得到的密度盐度值对模式进行初始化。

该方法应该与 A. 20. 1 节描述的表征盐度的结果一致。模式中采用密度盐度作为盐度变量的一个缺陷是它的演变方程(A. 20. 6)非守恒，因此通过实施简单的全球盐度预算来验证模式代码的数值积分不可行。另一个缺陷是二氧化碳和其他气体的海气通量应该作为密度盐度的海面边界条件考虑进去。

A. 20. 3 包含源项的基准盐度演变方程

下面将介绍基准盐度变化方程(A. 20. 7)的一个等价过程。检查方程(A. 20. 1)，$S_R - S_* \approx r_1\delta S_R^{dens}$，并把 S_* 视为一个守恒变量，非常明显，S_R 的非守恒增量是$(1 + r_1)$乘以速率的结果，该速率是相同的非守恒过程影响绝对盐度偏差 δS_R^{dens} 的速率。由于[根据(A. 20. 4)式]δS_R^{dens} 的非守恒源是$\tau^{-1}[\delta S_R^{dens}(obs) - \delta S_R^{dens}]$，因此基准盐度的变化方程为：

$$\frac{d\hat{S}_R}{dt} = \frac{1}{h}\nabla_n \cdot (hK\nabla_n \hat{S}_R) + \left(D\frac{\partial \hat{S}_R}{\partial z}\right)_z + r_1\tau^{-1}[\delta S_R^{dens}(obs) - \delta S_R^{dens}]$$

$$= \frac{1}{h}\nabla_n \cdot (hK\nabla_n \hat{S}_R) + \left(D\frac{\partial \hat{S}_R}{\partial z}\right)_z + \frac{r_1}{(1 + r_1)}\hat{\mathcal{S}}^{S_A} \qquad (A. 20. 7)$$

其中，非守恒源为$r_1/(1 + r_1)$乘以密度盐度变化方程(A. 20. 6)中的对应源项。

此成果支持$\hat{S}_R$和δS_R^{dens}的演变方程(A. 20. 7)和(A. 20. 4)式，模式每一时间步上按照(A. 4. 2)式计算$\hat{S}_A^{dens}$，即

$$\hat{S}_A^{dens} = \hat{S}_R + \delta S_R^{dens} \qquad (A.20.8)$$

这个结果类似于(A.20.2)式,应该与(A.20.1)式描述的表征盐度的结果一致,除了基准盐度的海气通量边界条件比表征盐度的海气通量边界条件更为复杂外。如此看来,表征盐度的守恒性质如(A.20.3)式所示,是一个明显优势,海洋模式中应该采用这个研究成果。

A.20.4 关于忽略再矿化结果的讨论

如果一个海洋模式不考虑绝对盐度偏差的变化方程[(A.20.4)式],并且模式中盐度的变化方程不包含非守恒源项,那么,是否还需要将模式盐度进行初始化,并把模式盐度解释为表征盐度、绝对盐度或基准盐度呢?即,处理这些盐度问题的最简单的方法是延续过去几十年的研究工作,海洋模式中只简单地采用一个盐度变量而且这个变量是守恒的。在此近似条件下,模式中根据状态方程计算密度时所采用的盐度,与服从正常守恒方程(A.20.3)式中的盐度是相同的。在这个工作中,仍然需要选择如何初始化模式中的盐度,这里我们将讨论这些选择的相对优缺点。

如果模式采用一个计算的表征盐度数据集 S_* 进行初始化,则 S_* 应该正确变化,因为 S_* 是一个守恒变量,它的演变方程(A.20.3)式应该不包含非守恒源。在这个工作中,状态方程应该采用 $\hat{S}_*$ 进行计算,而不是 $\hat{S}_A^{dens}$,这两个盐度的差异大概为 $(1+r_1)\delta S_R^{dens}$。此结果的可能误差可以利用图 A.5.1 中的简单示例进行计算。此图的纵坐标是当状态方程采用 $\hat{S}_A^{dens}$ 和 $\hat{S}_R$ 时,恒定压强下北向密度梯度的差异。此图表明,对于全球大洋中深于 1 000 m 的所有数据,58% 数据的误差超过 2%。如果采用 $\hat{S}_*$ 代替 $\hat{S}_R$ 重新绘制此图,误差将会达到 $(1+r_1)\approx 1.35$。即在状态方程中用 $\hat{S}_*$ 代替 $\hat{S}_R$ 作为盐度变量,全球大洋深于 1 000 m 所有数据的“热成风”关系将会被错估 2.7% 左右。太平洋中这些“热成风”误差较大。

另外一个初始化模式中盐度数据的选择是 S_A^{dens}。这个选择的优点是在初始化后的开始周期内,状态方程采用了正确的盐度变量。但是后来忽略了方程(A.20.6)中的非守恒源项则意味着模式中的盐度将偏离现实,并且因为缺少合理的非守恒源误差也将逐渐蔓延进来。在误差达到前文所述的程度前,积分这样的模式多长时间是可以接受的?可以想象在上层海洋,相对于其他物理过程如海气相互作用和活跃的旋转运动,这些不同盐度变量的影响相形见绌。但如果考虑在 1 000 m 深度,不同盐度的影响不仅非常明显而且显著影响热成风方程,可以猜测在密度盐度演变方程中忽略非守恒源项可能在积分几十年后,将开始十分重要。目前还没有提议是否应该将恢复时间尺度 τ 设置为这么长,这只是一个被忽略的成分异常对海洋环流产生明显影响所需时间的估算。

第三个选择是用基准盐度 $\hat{S}_R$ 初始化模式。图 A.5.1 显示了该选择所导致的误差,该误差在任何数值模拟开始时就出现了。因此,在一些未知的时间尺度上,由于基准盐度守恒方程中忽略了合理的、表现生物地球化学过程对电导率和 $\hat{S}_R$ 影响的非守恒源项，误差会进一步增大。因此，该选择是 3 个选择中最不希望被采纳的选择。注意，因为我们通常采用观测的实用盐度作为绝对盐度来初始化模式，因此，此选择是模式研究中至今仍然采用的方法。

原则上，还存在其他选择组合，如模式采用绝对盐度偏差的演变方程（A. 20. 4）式，但是我们仍在寻求 A. 20. 1 节 ~ A. 20. 3 节描述之外的选择。这里我们不推荐某种选择，因为如果用户遇到了在演变方程中使用绝对盐度偏差的问题，他应该非常小心基于 A. 20. 1 节 ~ A. 20. 3 节的讨论进行选择。

A. 20. 5　关于包含再矿化选择的讨论

如果 r_1 是常数并且加上合适的边界条件，此附录中 A. 20. 1 ~ A. 20. 3 节的每一个结果都能说明了再矿化的非守恒影响。采用 S_* 的好处是它遵循标准守恒变化方程（A. 20. 3），方程右边没有源项。因为 $\hat{S}_*$ 被设计为守恒盐度变量，看起来，它应该是传统的“$S-\theta$图”中盐度变量的最好选择，因此应为 $S_*-\Theta$ 图。类似地，$\hat{S}_*$ 也应该是逆向研究中盐度变量的最好选择。

如果一个海洋模式运行时不支持绝对盐度偏差的演变方程（A. 20. 4），因此也无法包含（A. 20. 6）式或者（A. 20. 7）式中的非守恒源项，这个模式必须求助于只采用一个盐度变量，在模式中这个变量必须被作为守恒变量处理。在这种条件下，我们建议模式的盐度变量应该解释为密度盐度，并同样地初始化。这样，在深层大洋中几十年或更长的时间尺度上热成风方程的误差才会发展得很慢。

应该注意，A. 20. 1 节 ~ A. 20. 3 节所描述的模式结果与今天 δS_R^{dens}（obs）场的计算相关。观测数据库的完善，以及海洋成分随时间变化都会改变 δS_R^{dens}（obs）场。

A. 21　湍流大洋中 S_*，S_A，S_R 和 Θ 的随体导数（The Material Derivatives of S_*，S_A，S_R and Θ in a Turbulent Ocean）

表征盐度 S_* 被设计为守恒变量，它满足瞬时质量守恒方程［根据（A. 8. 1）式］：

$$(\rho S_*)_t + \nabla \cdot (\rho \mathbf{u} S_*) = \rho \frac{\mathrm{d}S_*}{\mathrm{d}t} = -\nabla \cdot \mathbf{F}^S \qquad (A. 21. 1)$$

其中，$\mathbf{F}^S$ 是由几种盐分子通量组成，参见 Landau 和 Lifshitz（1959）论文中的方程（58. 11）。为了完整起见，这里重复连续方程（A. 8. 2）：

$$\rho_t + \nabla \cdot (\rho \mathbf{u}) = 0 \qquad (A. 21. 2)$$

在笛卡尔坐标系内，对这个方程（固定的 x,y,z）进行时间平均，得到

$$\bar{\rho}_t + \nabla \cdot (\overline{\rho \mathbf{u}}) = 0 \qquad (A. 21. 3)$$

对上述方程除以密度常数 ρ_0［采用 1 035 $\mathrm{kg \cdot m^{-3}}$ 这个值，见 Griffies（2004）］，方程变成以下

形式：

$$(\bar{\rho}/\rho_0)_t + \nabla \cdot \bar{\bar{\mathbf{u}}} = 0 \quad 其中, \bar{\bar{\mathbf{u}}} \equiv \overline{\rho\mathbf{u}}/\rho_0 \tag{A.21.4}$$

速度$\bar{\bar{\mathbf{u}}}$正比于单位面积上平均质量通量。

采用相应的方式，对表征盐度的守恒方程（A.21.1）进行平均（McDougall 等，2002），得到：

$$\left(\frac{\bar{\rho}}{\rho_0}\bar{S}^{\rho}_*\right)_t + \nabla \cdot (\bar{S}^{\rho}_*\bar{\bar{\mathbf{u}}}) = \frac{\bar{\rho}}{\rho_0}\frac{\partial \bar{S}^{\rho}_*}{\partial t} + \bar{\bar{\mathbf{u}}} \cdot \nabla \bar{S}^{\rho}_*$$

$$= -\frac{1}{\rho_0}\nabla \cdot \overline{\mathbf{F}^{S}} - \frac{1}{\rho_0}\nabla \cdot (\overline{\rho S''_* \mathbf{u}''}) \tag{A.21.5}$$

这里，对表征盐度进行密度加权平均，即 $\bar{S}^{\rho}_* \equiv \dfrac{\overline{\rho S_*}}{\bar{\rho}}$，加双上撇号的变量是瞬时变量对于密度加权平均后的偏差。因为海洋中湍流通量的量级是分子通量量级的很多倍，所以这里忽略盐分子通量。

（A.21.5）式中的平均过程并没有采用传统的 Boussinisq 近似。上述平均过程可以看做是许多小尺度混合过程在几小时内的平均，但不是中尺度的时间和空间尺度的平均。后面采用中尺度能量涡尺度的平均并不是必须的，这依赖于海洋或海洋模式研究的尺度。GreatBatch 和 McDougall（2003）不采用 Boussinesq 近似，而进行两步平均：第一步是小尺度混合过程（几米）平均；第二步是中尺度（100 m 量级）平均，得到绝对盐度预报方程如下：

$$\left(\frac{\tilde{\rho}}{\rho_0}\hat{S}_*\right)_t\Big|_n + \nabla_n \cdot \left(\frac{\tilde{\rho}}{\rho_0}\hat{S}_*\hat{\mathrm{v}}\right) + \left(\frac{\tilde{\rho}}{\rho_0}\tilde{e}\,\hat{S}_*\right)_z = \frac{\tilde{\rho}}{\rho_0}\frac{\partial \hat{S}_*}{\partial t}\Big|_n + \frac{\tilde{\rho}}{\rho_0}\hat{\mathrm{v}} \cdot \nabla_n \hat{S}_* + \frac{\tilde{\rho}}{\rho_0}\tilde{e}\frac{\partial \hat{S}_*}{\partial z}$$

$$= \frac{1}{h}\nabla_n \cdot (hK\nabla_n \hat{S}_*) + \left(D\frac{\partial \hat{S}_*}{\partial z}\right)_z \tag{A.21.6}$$

这里变量上的尖帽子^（如，$\hat{S}_*$）表示这个变量已经在一对垂直相距很近、距离为 h 的“中性面”之间进行了厚度和密度加权平均，$\hat{v}$是厚度和密度加权的侧向水平速度，e是穿越中性切面速度（穿越中性切面的垂直速度），$\tilde{e}$ 是 e 沿中性面的时间平均值（因此 $\tilde{e}$ 不是厚度加权）。湍流通量采用中性面上散度 K 和穿越中性面（或垂直的）散度 D 两个参数表示。密度值 $\tilde{\rho}$，它是平均高度等于方程计算所采用高度所对应的密度。（A.21.5）式和（A.21.6）式涉及的平均计算非常微小，不是此热力学手册的核心目的。因此根据更标准的 Boussinesq 结果，保留变量上的尖帽子^来提醒读者变量进行了厚度加权平均。

在没有采用 Boussinesq 近似的情况下，导出绝对盐度的演变方程（A.21.6），如果采用这个近似，可以得到简单的公式：

$$\boxed{\frac{\partial \hat{S}_*}{\partial t}\Big|_n + \hat{\mathbf{v}} \cdot \nabla_n \hat{S}_* + \tilde{e}\frac{\partial \hat{S}_*}{\partial z} = \frac{1}{h}\nabla_n \cdot (hK\nabla_n \hat{S}_*) + \left(D\frac{\partial \hat{S}_*}{\partial z}\right)_z} \tag{A.21.7}$$

方程左边是相对于水平速度厚度加权平均值 $\hat{\mathbf{v}}$、密度坐标系下穿越中性面速度的时间平均值 $\tilde{e}$，厚度加权平均后的表征盐度的随体导数。方程右边是表征盐度湍流通量的散度；转换至笛卡尔坐标系，可以看到侧扩散项是通量的散度的事实。在没有简单地把压强作为垂直坐标的 Boussinesq 近似情况下，(A.21.7)式可以导出同样的结果。且现在的模式中通常采用这种近似方式(Bleck，1978；Huang 等，2001；de Szoeke 和 Samelson，2002；Lesch 等，2004 及 Griffies，2004)。

现在，建立绝对盐度 S_A 对应的演变方程。注意在不会与其他绝对盐度，如 S_A^{soln} 和 S_A^{add} 混淆的情况下，S_A 是密度盐度 S_A^{dens} 的通常简易符号，它证明采用符号 S_A 比 S_A^{dens} 更方便，并且采用绝对盐度的描述比密度盐度的描述更简便。

绝对盐度服从如下瞬时演变方程[根据(A.8.1)式]：

$$(\rho S_A)_t + \nabla \cdot (\rho \mathbf{u} S_A) = \rho \frac{dS_A}{dt} = -\nabla \cdot \mathbf{F}^S + \rho \mathcal{S}^{S_A} \tag{A.21.8}$$

附录 A.20 中介绍了源项 $\mathcal{S}^{S_A}$ [见(A.20.6)式]。这个非守恒项是由于生物地球化学过程所导致的，例如，生物的再矿化和微粒溶解到海盐中。对这个方程进行密度加权平均后为：

$$\left(\frac{\bar{\rho}}{\rho_0}\bar{S}_A^{\rho}\right)_t + \nabla \cdot (\bar{S}_A^{\rho}\,\bar{\bar{\mathbf{u}}}) = \frac{\bar{\rho}}{\rho_0}\frac{\partial \bar{S}_A^{\rho}}{\partial t} + \bar{\bar{\mathbf{u}}} \cdot \nabla \bar{S}_A^{\rho}$$
$$= -\frac{1}{\rho_0}\nabla \cdot \overline{\mathbf{F}^S} - \frac{1}{\rho_0}\nabla \cdot (\overline{\rho S_A{''}\mathbf{u}''}) + \frac{\bar{\rho}}{\rho_0}\overline{\mathcal{S}^{S_A}}^{\rho} \tag{A.21.9}$$

此方程与上文中的(A.21.5)式对应。对绝对盐度的预报方程进行中尺度平均，可以得到：

$$\left(\frac{\tilde{\rho}}{\rho_0}\hat{S}_A\right)_t\Big|_n + \nabla_n \cdot \left(\frac{\tilde{\rho}}{\rho_0}\hat{S}_A\,\hat{\mathbf{v}}\right) + \left(\frac{\tilde{\rho}}{\rho_0}\tilde{e}\,\hat{S}_A\right)_z = \frac{\tilde{\rho}}{\rho_0}\frac{\partial \hat{S}_A}{\partial t}\Big|_n + \frac{\tilde{\rho}}{\rho_0}\hat{\mathbf{v}} \cdot \nabla_n \hat{S}_A + \frac{\tilde{\rho}}{\rho_0}\tilde{e}\frac{\partial \hat{S}_A}{\partial z}$$
$$= \frac{1}{h}\nabla_n \cdot (hK\nabla_n \hat{S}_A) + \left(D\frac{\partial \hat{S}_A}{\partial z}\right)_z + \frac{\tilde{\rho}}{\rho_0}\hat{\mathcal{S}}^{S_A} \tag{A.21.10}$$

采用 Boussinesq 近似，方程简化为：

$$\boxed{\frac{\partial \hat{S}_A}{\partial t}\Big|_n + \hat{\mathbf{v}} \cdot \nabla_n \hat{S}_A + \tilde{e}\frac{\partial \hat{S}_A}{\partial z} = \frac{1}{h}\nabla_n \cdot (hK\nabla_n \hat{S}_A) + \left(D\frac{\partial \hat{S}_A}{\partial z}\right)_z + \hat{\mathcal{S}}^{S_A}} \tag{A.21.11}$$

方程的左边是，密度坐标系下厚度加权平均的绝对盐度关于厚度加权平均速度和密度坐标下穿越中性面时间平均速度 $\tilde{e}$ 的随体导数。去掉非守恒项 $\hat{\mathcal{S}}^{S_A}$，方程右边是绝对盐度湍流通量的散度。

对应地，基准盐度湍流变化方程为：

$$\boxed{\frac{\partial \hat{S}_R}{\partial t}\Big|_n + \hat{\mathbf{v}} \cdot \nabla_n \hat{S}_R + \tilde{e}\frac{\partial \hat{S}_R}{\partial z} = \frac{1}{h}\nabla_n \cdot (hK\nabla_n \hat{S}_R) + \left(D\frac{\partial \hat{S}_R}{\partial z}\right)_z + \frac{r_1}{1+r_1}\hat{\mathcal{S}}^{S_A}} \tag{A.21.12}$$

附录 A.20 中的(A.20.3)式将证明这里的非守恒项。如附录 A.4 和附录 A.20 中的讨论,基于对海水成分对电导率影响的基本知识,我们推荐 r_1 作为常数,值为 $r_1 = 0.35$。生物地球化学过程对于基准盐度的影响是其对密度盐度影响的 0.26($\approx 0.35/1.35$)倍。

我们考虑湍流大洋中保守温度的随体导数,根据(A.13.5)式和(A.21.8)式,在没有近似的情况下,Θ 的瞬时随体导数为:

$$\rho c_p^0 \frac{\mathrm{d}\Theta}{\mathrm{d}t} = \frac{(T_0+\theta)}{(T_0+t)}(-\nabla\cdot\mathbf{F}^{\mathrm{R}} - \nabla\cdot\mathbf{F}^{\mathrm{Q}} + \rho\varepsilon + h_{S_{\mathrm{A}}}\rho\mathcal{S}^{S_{\mathrm{A}}}) - \left[\frac{(T_0+\theta)}{(T_0+t)}\mu(p) - \mu(0)\right](-\nabla\cdot\mathbf{F}^{\mathrm{S}} + \rho\mathcal{S}^{S_{\mathrm{A}}}) \qquad (\mathrm{A.21.13})$$

事实上,(A.21.13)式右边不是通量的散度则意味着 Θ 不是一个 100% 守恒的变量。但是,附录 A.18 对两个海水团混合过程的精确量级分析表明,(A.21.13)式右边的分子热通量散度 $-\nabla\cdot\mathbf{F}^{\mathrm{Q}}$ 和盐分子通量散度 $-\nabla\cdot\mathbf{F}^{\mathrm{S}}$ 的非恒定系数,导致保守温度的误差仅为1.2 mK(见图 A.18.1),因此,于实际工作无关紧要。(A.21.13)式右边非理想项并不比耗散项 $\rho\varepsilon$ 大,该项可以在海洋学中忽略(McDougall,2003)。附录 A.18 中在海水团混合中忽略的源项 $\rho\mathcal{S}^{S_{\mathrm{A}}}$ 对于(A.21.13)式的贡献也可以忽略。

温度为 10℃时,(A.21.13)式中焓对于绝对盐度的偏导数 $h_{S_{\mathrm{A}}}$ 约为 $-65\ \mathrm{J \cdot g^{-1}}$[即 $-65\ \mathrm{J \cdot kg^{-1}(g \cdot kg^{-1})^{-1}}$]。该值可以从图 A.17.1 导出,也可以从和 Feistel(2003)的图 30(c)和表 12 导出,尽管海水的 Gibbs 函数先出现于 Feistel(2008)和 IAPWS(2008)中 TEOS-10 盐的 Gibbs 函数。从北大西洋到北太平洋源项 $\rho\mathcal{S}^{S_{\mathrm{A}}}$ 的空间积分足以导致绝对盐度变化 0.025 $\mathrm{g \cdot kg^{-1}}$,所以,(A.21.13)式的源项 $h_{S_{\mathrm{A}}}\rho\mathcal{S}^{S_{\mathrm{A}}}(T_0+\theta)/(T_0+t)$ 对于 Θ 误差的最大贡献,在对整个大洋进行积分时,近似为 $(c_p^0)^{-1}(65\ \mathrm{J \cdot g^{-1}})(0.025\ \mathrm{g \cdot kg^{-1}}) \approx 0.4\ \mathrm{mK}$。(A.21.13)式中 $\rho\mathcal{S}^{S_{\mathrm{A}}}$ 的其他项乘以方括号中的表达式,该表达式源自 McDougall(2003)论文中(27)式,等于 $(T_0+\theta)/(T_0+t)$ 乘以 $-p\beta^{\Theta}\rho^{-1}$,因此方括号中表达式在压强 p 为 4 000 Pa 时近似为 $30\ \mathrm{J \cdot g^{-1}}$[即 $30\ \mathrm{J \cdot kg^{-1}(g \cdot kg^{-1})^{-1}}$],这一项的贡献小于第一行 $\rho\mathcal{S}^{S_{\mathrm{A}}}$ 项贡献的一半。这证实了热力学第一定律中两个 $\rho\mathcal{S}^{S_{\mathrm{A}}}$ 项的影响小于(A.21.13)式中分子通量散度的非理想特性和这个方程中机械能的耗散。

因此,在可忽略误差的情况下,(A.21.13)式的右边可以看做是理想的热分子通量 $\nabla\cdot\mathbf{F}^{\mathrm{Q}}$ 和由侧向和辐射导致的热通量 $-(T_0+\theta)\nabla\cdot\mathbf{F}^{\mathrm{R}}/(T_0+t)$ 的和。在海表面位温 θ 和实测温度 t 相等,这一项可简化为 $-\nabla\cdot\mathbf{F}^{\mathrm{R}}$,因此把海—气感应、边界与辐射热通量看做 $c_p^0\Theta$ 通量是不需要近似的。问题是在海底,海底的边界热通量(地热通量)是通过比热容 $(T_0+t)c_p^0/(T_0+\theta)$,而不是单纯的 c_p^0 影响保守温度 Θ。即,当一定数量的地热输入时会引起 Θ 的局地变化,如同海水的比热容是 $(T_0+t)c_p^0/(T_0+\theta)$ 而不是 c_p^0 一样。这两个比热容在压强为 4 000 dbar 时差异不会超过 0.15%。如果觉得在有效的"比热容"(specific heat capacity)中如此小比例的变化也很重要,可以人为地乘以海底的地热通量 $(T_0+\theta)c_p^0/(T_0+t)$。

如果认为把保守温度当做守恒参数足够精确，则保守温度瞬时守恒方程为：

$$c_p^0(\rho\Theta)_t + c_p^0\nabla\cdot(\rho\Theta\mathbf{u}) = \rho c_p^0\frac{\mathrm{d}\Theta}{\mathrm{d}t} = -\nabla\cdot\mathbf{F}^{\mathrm{R}} - \nabla\cdot\mathbf{F}^{\mathrm{Q}} \qquad (\mathrm{A.21.14})$$

现在，我们进行与上述表征盐度相同的两步平均程序。中尺度平均方程的 Boussinesq 形式为［类似（A.21.7）式］：

$$\left.\frac{\partial\hat{\Theta}}{\partial t}\right|_n + \hat{\mathbf{v}}\cdot\nabla_n\hat{\Theta} + \tilde{e}\frac{\partial\hat{\Theta}}{\partial z} = \frac{1}{h}\nabla_n\cdot(hK\nabla_n\hat{\Theta}) + (D\hat{\Theta}_z - F^{\mathrm{bound}})_z \qquad (\mathrm{A.21.15})$$

较之保守温度的湍流，表征盐度方程忽略了热分子通量。（A.21.15）式垂直热通量 F^{bound} 保留的海—气感热和潜热通量、辐射热通量和地热通量是这些边界热通量之和除以 $\rho_o c_p^0$。任意守恒变量 C，遵循如同（A.21.7）式和（A.21.15）式形式的守恒方程，只是在这些方程中把 $\hat{S}_*$ 和 $\hat{\Theta}$ 简单地替换为 $\hat{C}$，当然边界通量是变量 C 的边界通量。

目前还没有彻底地调查在海洋模式中把位温看做守恒变量所导致的误差，但是 McDougall（2003）和 Tailleux（2010）已经开始了这个课题的研究。McDougall（2003）发现 θ 的典型误差为 ±0.1℃，而在隔离区域如亚马孙河入海区域，误差可以达到 1.4℃。对应的经向热通量可以达到 0.005PW（或相对误差为 0.4%）。在海洋模式中采用保守温度则可以把误差降低两个量级。

表征盐度的变化方程（A.21.7）式和保守温度的变化方程（A.21.15）式是这些变量在海洋模式中的基础守恒方程。海洋模式中的重要问题是如何把 $\hat{\mathbf{v}}$ 与欧拉平均水平速度 $\bar{\mathbf{v}}$ 建立起联系。这个研究涉及时间残余平均（temporal - residual - means）理论和准 Stokes 流函数［Gent 和 McWillianms（1990），Gent 等（1995）、MCDougall 和 McIntosh（2001）及 Griffies（2004）］。这里不再讨论这个问题。但是足以说明在笛卡尔坐标系下，平均平流可以表示为：

$$\frac{\mathrm{d}\hat{\Theta}}{\mathrm{d}t} = \hat{\Theta}_t|_z + \hat{\mathbf{v}}\cdot\nabla_z\hat{\Theta} + w^*\hat{\Theta}_z = \frac{1}{h}\nabla_n\cdot(hK\nabla_n\hat{\Theta}) + (D\hat{\Theta}_z - F^{\mathrm{bound}})_z \qquad (\mathrm{A.21.16})$$

其中，垂直速度 w^* 与 $\tilde{e}$ 的关联公式为：

$$w^* = z_t|_n + \hat{\mathbf{v}}\cdot\nabla_n z + \tilde{e} \qquad (\mathrm{A.21.17})$$

A.22　密度和局地基准位势密度的随体导数；穿越中性面的速度 $\tilde{e}$（The material derivatives of density and of locally - referenced potential density; the dianuetral velocity $\tilde{e}$）

效仿中尺度厚度加权平均的平均流，取密度为保守温度的函数［即 $\rho = \hat{\rho}(S_{\mathrm{A}},\Theta,p)$］，并计算密度的自然对数的随体导数，我们得到：

$$\hat{\rho}^{-1}\frac{\mathrm{d}\hat{\rho}}{\mathrm{d}t}=\beta^{\Theta}\frac{\mathrm{d}\hat{S}_{\mathrm{A}}}{\mathrm{d}t}-\alpha^{\Theta}\frac{d\hat{\Theta}}{\mathrm{d}t}+\kappa\frac{\mathrm{d}p}{\mathrm{d}t} \tag{A.22.1}$$

其中，$\hat{\rho}$ 是密度的加权平均。可以对实测密度进行同样的随体导数计算，(A.22.1)式的最后一项是等熵压缩率(isentropic compressibility) κ 与压强随体导数的乘积，但是更实质和更令人感兴趣的是局地基准位势密度(locally - referenced potential density) $\hat{\rho}^{l}$ 的对数，因为这个变量在中性切面上局地恒定。$\hat{\rho}^{l}$ 的随体导数为：

$$\hat{\rho}^{-1}\frac{\mathrm{d}\hat{\rho}^{l}}{\mathrm{d}t}=\hat{\rho}^{-1}\frac{\mathrm{d}\hat{\rho}}{\mathrm{d}t}-\kappa\frac{\mathrm{d}p}{\mathrm{d}t}=\beta^{\Theta}\frac{\mathrm{d}\hat{S}_{\mathrm{A}}}{\mathrm{d}t}-\alpha^{\Theta}\frac{\mathrm{d}\hat{\Theta}}{\mathrm{d}t} \tag{A.22.2}$$

将上文中(A.21.11)式和(A.21.15)式代入上式，注意沿着中性切面 $\hat{\rho}^{l}$ 的时间梯度和侧向梯度($\alpha^{\Theta}\nabla_{n}\hat{\Theta}-\beta^{\Theta}\nabla_{n}\hat{S}_{\mathrm{A}}=0$ 和 $\alpha^{\Theta}\hat{\Theta}_{t}|_{n}-\beta^{\Theta}\hat{S}_{\mathrm{A}_{t}}|_{n}=0$)均消失了，$\hat{\rho}^{l}$ 的随体导数相当于下面方程中穿越中性切面的速度 $\tilde{e}$(注意，对于临近海表面的流体中应该包括边界热通量 $\mathbf{F}^{\mathrm{bound}}$)。

$$\begin{aligned}\tilde{e}(\alpha^{\Theta}\hat{\Theta}_{z}-\beta^{\Theta}\hat{S}_{\mathrm{A}_{z}}) &= \alpha^{\Theta}h^{-1}\nabla_{n}\cdot(hK\nabla_{n}\hat{\Theta})-\beta^{\Theta}h^{-1}\nabla_{n}\cdot(hK\nabla_{n}\hat{S}_{\mathrm{A}}) \\ &\quad+\alpha^{\Theta}(D\hat{\Theta}_{z})_{z}-\beta^{\Theta}(D\hat{S}_{\mathrm{A}_{z}})_{z}-\beta^{\Theta}\hat{\mathcal{S}}^{S_{\mathrm{A}}}\end{aligned} \tag{A.22.3}$$

当状态方程是线性的时候，方程左边等于 $\tilde{e}g^{-1}N^{2}$ 而方程右边的前两项等于零。对于穿越给定经纬度上中性切面的时间平均垂直速度，这个方程可以写作(根据 McDougall, 1987b)，参见 C_{b}^{Θ} 和 T_{b}^{Θ} 的定义方程(3.8.2)和方程(3.9.2)：

$$\boxed{\begin{aligned}\tilde{e}g^{-1}N^{2} &= -K(C_{b}^{\Theta}\nabla_{n}\hat{\Theta}\cdot\nabla_{n}\hat{\Theta}+T_{b}^{\Theta}\nabla_{n}\hat{\Theta}\cdot\nabla_{n}p) \\ &\quad+\alpha^{\Theta}(D\hat{\Theta}_{z})_{z}-\beta^{\Theta}(D\hat{S}_{\mathrm{A}_{z}})_{z}-\beta^{\Theta}\hat{\mathcal{S}}^{S_{\mathrm{A}}}\end{aligned}} \tag{A.22.4}$$

混合增密非线性项(C_{b}^{Θ} 项)总是引起“密度增加效应”，即，它总是导致一个负的穿越中性切面的速度 $\tilde{e}$，而非线性热压项(T_{b}^{Θ} 项)可能导致穿越密度面的上升流和下降流。

对附录 A.22 进行总结，我们发现在调整动力被动可压缩项时，实测密度的随体导数方程(A.22.1)变成了局地基准密度的随体导数方程(A.22.2)，可以利用关于 $\tilde{e}$(穿越局地中性切面的垂直速度的时间平均值)的(A.22.4)式进行解释。穿越中性切面的速度 $\tilde{e}$ 不是一个独立的混合过程，而是以下混合过程的直接结果：①采用扩散率 D 参数化的小尺度湍流混合；②沿着中性切面的热量和盐度的侧向混合(采用侧向湍流扩散率 K 参数化)，与状态方程中混合增密和热压非线性效应的共同作用。注意，守恒方程(A.21.11)式和(A.21.15)式，以及穿越中性切面速度的平均方程中，都忽略了一个普遍的混合机制：双扩散对流(源于两个特性：一个盐指类型和一个“扩散”类型的双扩散对流)。然而，在这些守恒方程中[见 McDougall (1994, 1997b)]包含这些过程是大势所趋。

A.23 水团转换方程(The water-mass transformation equation)

把 $\tilde{e}$ 的(A.22.4)式代入 $\hat{\Theta}$ 的随体导数(A.21.15)式中,消去 $\tilde{e}$,得到 $\hat{\Theta}$ 沿着中性切面的时空变化方程(McDougall,1984)如下:

$$\left.\frac{\partial\hat{\Theta}}{\partial t}\right|_n + \hat{\mathrm{v}}\cdot\nabla_n\hat{\Theta} = \frac{1}{h}\nabla_n(hK\nabla_n\hat{\Theta}) + KgN^{-2}\hat{\Theta}_z(C_b^{\Theta}\nabla_n\hat{\Theta}\cdot\nabla_n\hat{\Theta} + T_b^{\Theta}\nabla_n\hat{\Theta}\cdot\nabla_n p) + D\beta^{\Theta}gN^{-2}\hat{\Theta}_z^3\frac{\mathrm{d}^2\hat{S}_A}{\mathrm{d}\hat{\Theta}^2} + \frac{\beta^{\Theta}}{\alpha^{\Theta}}\frac{R_\rho}{(R_\rho-1)}\hat{\mathcal{S}}^{S_A} \tag{A.23.1}$$

其中,R_ρ 是水体的稳定度 $R_\rho = \alpha^{\Theta}\hat{\Theta}_z/\beta^{\Theta}\hat{S}$。包含 D 的数据项已经被表示为正比于一个垂向曲线的 $\hat{S}_A-\hat{\Theta}$ 图表的曲率的数据项;该项还可以写成 $D\beta^{\Theta}gN^{-2}(\hat{\Theta}_z\hat{S}_{A_{zz}} - \hat{S}_{A_z}\hat{\Theta}_{zz})$。(A.23.1)式的形式表明在密度坐标系中分析时,保守温度(和绝对盐度)①不仅受沿密度面的边界扩散过程影响,而且受非线性平流过程、混合增密和热压效应的影响;②受穿越等密面的湍流混合过程影响,仅当垂向 $\hat{S}_A-\hat{\Theta}$ 曲线局地弯曲的情况下适用;③不被 D 的垂直变化所影响,因为方程中没有出现 D_z。

(A.21.11)式和(A.21.15)式不是湍流大洋中盐度和保守温度的基本守恒方程,(A.22.4)式和(A.23.1)式由(A.21.11)式和(A.21.15)式的线性组合简单导出。"密度"守恒方程(A.22.4)和"水团变形方程"(A.23.1)在某种意义上是方程(A.21.11)和方程(A.21.15)的"常规模式"(normal modes)。即(A.22.4)式表示混合过程对穿越中性切面的平均垂直速度 $\tilde{e}$ 的贡献,而(A.23.1)式表示被称作"沿中性方向测量的保守温度"的示踪量是如何被混合过程影响的;这个方程不包含 $\tilde{e}$。

为了完整起见,与(A.23.1)式对应的绝对盐度的水团守恒方程为:

$$\left.\frac{\partial\hat{S}_A}{\partial t}\right|_n + \hat{\mathbf{v}}\cdot\nabla_n\hat{S}_A = \frac{1}{h}\nabla_n(hK\nabla_n\hat{S}_{A_z}) + KgN^{-2}\hat{S}_A(C_b^{\Theta}\nabla_n\hat{\Theta}\cdot\nabla_n\hat{\Theta} + T_b^{\Theta}\nabla_n\hat{\Theta}\cdot\nabla_n p) + D\alpha^{\Theta}gN^{-2}\hat{\Theta}_z^3\frac{\mathrm{d}^2\hat{S}_A}{\mathrm{d}\hat{\Theta}^2} + \frac{R_\rho}{(R_\rho-1)}\hat{\mathcal{S}}^{S_A} \tag{A.23.2}$$

它表明 α^{Θ} 乘以(A.23.1)式的右边等于 β^{Θ} 乘以(A.23.2)式的右边。

为了构建守恒示踪量 C 的水团变形方程,利用(A.22.4)式,去除 $\hat{C}$ 的守恒方程(A.24.1)中穿越中性切面速度 $\tilde{e}$ 的平均值,得到(McDougall,1984):

$$\left.\frac{\partial \hat{C}}{\partial t}\right|_n + \hat{\mathbf{v}} \cdot \nabla_n \hat{C} = \frac{1}{h}\nabla_n (hK\nabla_n \hat{C}) + KgN^{-2}\hat{C}_z (C_b^{\Theta} \nabla_n \hat{\Theta} \cdot \nabla_n \hat{\Theta} + T_b^{\Theta} \nabla_n \hat{\Theta} \cdot \nabla_n p)$$

$$+ D(\hat{S}_{A_z})^2 \frac{d^2 \hat{C}}{d\hat{S}_A^2} + \frac{\hat{C}_z}{\hat{S}_{A_z}} D\alpha^{\Theta} gN^{-2} \hat{\Theta}_z^3 \frac{d^2 \hat{S}_A}{d\hat{\Theta}^2} + \hat{C}_z gN^{-2} \beta^{\Theta} \mathcal{S}^{S_A} \quad (A.23.3)$$

此方程表明，垂直湍流混合过程按照垂向曲线的曲率，如同 $\hat{S}_A - \hat{C}$ 和 $\hat{S}_A - \hat{\Theta}$ 两个曲线上显示的那样，影响中性切面上的示踪量。(A. 23. 3)式中涉及 D 的数据项可以写成如下形式：

$$D(\hat{S}_{A_z})^2 \frac{d^2 \hat{C}}{d\hat{S}_A^2} + \frac{\hat{C}_z}{\hat{S}_{A_z}} D\alpha^{\Theta} gN^{-2} \hat{\Theta}_z^3 \frac{d^2 \hat{S}_A}{d\hat{\Theta}^2} =$$

$$D(\hat{S}_{A_z}\hat{C}_{zz} - \hat{S}_{A_{zz}}\hat{C}_z)/\hat{S}_{A_z} + D\hat{C}_z \alpha^{\Theta} gN^{-2} (\hat{\Theta}_z \hat{S}_{A_{zz}} - \hat{S}_{A_z}\hat{\Theta}_{zz})/\hat{S}_{A_z} \quad (A.23.4)$$

A. 24 位势密度坐标系下的守恒方程(Conservation equstions written in potential coordinates)

在笛卡尔基准框架、中性切面或者位势密度基准框架下，都可以得到物理量 C 的随体导数的表达式，因此，一个保守变量的守恒方程可以写成[见(A. 21. 16)式]：

$$\left.\frac{\partial \hat{C}}{\partial t}\right|_z + \hat{\mathbf{v}} \cdot \nabla_z \hat{C} + w^* \frac{\partial \hat{C}}{\partial z} = \left.\frac{\partial \hat{C}}{\partial t}\right|_n + \hat{\mathbf{v}} \cdot \nabla_n \hat{C} + \tilde{e}\hat{C}_z = \left.\frac{\partial \hat{C}}{\partial t}\right|_{\sigma} + \hat{\mathrm{v}} \cdot \nabla_{\sigma} \hat{C} + \tilde{e}^d \hat{C}_z$$

$$= \frac{1}{h}\nabla_n \cdot (hK\nabla_n \hat{C}) + (D\hat{C}_z)_z \quad (A.24.1)$$

其中，$\tilde{e}^d$ 是穿越位势密度面的总输运速度的垂直分量。在(A. 24. 1)式的最后一行需要加上附加项 $-F_z^{\text{bound}}$，该项是穿越海洋边界(如海面)的 C 的任意通量。注意，侧向扩散是沿着中性切面的。本节我们考虑，如果侧向混合项被看做沿着位势密度面的扩散，哪些数据项将被忽略。

位势密度面上，绝对盐度和保守温度的时间梯度和侧向梯度的关系为

$$a^{\Theta}(p_r)\hat{\Theta}_t|_{\sigma} - \beta^{\Theta}(p_r)\hat{S}_{A_t}|_{\sigma} = 0 \text{ 和 } a^{\Theta}(p_r)\nabla_{\sigma}\hat{\Theta} - \beta^{\Theta}(p_r)\nabla_{\sigma}\hat{S}_A = 0 \quad (A.24.2)$$

其中，$a^{\Theta}(p_r)$ 和 $\beta^{\Theta}(p_r)$ 分别是 $a^{\Theta}(\hat{S}_A, \hat{\Theta}, p_r)$ 和 $\beta^{\Theta}(\hat{S}_A, \hat{\Theta}, p_r)$ 的缩写。p_r 是位势密度的基准压强。利用(3. 17. 1)式至(3. 17. 5)式，把位势密度面上的属性梯度与中性切面上属性梯度关联起来，可以导出保守温度的守恒方程(A. 21. 15)的如下形式：

$$\left.\frac{\partial \hat{\Theta}}{\partial t}\right|_{\sigma} + \hat{\mathbf{v}} \cdot \nabla_{\sigma} \hat{\Theta} + \tilde{e}^d \frac{\partial \hat{\Theta}}{\partial z} = \frac{1}{h^{\sigma}}\nabla_{\sigma} \cdot (h^{\sigma}K\nabla_{\sigma}\hat{\Theta}) + (D\hat{\Theta}_z)_z$$

$$-\frac{1}{h}\nabla_n \cdot ([G^{\Theta} - 1]hK\nabla_n \hat{\Theta}) - \left(G^{\Theta}[G^{\Theta} - 1]K \frac{\nabla_n \hat{\Theta} \cdot \nabla_n \hat{\Theta}}{\hat{\Theta}_z}\right)_z \quad (A.24.3)$$

其中,“等密温度梯度比率”(“isopycnal temperature gradient ratio”)G^{Θ} 定义为[根据(3.17.4)式] $G^{\Theta} = r[R_{\rho} - 1]/[R_{\rho} - r]$,以及 r 在(3.17.2)式中定义为实测压强 p 下 $\alpha^{\Theta}/\beta^{\Theta}$ 与基准压强 p_{r} 下 $\alpha^{\Theta}/\beta^{\Theta}$ 的比值。绝对盐度的对应方程为:

$$\left.\frac{\partial \hat{S}_{\mathrm{A}}}{\partial t}\right|_{\sigma} + \hat{\mathbf{v}} \cdot \nabla_{\sigma} \hat{S}_{\mathrm{A}} + \tilde{e}^{d} \frac{\partial \hat{S}_{\mathrm{A}}}{\partial z} = \frac{1}{h^{\sigma}} \nabla_{\sigma} \cdot (h^{\sigma} K \nabla_{\sigma} \hat{S}_{\mathrm{A}}) + (D \hat{S}_{\mathrm{A}_z})_z + \hat{\mathcal{S}}^{S_{\mathrm{A}}}$$

$$- \frac{1}{h} \nabla_{n} \cdot \left(\left[\frac{G^{\Theta}}{r} - 1\right] h K \nabla_{n} \hat{S}_{\mathrm{A}}\right) - \left(\frac{G^{\Theta}}{r}[G^{\Theta} - 1] K \frac{\nabla_{n} \hat{\Theta} \cdot \nabla_{n} \hat{S}_{\mathrm{A}}}{\hat{\Theta}_z}\right)_z \qquad (\mathrm{A}.24.4)$$

因为(A.24.3)式和(A.24.4)式的第一行把侧向扩散表示为沿着位势密度面发生而不是沿着中性切面,导致了这些方程中第二行的出现。

(A.24.4)式乘以 $\beta^{\Theta}(p_{\mathrm{r}})$,再减去 $\alpha^{\Theta}(p_{\mathrm{r}})$ 乘以(A.24.4)式,可以得到穿过密度面速度 $\tilde{e}^{\mathrm{d}}$ 的对应公式(根据 McDougall,1991):

$$\tilde{e}^{d} \frac{1}{\hat{\rho}_{\Theta}} \frac{\partial \hat{\rho}_{\Theta}}{\partial z} = \beta^{\Theta}(p_{\mathrm{r}}) \frac{1}{h^{\sigma}} \nabla_{\sigma} \cdot (h^{\sigma} K \nabla_{\sigma} \hat{S}_{\mathrm{A}}) - \alpha^{\Theta}(p_{\mathrm{r}}) \frac{1}{h^{\sigma}} \nabla_{\sigma} \cdot (h^{\sigma} K \nabla_{\sigma} \hat{\Theta})$$

$$+ \beta^{\Theta}(p_{\mathrm{r}})(D \hat{S}_{\mathrm{A}_z})_z - \alpha^{\Theta}(p_{\mathrm{r}})(D \hat{\Theta}_z)_z + \beta^{\Theta}(p_{\mathrm{r}}) \hat{\mathcal{S}}^{S_{\mathrm{A}}}$$

$$+ \alpha^{\Theta}(p_{\mathrm{r}})(r - 1) \frac{1}{h} \nabla_{n} \cdot (h K \nabla_{n} \hat{\Theta}) + \alpha^{\Theta}(p_{\mathrm{r}}) \frac{G^{\Theta}}{r} K \nabla_{n} r \cdot \nabla_{n} \hat{\Theta}$$

$$- \beta^{\Theta}(p_{\mathrm{r}}) \left(\frac{\alpha^{\Theta}(p_{\mathrm{r}})}{\beta^{\Theta}(p_{\mathrm{r}})}\right)_z G^{\Theta}[G^{\Theta} - 1] K \frac{\nabla_{n} \hat{\Theta} \cdot \nabla_{n} \hat{\Theta}}{\hat{\Theta}_z}$$

$$- \frac{\beta^{\Theta}(p_{\mathrm{r}})}{\beta^{\Theta}(p)} \left[\frac{G^{\Theta}}{r} - 1\right] K (C_b^{\Theta} \nabla_{n} \hat{\Theta} \cdot \nabla_{n} \hat{\Theta} + T_b^{\Theta} \nabla_{n} \hat{\Theta} \cdot \nabla_{n} p) \qquad (\mathrm{A}.24.5)$$

因为这个方程的第一行把侧向扩散写作沿着位势密度面而不是沿着中性切面,导致了这个方程最后三行所有项的出现。即使在基准压强面上 $G^{\Theta} = r = 1$,这些项也不能减少至0,但是会减少至 $T_b^{\Theta} K \nabla_{n} \hat{\Theta} \cdot \nabla_{n} p$,以此表明热压效应仍存在。

总之,本节中保守温度、绝对盐度和位势密度随体导数的表达形式,使读者可以识别很多被忽略、令人厌烦的数据项,这些数据项在假设海水侧向扩散沿着位势密度面而不是沿着中性切面情况下可以忽略。顺便说一下,(A.24.5)式右边第一行可以写作[下文中(A.27.2)式的最后一行] $C_b^{\Theta}(p_{\mathrm{r}}) K \nabla_{\sigma} \hat{\Theta} \cdot \nabla_{\sigma} \hat{\Theta}$。

A.25 穿越常规面的垂直速度(The vertical velocity through a general surface)

考虑一个常规面,用“a”标识。例如,它可以代表“近似中性面”。对于这个常规的“a”坐标系,守恒方程(A.21.11)式和(A.21.15)式左边的绝对盐度和保守温度的随体导数可以写作：

$$\left.\frac{\partial\hat{S}_A}{\partial t}\right|_a + \hat{\mathbf{v}}\cdot\nabla_a\hat{S}_A + \tilde{e}^a\frac{\partial\hat{S}_A}{\partial z} = \frac{1}{h}\nabla_n\cdot(hK\nabla_n\hat{S}_A) + \left(D\frac{\partial\hat{S}_A}{\partial t}\right)_z + \hat{\mathcal{S}}^{S_A} \quad (\text{A.25.1})$$

和

$$\left.\frac{\partial\hat{\Theta}}{\partial t}\right|_a + \hat{\mathbf{v}}\cdot\nabla_a\hat{\Theta} + \tilde{e}^a\frac{\partial\hat{\Theta}}{\partial z} = \frac{1}{h}\nabla_n\cdot(hK\nabla_n\hat{\Theta}) + (D\hat{\Theta}_z)_z \quad (\text{A.25.2})$$

这两个方程交叉乘以$\beta^\Theta = \beta^\Theta(\hat{S}_A,\hat{\Theta},p_r)$和$\alpha^\Theta = \alpha^\Theta(\hat{S}_A,\hat{\Theta},p_r)$，然后相减，可以得到穿越近似中性面的垂直速度：

$$\begin{aligned}\tilde{e}^a = & -gN^{-2}K(C_b^\Theta\nabla_n\hat{\Theta}\cdot\nabla_n\hat{\Theta} + T_b^\Theta\nabla_n\hat{\Theta}\cdot\nabla_n p)\\ & + gN^{-2}[\alpha^\Theta(D\hat{\Theta}_z)_z - \beta^\Theta(D\hat{S}_{A_z})_z] - gN^{-2}\beta^\Theta\hat{\mathcal{S}}^{S_A}\\ & + gN^{-2}\hat{\mathbf{v}}\cdot[\beta^\Theta\nabla_a\hat{S}_A - \alpha^\Theta\nabla_a\hat{\Theta}] + gN^{-2}\left[\beta^\Theta\left.\frac{\partial\hat{S}_A}{\partial t}\right|_a - \alpha^\Theta\left.\frac{\partial\hat{\Theta}}{\partial t}\right|_a\right]\end{aligned} \quad (\text{A.25.3})$$

此方程第三行中的数据项表示“a”坐标系相对于中性的偏离，并且这些项可以表示为[根据Klocker和McDougall(2010a)和(3.14.1)式，并假设该面并非垂向方向]：

$$gN^{-2}\hat{\mathbf{v}}\cdot[\beta^\Theta\nabla_a\hat{S}_A - \alpha^\Theta\nabla_a\hat{\Theta}] = -\hat{\mathbf{v}}\cdot\frac{\nabla_a\hat{\rho}^l}{\hat{\rho}_z^l} = \hat{\mathbf{v}}\cdot(\nabla_n z - \nabla_a z) = \hat{\mathbf{v}}\cdot\mathbf{s} \quad (\text{A.25.4})$$

$$gN^{-2}\left[\beta^\Theta\left.\frac{\partial\hat{S}_A}{\partial t}\right|_a - \alpha^\Theta\left.\frac{\partial\hat{\Theta}}{\partial t}\right|_a\right] = -\frac{\hat{\rho}_t^l|_a}{\hat{\rho}_z^l} = z_t|_n - z_t|_a \quad (\text{A.25.5})$$

其中，$\hat{\rho}^l$是(厚度加权)局地基准位势密度。

把以上结果与(A.22.4)式联合，可以得到一个相当简单的动力结果：

$$\tilde{e}^a = \tilde{e} + \hat{\mathbf{v}}\cdot\mathbf{s} + z_t|_n - z_t|_a \quad (\text{A.25.6})$$

这表明穿越常规“a”面的垂直速度$\tilde{e}^a$，是穿越中性切面速度$\tilde{e}$加上“a”面与中性切面在空间上的斜率差异$\hat{\mathbf{v}}\cdot\mathbf{s}$，再加上“$a$”面垂直方向(经纬度不变)随时间移动速率与中性切面移动速率的差异$z_t|_n - z_t|_a$。

A.26 位势密度的随体导数(The material derivative of potential density)

位势密度自然对数的随体导数等于$\beta^\Theta(p_r)$乘以绝对盐度的随体导数方程(A.21.11)减去$\alpha^\Theta(p_r)$乘以保守温度的随体导数方程(A.21.15)。利用绝对盐度和保守温度在位势密度上梯度之间的关系式(A.24.2)，以及在位势密度表面上位势密度的随体导数，可以发现时间与等密梯度项已经消掉，只留下穿越密度面速度平均值$\tilde{e}^d$，见下式：

$$\tilde{e}^{\mathrm{d}} \frac{1}{\hat{\rho}^{\Theta}} \frac{\partial \hat{\rho}^{\Theta}}{\partial z} = \beta^{\Theta}(p_{\mathrm{r}}) \frac{1}{h} \nabla_{n} \cdot (hK \nabla_{n} \hat{S}_{\mathrm{A}}) - \alpha^{\Theta}(p_{\mathrm{r}}) \frac{1}{h} \nabla_{n} \cdot (hK \nabla_{n} \hat{\Theta})$$

$$+ \beta^{\Theta}(p_{\mathrm{r}})(D\hat{S}_{\mathrm{A}_z})_z - \alpha^{\Theta}(p_{\mathrm{r}})(D\hat{\Theta}_z)_z + \beta^{\Theta}(p_{\mathrm{r}}) \hat{\mathcal{S}}^{S_{\mathrm{A}}} \quad (\mathrm{A.26.1})$$

上式利用了位势密度垂直梯度的精确表达式：

$$\frac{1}{\hat{\rho}^{\Theta}} \frac{\partial \hat{\rho}^{\Theta}}{\partial z} = \beta^{\Theta}(p_{\mathrm{r}}) \hat{S}_{\mathrm{A}_z} - \alpha^{\Theta}(p_{\mathrm{r}}) \hat{\Theta}_z \quad (\mathrm{A.26.2})$$

(A.26.1)式可以表示为包含更多信息的形式：

$$\tilde{e}^{d} \frac{1}{\hat{\rho}^{\Theta}} \frac{\partial \hat{\rho}^{\Theta}}{\partial z} = \left(\frac{D}{\hat{\rho}^{\Theta}} \frac{\partial \hat{\rho}^{\Theta}}{\partial z} \right)_z + \beta^{\Theta}(p_{\mathrm{r}}) \hat{\mathcal{S}}^{S_{\mathrm{A}}}$$

$$+ D\{a^{\Theta}_{\Theta}(p_{\mathrm{r}}) \hat{\Theta}_z^2 + 2a^{\Theta}_{S_{\mathrm{A}}}(p_{\mathrm{r}}) \hat{\Theta}_z \hat{S}_{\mathrm{A}_z} - \beta^{\Theta}_{S_{\mathrm{A}}}(p_{\mathrm{r}}) \hat{S}^2_{\mathrm{A}_z}\}$$

$$+ \alpha^{\Theta}(p_{\mathrm{r}})[r-1] \frac{1}{h} \nabla_{n} \cdot (hK \nabla_{N} \hat{\Theta})$$

$$+ \frac{\beta^{\Theta}(p_{\mathrm{r}})}{\beta^{\Theta}(p)} K(C^{\Theta}_{b} \nabla_{n} \hat{\Theta} \cdot \nabla_{n} \hat{\Theta} + T^{\Theta}_{b} \nabla_{n} \hat{\Theta} \cdot \nabla_{n} p) \quad (\mathrm{A.26.3})$$

其中，r 由(3.17.2)式定义为实测压强 p 上的 $\alpha^{\Theta}/\beta^{\Theta}$ 与基准压强 p_{r} 上的 $\alpha^{\Theta}/\beta^{\Theta}$ 的比值。如果状态方程是线性的，(A.26.3)式右边只留下第一项。

A.27 (在没有旋转混合张量情况下)分层海洋模式中穿越密度面的速度 [The diapycnal velocity of layered ocean models (without rotation of the mixing tensor)]

分层海洋环流模式采用一个位势密度变量(经常采用基准压强 p_{r} 是 2 000 dbar)作为其垂直坐标。到目前这些模式并没有把侧向混合的方向旋转至与中性切面平行，而是采用沿着位势密度坐标方向进行侧向混合。这种模式中穿越中性切面的速度 $\tilde{e}^{\mathrm{d\_model}}$ 服从以下方程[上文中(A.26.1)式的变换形式]：

$$\tilde{e}^{\mathrm{d\_model}} \frac{1}{\hat{\rho}^{\Theta}} \frac{\partial \hat{\rho}^{\Theta}}{\partial z} = \beta^{\Theta}(p_{\mathrm{r}}) \frac{1}{h^{\sigma}} \nabla_{\sigma} \cdot (h^{\sigma} K^{\sigma} \nabla_{\sigma} \hat{S}_{\mathrm{A}}) - \alpha^{\Theta}(p_{\mathrm{r}}) \frac{1}{h^{\sigma}} \nabla_{\sigma} \cdot (h^{\sigma} K^{\sigma} \nabla_{\sigma} \hat{\Theta})$$

$$+ \beta^{\Theta}(p_{\mathrm{r}})(D\hat{S}_{\mathrm{A}_z})_z - \alpha^{\Theta}(p_{\mathrm{r}})(D\hat{\Theta}_z)_z + \beta^{\Theta}(p_{\mathrm{r}}) \hat{\mathcal{S}}^{S_{\mathrm{A}}} \quad (\mathrm{A.27.1})$$

其中，∇_{σ} 是沿着位势密度坐标的梯度算子，K^{σ} 是沿着不同层的侧向扩散率，h^{σ} 是垂直方向上不同位势密度面之间的厚度。这个方程可以写成：

$$\tilde{e}^{\mathrm{d\_model}} \frac{1}{\hat{\rho}^{\Theta}} \frac{\partial \hat{\rho}^{\Theta}}{\partial z} = \left(\frac{D}{\hat{\rho}^{\Theta}} \frac{\partial \hat{\rho}^{\Theta}}{\partial z} \right)_z + \beta^{\Theta}(p_{\mathrm{r}}) \hat{\mathcal{S}}^{S_{\mathrm{A}}}$$

$$+ D\{\alpha^{\Theta}_{\Theta}(p_{\mathrm{r}}) \hat{\Theta}_z^2 + 2\alpha^{\Theta}_{S_{\mathrm{A}}}(p_{\mathrm{r}}) \hat{\Theta}_z \hat{S}_{\mathrm{A}_z} - \beta^{\Theta}_{S_{\mathrm{A}}}(p_{\mathrm{r}}) \hat{S}^2_{\mathrm{A}_z}\}$$

$$+ K^{\sigma} C^{\Theta}_{b}(p_{\mathrm{r}}) \nabla_{\sigma} \hat{\Theta} \cdot \nabla_{\sigma} \hat{\Theta} \quad (\mathrm{A.27.2})$$

由于混合增密效应，穿越等密面的速度与修正方程（A. 26. 3）中的速度十分相似，所以垂向湍流扩散率 D 的数据项与修正方程（A. 26. 3）中的那些数据项是相同的；不同之处在于这里的混合增密系数是在基准压强面上计算的，而不是在实测压强面上计算的；这里侧向温度梯度是沿着位势密度面而不是沿着中性切面计算的［这些梯度通过（3. 17. 3）式互成比例］。另外一个不同是（A. 26. 3）式中的数据项 $\alpha^{\Theta}(p_r)[r-1]h^{-1}\nabla_n\cdot(hK\nabla_n\hat{\Theta})$ 在（A. 27. 2）式中并没有出现。此差异是由侧混合方向不同造成的。

注意，（A. 27. 2）式中不存在穿越等密面的热压平流（thermobaric diapycnal advection）；即：（A. 27. 2）式中正比于 $KT_b^{\Theta}\nabla_n\hat{\Theta}\cdot\nabla_n\hat{p}$ 的数据项在（A. 26. 3）式中并没有出现，正如 Iudicone 等（2008）首先表明的那样。该等密面的热压平流在南大洋中可能是重要的（Klocker 和 McDougall，2010b），并且是否需要在分层模式中把侧向混合张量旋转至中性切面局地方向，正如采用高度坐标系海洋模式中类似的处理方式，可能是有争议的。由于海洋中中性轨迹的螺旋特性，分层海洋模式还缺失了垂直平流平均值 $\hat{\mathbf{v}}\cdot\mathbf{s}$［参见 3. 13 节，（A. 25. 4）式以及 Klocker 和 McDougall（2010b）］。

A. 28 正压密度的随体导数（The material derivative of orthobaric density）

de Szoeke 等人（2000）论文中已经定义了正压密度 $\rho_v(p,\rho)$ 为实测密度的压强修正形式。构建正压密度需要把等熵压缩率（isentropic compressibility）近似为压强和实测密度的函数。虽然正压密度作为热力参数的优点很多，但正压密度面经常不能很好地与中性切面近似［McDougall 和 Jackett（2005a）］。在正压密度面上 ρ_v 的随体导数可以表示为

$$\left.\frac{\partial\rho_v}{\partial t}\right|_{\rho_v}+\hat{\mathbf{v}}\cdot\nabla_{\rho_v}\rho_v+\tilde{e}^{\rho_v}\frac{\partial\rho_v}{\partial z}=\tilde{e}^{\rho_v}\frac{\partial\rho_v}{\partial z} \qquad (A.28.1)$$

其中，穿越 ρ_v 面垂直速度的时间平均值为（引自 McDougall 和 Jackett，2005a）

$$\tilde{e}^{\rho_v}=gN^{-2}(\alpha^{\Theta}\dot{\Theta}-\beta^{\Theta}\dot{S}_A)+\frac{(\psi-1)(p_t|_{\rho_v}+\hat{\mathbf{v}}\cdot\nabla_{\rho_v}p)}{p_z} \qquad (A.28.2)$$

其中（引自 de Szoeke 等人，2000），

$$(\psi-1)\approx 2g^2N^{-2}c_0^{-3}\Delta c\approx-\rho g^2T_b^{\Theta}N^{-2}[\hat{\Theta}-\Theta_0(p,\rho)] \qquad (A.28.3)$$

Δc 是基准声速 $c_0(p,\rho)$ 和海水声速的差值，海水声速可以表示 $c(p,\rho,\Theta)$。近似声速等于海水团的保守温度和基准值 $\Theta_0(p,\rho)$ 的差异。这里 $\dot{S}_A$ 是 $\hat{S}_A$ 随体导数的简写，表示（A. 21. 11）式右边的混合过程。$\dot{\Theta}$ 是 $\hat{\Theta}$ 的随体导数，由（A. 21. 15）式的右边给出。

（A. 28. 2）式右边第一项代表海流穿过正压密度表面不可逆的混合过程，$\tilde{e}^{\rho_v}$ 的贡献与穿越中性切面海流 $\tilde{e}$ 的贡献相同［（A. 22. 4）式］。（A. 28. 2）式右边的第二项是由正压密度面的非准物质性（non－quasi－material）［无势（non－potential）］产生的。这个垂直平流是由看起来无关紧要的沿着倾斜的正压密度表面的滑动和这些表面的垂直隆起所引起的。

A. 29　中性密度的随体导数(The material derivative of Neutral Density)

由于中性密度 γ^n 依赖于经度和纬度,所以它不是一个热力学函数。计算中性密度的算法是在预先标识的基准数据集中,找到与已标识数据点拥有同样位势密度的数据点;位势密度的基准压强为两个海水团压强的平均值。γ^n 的随体导数可以表示为

$$\left.\frac{\partial \gamma^n}{\partial t}\right|_{\gamma} + \hat{\mathbf{v}} \cdot \nabla_{\gamma}\gamma^n + \tilde{e}^{\gamma}\gamma_z^n = \tilde{e}^{\gamma}\gamma_z^n \tag{A.29.1}$$

其中,穿越 γ^n 面垂直速度的时间平均值为(源自 McDougall 和 Jackett,2005b):

$$\begin{aligned}\tilde{e}^{\gamma} \approx & \frac{[\alpha^{\Theta}(\bar{p})\dot{\Theta} - \beta^{\Theta}(\bar{p})\dot{S}_A]}{[\alpha^{\Theta}(\bar{p})\Theta_z^{\text{ref}} - \beta^{\Theta}(\bar{p})S_{A_z}^{\text{ref}}]} + \hat{\mathbf{v}} \cdot \mathbf{s}^{\text{ref}} \\ & + (\psi^{\gamma} - 1)(p_t|_{\gamma} + \hat{\mathbf{v}} \cdot \nabla_{\gamma}p)(p_z)^{-1} \\ & + (\psi^{\gamma} - 1)\left(\hat{\mathbf{v}} \cdot \nabla_{\gamma}p^{\text{ref}} - \frac{(p - p^{\text{ref}})}{(\hat{\Theta} - \Theta^{\text{ref}})}\hat{\mathbf{v}} \cdot \nabla_{\gamma}\Theta^{\text{ref}}\right)(p_z)^{-1} \\ & + 2(\psi^{\gamma} - 1)\frac{[\alpha^{\Theta}(\bar{p})\dot{\Theta} - \beta^{\Theta}(\bar{p})\dot{S}_A]}{[\alpha^{\Theta}(\bar{p})\Theta_z^{\text{ref}} - \beta^{\Theta}(\bar{p})S_{A_z}^{\text{ref}}]} \\ & + (\psi^{\gamma} - 1)\hat{\mathbf{v}} \cdot \mathbf{s}^{\text{ref}}\end{aligned} \tag{A.29.2}$$

这里 $\dot{S}_A$ 是在适当的平均速度之后的 $\hat{S}_A$ 的随体导数的简写,并且表示为(A.21.11)式右边的混合过程;同样 $\dot{\Theta}$ 是 $\hat{\Theta}$ 随体导数的简写,由(A.21.15)式右边给出,而 $(\psi^{\gamma} - 1)$ 的定义为:

$$(\psi^{\gamma} - 1) = \frac{-\frac{1}{2}\rho g^2 T_b^{\Theta}(\hat{\Theta} - \Theta^{\text{ref}})}{\left[N_{\text{ref}}^2 + \rho g^2 T_b^{\Theta}(\hat{\Theta} - \Theta^{\text{ref}}) - \frac{1}{2}\rho g^2 T_b^{\Theta}(p - p^{\text{ref}})\Theta_p^{\text{ref}}\right]} \tag{A.29.3}$$

这里 N_{ref}^2 是预标识数据集浮频率的平方。(A.29.3)式表明,在预先已标识的与海水样本中性关联的基准数据集的数据和正在标识的海水团的数据之间存在$(\hat{\Theta} - \Theta^{\text{ref}})$水团差异的情况下,$(\psi^{\gamma} - 1)$ 不为零。对于$(\hat{\Theta} - \Theta^{\text{ref}})$和 $(p - p^{\text{ref}})$ 的合理数值来说,(A.29.3)式中的分母非常接近 N^2,而且 $(\psi^{\gamma} - 1)$ 的值非常小。这些公式中计算热扩散系数 $\alpha^{\Theta}(\bar{p})$ 和盐浓缩系数 $\beta^{\Theta}(\bar{p})$ 是依据标志海水团和基准数据海水团属性的平均值,即 $\alpha^{\Theta}(\bar{p})$ 和 $\beta^{\Theta}(\bar{p})$ 分别是 $\alpha^{\Theta}(\bar{S}_A, \bar{\Theta}, \bar{p})$ 和 $\beta^{\Theta}(\bar{S}_A, \bar{\Theta}, \bar{p})$ 的缩写。

在不可逆的混合过程造成的 $\dot{\Theta}$ 和 $\dot{S}$ 非零时,可以预见(A.29.2)式的第一项有意义,此时中性密度将会改变。(A.29.2)式中的第二项 $\hat{\mathbf{v}} \cdot \mathbf{s}^{\text{ref}}$,是中性轨迹的螺旋运动导致的穿越 γ^n 面平均垂直运动,该中性轨迹是由于基准数据集的非零中性螺旋所造成的。(A.29.2)式中的其余 4 项是由于中性密度的非准物质特性(non - quasi - material)无势[(non - potential)]造成的。(A.29.2)式的第二行表示该垂直平流是沿着倾斜的正压密度面的滑动和这些面的垂直

隆起造成的。在基准数据集中参数的侧向梯度同样会影响穿越中性密度面的平均流 $\tilde{e}^{\gamma}$。注意，$(\hat{\Theta}-\Theta^{ref})$ 趋近于零，$(\psi^{\gamma}-1)$ 同样趋近于零，因此（A. 29. 2）式的第三行变为正比于 $(\hat{p}-p^{ref})\hat{\mathbf{v}}\cdot\nabla_{\gamma}\Theta^{ref}$。

A. 30　海水密度关于 Θ 和 θ 的 25 项表达式（Computationally efficient 25 – term expressions for the density of seawater in terms of Θ and θ）

至今海洋模式把实用盐度和位温作为其盐度和温度变量。而 TEOS – 10 建议海洋模式应该把表征盐度 S_* 和保守温度 Θ 作为守恒变量（附录 A. 20 和附录 A. 21 对此进行了讨论），因此需要构建一个关于绝对盐度和保守温度的密度计算式。

根据 McDougall 等（2003）和 Jackett 等（2006）的成果，TEOS – 10 为密度 ρ 构建了一个与上述论文中形式相同的有理函数。拟合公式为两个关于 (S_A,Θ,p) 多项式的比值：

$$\rho = P_{num}^{\rho^{25}} / P_{denom}^{\rho^{25}} \qquad (A. 30. 1)$$

在一个类似"漏斗"的 (S_A,t,p) 数据点集中对密度数据进行拟合，McDougall 等（2010b）对此进行了详细描述。这个"漏斗"向下延伸至 8 000 dbar。在海表面，该"漏斗"涵盖了温度和盐度的满量程，而对于压强大于 5 500 dbar 的数据，温度最大值为 12℃，盐度最小值为 u_{PS}30 g · kg^{-1}。即在温度大于 10℃、盐度小于 5 g · kg^{-1} 的参数范围内进行拟合［见 Jackett 等（2006）论文中表 1］。附录 K 中表 K. 1 包括了密度关于 (S_A,Θ,p) 的计算式（A. 30. 1）式的 25 个系数。

由附录 K 所概括的密度 ρ 的 25 项有理式所计算的热扩散系数 α^{Θ} 和盐浓缩系数 β^{Θ}，与通过"海洋漏斗"数据的 TEOS – 10 Gibbs 函数导出的系数同等精确。但是不能根据这个相同结果而断言通过（A. 30. 1）式对压强的导数计算的声速也相同；在"漏斗"中声速的标准偏差为 0. 25 m · s^{-1}，而 TEOS – 10 所拟合的声速的标准偏差为 0. 035 m · s^{-1}。

由于动力海洋学中"热成风"正比于 $\alpha^{\Theta}\nabla_p\Theta-\beta^{\Theta}\nabla_pS_A$，而且垂直静态稳定度是浮频率 N 的函数，而 $g^{-1}N^2=\alpha^{\Theta}(\Theta)_z-\beta^{\Theta}(S_A)_z$，所以热扩散系数 α^{Θ} 和盐浓缩系数 β^{Θ} 是状态方程的最重要部分。因此对于动力海洋学，我们可以采用 25 项有理式（A. 30. 1）式计算密度，它可以达到 TEOS – 10 的计算精度。图 A. 30. 1 中采用 25 项密度有理式计算密度北向梯度的误差已经证实上述结论。此图的纵坐标是分别基于（A. 30. 1）式和 TEOS – 10 Gibbs 全函数所计算的世界大洋 1 000 m 以下密度北向梯度之间的差异。此图刻度与附录 A. 5 中图 A. 5. 1 的刻度相同，因此可以估计采用 25 项密度公式的最小误差。基于上述讨论，图 A. 30. 1 垂直坐标表示我们对于海水属性理解误差的一半，通过对比图 A. 30. 1 与 图 A. 5. 1，显而易见，最重要的问题是海水成分如何影响海水密度。图 A. 30. 1 纵坐标标准误差是图 A. 5. 1 纵坐标标准误差的 11. 4%。

McDougall 等（2010b）也给出了密度关于 (S_A,θ,p) 的 25 项有理式。附录 K 中表 K. 2 给出了这 25 个系数。作为密度的近似，该 25 项有理式与 (S_A,Θ,p) 公式的精度近似相同。我们必须突出海洋模式把位温作为守恒变量会导致热通量的误差,附录 A. 13、附录 A. 14 和附录 A. 17 中图 A. 13. 1、图 A. 13. 1 以及图 A. 17. 1 说明了这个问题。

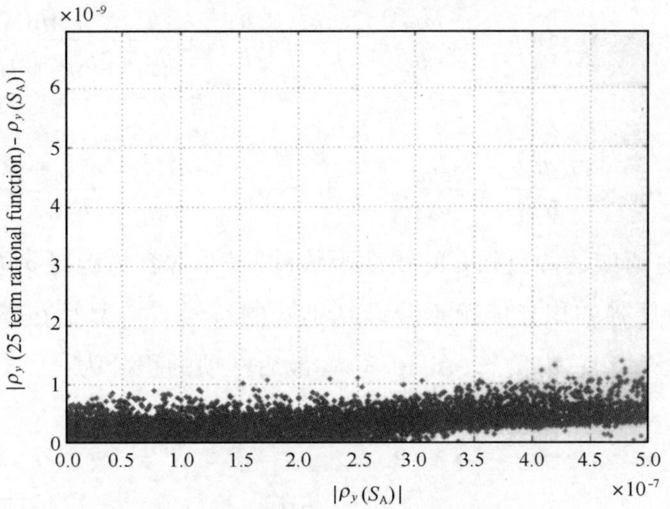

图 A. 30. 1　Gouretski 和 Koltermann 全球海洋图集(2004)$p > 1\ 000$ dbar 的数据在恒定压强下密度的北向梯度。此图的纵坐标是采用(A. 30. 1)式代替 TEOS – 10Gibbs 全函数计算世界大洋 1 000 m 以下北向密度梯度的差异,这两个函数的盐度变量均为绝对盐度 S_A

附录 P 讨论了海水焓关于保守温度的公式,其函数形式为 $\hat{h}(S_A,\Theta,p)$,连同熵的函数 $\hat{\eta}(S_A,\Theta)$,都可以用作 Gibbs 函数 $g(S_A,t,p)$ 热力学势的选择。3. 32 节、(3. 26. 3)式和(3. 39. 1)式都需要 $\hat{h}(S_A,\Theta,p)$ 的函数形式。$\rho = \hat{\rho}(S_A,\Theta,p)$ 的 25 项计算式(A. 30. 1)可以通过 $\rho = \hat{\rho}(S_A,\Theta,p)$ 的倒数对压强的积分得到 $\hat{h}(S_A,\Theta,p)$ 的近似计算式[因为 $\hat{h}_p = v = \rho^{-1}$,见(2. 8. 3)式]。

比容的 25 项计算式,(A. 30. 1)式,可以明确地写作两个压强多项式的比值,

$$\nu = \frac{1}{\rho} = \frac{a_0 + a_1 p + a_2 p^2 + a_3 p^3}{b_0 + 2b_1 p + b_2 p^2} \tag{A. 30. 2}$$

其中,系数 a_0 到 a_3 , b_0 到 b_2 是 S_A 和 Θ 的函数,见下式:

$a^0 = 1 + c_{14}\Theta + c_{15}\Theta^2 + c_{16}\Theta^3 + c_{17}\Theta^4 + c_{18}S_A + c_{19}S_A\Theta + c_{20}S_A\Theta^3 + c_{21}(S_A)^{1.5} + c_{22}(S_A)^{1.5}\Theta^2$

$a_1 = c_{23}$

$a_2 = c_{24}\Theta^3$

$a_3 = c_{25}\Theta$

$b_0 = c_1 + c_2\Theta + c_3\Theta^2 + c_4\Theta^3 + c_5 S_A + c_6 S_A\Theta + c_7(S_A)^2$

$b_1 = 0.5(c_8 + c_9\Theta^2 + c_{10}S_A)$

$b_2 = c_{11} + c_{12}\Theta^2$

在表 K.1 中给出了系数 c_1 到 c_{25} 的值(注意 $c_{13}=1$)。

不难把(A.30.2)式重新写成如下形式:

$$\nu = \nu(S_A,\Theta,p) = \left(\frac{a_2}{b_2}-\frac{2a_3b_1}{b_2^2}\right)+\frac{a_3}{b_2}p+\frac{N+Mp}{b_0+2b_1p+b_2p^2} \tag{A.30.3}$$

其中,

$$N = a_0+\frac{2a_3b_0b_1}{b_2^2}-\frac{a_2b_0}{b_2},\qquad M = a_1+\frac{4a_3b_1^2}{b_2^2}-\frac{a_3b_0}{b_2}-\frac{2a_2b_1}{b_2} \tag{A.30.4}$$

(A.30.3)式右边的前两项是常数和 p 的线性函数,可以非常容易地对 p 进行积分。(A.30.3)式右边最后一项对于压强的积分依赖于分母判别式的符号。情况是在整个"漏斗"范围内 b_1^2 大于 b_0b_2,而且 b_2 非零(它总为负),(A.30.3)式最后一项的积分为:

$$\int\frac{N+Mp}{b_0+2b_1p+b_2p^2}\mathrm{d}p = \frac{M}{2b_2}\ln|b_0+2b_1p+b_2p^2|+\frac{Nb_2-Mb_1}{2b_2\sqrt{b_1^2-b_0b_2}}\ln\left|\frac{b_2p+b_1-\sqrt{b_1^2-b_0b_2}}{b_2p+b_1+\sqrt{b_1^2-b_0b_2}}\right| \tag{A.30.5}$$

这是不定积分表达式。焓 $\hat{h}(S_A,\Theta,p)$ 是(A.30.3)式自 0 到 p 的定积分,加上 $p=0$ 时的焓值 $c_p^0\Theta$。因此 $\hat{h}(S_A,\Theta,p)$ 的完整公式为:

$$\begin{aligned}\hat{h}(S_A,\Theta,p) &= c_p^0\Theta+\left(\frac{a_2}{b_2}-\frac{2a_3b_1}{b_2^2}\right)p+\frac{a_3}{2b_2}p^2\\&+\frac{M}{2b_2}\ln|b_0+2b_1p+b_2p^2|+\frac{Nb_2-Mb_1}{2b_2\sqrt{b_1^2-b_0b_2}}\ln\left|\frac{b_2p+b_1-\sqrt{b_1^2-b_0b_2}}{b_2p+b_1+\sqrt{b_1^2-b_0b_2}}\right|\\&-\frac{M}{2b_2}\ln|b_0|-\frac{Nb_2-Mb_1}{2b_2\sqrt{b_1^2-b_0b_2}}\ln\left|\frac{b_1-\sqrt{b_1^2-b_0b_2}}{b_1+\sqrt{b_1^2-b_0b_2}}\right|\end{aligned} \tag{A.30.6}$$

此方程的最后两行的 4 个自然对数是一个简单组合,因此只需计算两次。

根据 Young(2010),比焓与 $c_p^0\Theta$ 的差异可被称作"动力焓"(dynamic enthalpy),它可以通过(A.30.6)式计算得到,注意这个方程是基于 McDougall 等(2010b)的 25 项密度计算式,而不是根据 TEOS 的 Gibbs 函数计算的焓与位焓之间的差异得到的。同样,$\hat{h}(S_A,\Theta,p)$ 相对于绝对盐度 S_A 的偏导数和相对于保守温度 Θ 的偏导数可以是(A.30.6)式的代数微分。www.TEOS-10.org 网站上的 GSW 软件库中给出了这些偏导数以及 $\hat{h}(S_A,\Theta,p)$ 的计算式(A.30.6)。

可以采用类似上述的方式,得到一个关于位温 θ 的焓的表达式 $\tilde{h}(S_A,\theta,p)$,但是此时密度 25 项有理式的系数来自表 K.2。

附录 B　热力学第一定律的导出(Derivation of the First Law of Thermodynamics)

B.1　动机(Motivation)

对于不含有任何溶解物质的纯流体(例如,绝对盐度为零的纯水),热力学第一定律的导出经常开始于讨论给定质量流体在定量 δQ 加热以及体积 V 改变的情况下,内能 U 是如何改变的。微团内能的极限变化可以写作 $\mathrm{d}U = \delta Q - (p + P_0)\mathrm{d}V$,其中,$-(p + P_0)\mathrm{d}V$ 是流体微团边界移动时压强作用在流体上的功。关于比(即,单位质量)焓 h,密度 ρ 和单位体积上 δQ,δq 之间的相互关系可以写作:

$$\rho\left(\frac{\mathrm{d}h}{\mathrm{d}t} - \frac{1}{\rho}\frac{\mathrm{d}p}{\mathrm{d}t}\right) = \frac{\delta q}{\mathrm{d}t} \qquad \text{对于纯水(B.1)}$$

可以看出(B.1)式的右边不是热通量的散度,导致该项出现的原因有:机械能损耗转换为热能,它对(B.1)式右边贡献了 $\rho\varepsilon$。除了此类扩散项,右边是负的辐射热通量 $\mathbf{F}^{\mathrm{R}}$ 以及负的热分子通量 $\mathbf{F}^{\mathrm{q}} = -k^T \nabla T$(其中,$k^T$ 是热分子扩散率)的和,因此,纯水的热力学第一定律可以写作:

$$\rho\left(\frac{\mathrm{d}h}{\mathrm{d}t} - \frac{1}{\rho}\frac{\mathrm{d}p}{\mathrm{d}t}\right) = \frac{\delta q}{\mathrm{d}t} = -\nabla\cdot\mathbf{F}^{\mathrm{R}} + \nabla\cdot(k^T \nabla T) + \rho\varepsilon \qquad \text{对于纯水(B.2)}$$

现在考虑绝对盐度及其梯度不为零的海水。关于热力学第一定律的讨论也包含了"加热"(heating),作用在流体微团的压缩功和盐度的变化表明流体焓的变化为[见 Warren(2006)方程 6b 和方程 17b]:

$$\mathrm{d}H - V\mathrm{d}p = \delta Q + (\mu - [T_0 + t]\mu_T)M\mathrm{d}S_{\mathrm{A}} \tag{B.3}$$

其中,M 是流体微团的质量。当对一个有限体积的固定质量流体进行面积分,(B.3)式的最后一项变成了法向分量 $-(\mu - [T_0 + t]\mu_T)\mathbf{F}^{\mathrm{S}}$ 穿越体边界的面积分,因此(B.3)式的随体导数形式为:

$$\rho\left(\frac{\mathrm{d}h}{\mathrm{d}t} - \frac{1}{\rho}\frac{\mathrm{d}p}{\mathrm{d}t}\right) = \frac{\delta q}{\mathrm{d}t} - \nabla\cdot[(\mu - [T_0 + t]\mu_T)\mathbf{F}^{\mathrm{S}}] \tag{B.4}$$

这样做有助于以机械能耗散、分子扩散、"热"与盐的辐射通量和边界通量的形式来构建(B.4)式的右边表达式吗?如果(B.4)式中"加热"项 $\delta q/\mathrm{d}t$ 和纯水方程(B.2)式的情况相同,那么,可以成功导出含盐海水的热力学第一定律。然而,接下来我们将推导的(B.4)式中

$\delta q/\mathrm{d}t$ 和纯水方程(B.2)式中此项并不相同。

把(B.2)式中 $\delta q/\mathrm{d}t$ 代入(B.4)式的右边,我们发现导出的公式不同于热力学第一定律(B.19)式[这个比较包括了对分子通量 $\mathbf{F}^{Q}$ 应用正确的(B.22)式或者(B.24)式]。这两个不同版本的热力学第一定律的区别在于通量散度:

$$(T_0 + t)\left(\mu_T + b\frac{\mu_{S_A}}{\rho k^S}\right)\mathbf{F}^S \tag{B.5}$$

通量的不一致意味着如果拙劣地定义“加热速率”(“rate of heating”) $\delta q/\mathrm{d}t$,在盐和纯水的情况下必定不同。由于在目前文献中缺乏新方法去证明这个区别,我们暂时断言试图通过这个泛泛定义的“加热速率” $\delta q/\mathrm{d}t$ 导出热力学第一定律注定要失败。

因为看起来无法通过“加热速率” $\delta q/\mathrm{d}t$ 导出热力学第一定律,我们仿效 Landau 和 Lifshitz (1959) 和 Griffies(2004)的做法,通过下面的间接方法导出热力学第一定律。与其试图猜测这个方程中分子强迫项(molecular forcing terms)形式,不如首先构建所有能量的守恒方程,该方程是动能、重力势能和内能之和。在这个方程中,我们加入热分子通量、动量和热辐射通量。我们知道总能量守恒方程必然存在守恒形式,因此,我们在这个方程中加入的强迫项必须是通量的散度形式。

从已经构建的总能量守恒方程,减去动能和重力势能的变化方程这两种已知能量,剩下的内能演变方程,即热力学第一定律。

我们从开发(通过动量方程)重力势能和动能的演变方程开始。要注意这两个演变方程的和。我们后退一步,并考虑一种简化情况,在该情况下没有热通量和盐分子通量,没有粘性影响,没有辐射通量或者边界热通量。在这个“绝热”条件限制下,我们可以把总能量的守恒方程构建为内能、动能和重力势能之和。在这个方程中,引入分子、辐射和边界通量散度。最后,在总能量方程中减去守恒的动能和重力势能之和,我们得到热力学第一定律。

B.2 基本热力学关系(The fundamental thermodynamic relation)

重复基本热力学关系(A.7.1)式的随体导数(A.7.2)式,根据流体微团的瞬时运动的随体导数 $\mathrm{d}/\mathrm{d}t = \partial/\partial t|_{x,y,z} + \mathbf{u}\cdot\nabla$,得出

$$\frac{\mathrm{d}h}{\mathrm{d}t} - \frac{1}{\rho}\frac{\mathrm{d}p}{\mathrm{d}t} = \frac{\mathrm{d}u}{\mathrm{d}t} + (p + P_0)\frac{\mathrm{d}\nu}{\mathrm{d}t} = (T_0 + t)\frac{\mathrm{d}\eta}{\mathrm{d}t} + \mu\frac{\mathrm{d}S_A}{\mathrm{d}t} \tag{B.6}$$

注意,对于时间和实测温度计量单位为℃采用了同样的符号 t。(B.6)式中应用了比焓 h 与内能比 u 的关系:$h = u + (p + P_0)\nu$,其中 ν 是比容。

B.3 重力势能(Gravitational potential energy)

当把重力加速度当做常数时,对于高度 $z=0$,单位质量的重力势能为 gz。而考虑重力加速

度是高度的函数时，相对于固定高度 z_0 的单位质量的重力势能 Φ 定义为

$$\Phi = \int_{z_0}^{z} g(z')\,\mathrm{d}z' \tag{B.7}$$

在空间固定位置 Φ 与时间无关，而它的空间梯度为 $\nabla\Phi = g\mathbf{k}$，其中 $\mathbf{k}$ 是垂直向上的单位矢量。则 Φ 的变化方程为：

$$(\rho\Phi)_t + \nabla\cdot(\rho\Phi\mathbf{u}) = \rho\frac{\mathrm{d}\Phi}{\mathrm{d}t} = \rho g w \tag{B.8}$$

其中，w 是三维速度中的垂直分量，即 $w = \mathbf{u}\cdot\mathbf{k}$。(很明显在这一节中 g 是重力加速度，而不是 Gibbs 函数)。注意，因为(B.8)式的右边不是一个负的通量散度，所以这里重力势能的局地平衡方程不同于(A.8.1)式的形式，不需要一个守恒变量。

B.4　动量演变方程(Momentum evolution equation)

很多教科书中都曾导出动量演变方程，包括 Landau 和 Lifshitz(1959)，Batchelor(1970)，Gill(1982)和 Griffies(2004)。Batchelor(1970)形式复杂的(3.3.11)式和(3.3.12)式中精确的动量演变方程中出现了分子粘性。我们忽略依赖于动力粘性 v^{visc} 和速度散度 $\nabla\cdot\mathbf{u}$ (根据 Gill，1982)因子，得到：

$$\rho\frac{\mathrm{d}\mathbf{u}}{\mathrm{d}t} + f\mathbf{k}\times\rho\mathbf{u} = -\nabla p - \rho g\mathbf{k} + \nabla\cdot(\rho v^{\mathrm{visc}}\,\widehat{\nabla\mathbf{u}}) \tag{B.9}$$

其中，f 是科氏频率，v^{visc} 是粘度，$\widehat{\nabla\mathbf{u}}$ 是对称剪切速度的两倍，$\widehat{\nabla\mathbf{u}} = (\partial u_i/\partial x_j + \partial u_j/\partial x_i)$。忽略速度散度，(B.9)式的压强 p 等于均衡压强，即状态方程中的压强参数(Batchelor，1970)。与旋转行星坐标系相关联的向心加速度可以并入(B.9)式的重力加速度进行计算(Griffies，2004)。

B.5　动能演变方程(Kinetic energy evolution equation)

通过(B.9)式与 $\mathbf{u}$ 的乘积，可以得到动能的演变方程：

$$\begin{aligned}\left(\rho\frac{1}{2}\mathbf{u}\cdot\mathbf{u}\right)_t + \nabla\cdot\left(\rho\mathbf{u}\frac{1}{2}[\mathbf{u}\cdot\mathbf{u}]\right) &= \rho\mathrm{d}\left(\frac{1}{2}\mathbf{u}\cdot\mathbf{u}\right)\Big/\mathrm{d}t \\ &= -\mathbf{u}\cdot\nabla p - \rho g w + \nabla\cdot\left(\rho v^{\mathrm{visc}}\nabla\frac{1}{2}\mathbf{u}\cdot\mathbf{u}\right) - \rho\varepsilon\end{aligned} \tag{B.10}$$

其中，动能耗散率 ε 为正定物理量

$$\varepsilon \equiv \frac{1}{2}v^{\mathrm{visc}}(\widehat{\nabla\mathbf{u}}\cdot\widehat{\nabla\mathbf{u}}) \tag{B.11}$$

B.6　动能和重力势能之和的演变方程(Evolution equation for the sum of kinetic and gravitational potential energies)

将(B.8)式和(B.10)式相加，可以得到总机械能 $0.5\mathbf{u}\cdot\mathbf{u} + \Phi$ 的演变方程：

$$\left(\rho\left[\frac{1}{2}\mathbf{u}\cdot\mathbf{u}+\Phi\right]\right)_t+\nabla\cdot\left(\rho\mathbf{u}\left[\frac{1}{2}\mathbf{u}\cdot\mathbf{u}+\Phi\right]\right)=$$

$$\rho\mathrm{d}\left(\frac{1}{2}\mathbf{u}\cdot\mathbf{u}+\Phi\right)\Big/\mathrm{d}t=-\mathbf{u}\cdot\nabla p+\nabla\cdot\left(\rho\nu^{\mathrm{visc}}\nabla\frac{1}{2}[\mathbf{u}\cdot\mathbf{u}]\right)-\rho\varepsilon \qquad \text{(B. 12)}$$

注意,当两个演变方程相加时,表示动能和重力势能之间能量交换的数据项 ρgw 将被消掉。

B.7 忽略分子通量时总能量 E 的守恒方程(Conservation equation for total energy E in the absence of molecular fluxes)

当忽略分子和其他不可逆的过程(例如热辐射),并且忽略与再矿化关联的绝对盐度的非守恒源情况下,流体运动中每个海水微团的比熵 η 和绝对盐度 S_A 保持不变,因此(B. 6)式的右边为零,内能的随体导数满足 $\mathrm{d}u/\mathrm{d}t=-(p+P_0)\mathrm{d}\nu/\mathrm{d}t$,因此只有压缩流体做的功才会改变内能。根据 $\nu=\rho^{-1}$,利用形式为 $\mathrm{d}\rho/\mathrm{d}t+\rho\nabla\cdot\mathbf{u}=0$ 的连续方程(A. 8. 1),在没有分子通量、辐射通量和边界通量的情况下,$\mathrm{d}u/\mathrm{d}t=-\rho^{-1}(p+P_0)\nabla\cdot\mathbf{u}$。把这个方程加入到(B. 12)式无粘、无耗散的形式中,得到:

$$(\rho\mathcal{E})_t+\nabla\cdot(\rho\mathbf{u}\mathcal{E})=\rho d\mathcal{E}/\mathrm{d}t=-\nabla\cdot([p+P_0]\mathbf{u})$$

无分子通量(B. 13)

其中,总能量定义为内能、动能和重力势能的和。

$$\mathcal{E}=u+\frac{1}{2}\mathbf{u}\cdot\mathbf{u}+\Phi \qquad \text{(B. 14)}$$

B.8 考虑分子通量和再矿化时总能量的守恒方程(Conservation equation for total energy in the presence of molecular fluxes and remineralization)

现在,遵循 Landau 和 Lifshitz(1959)第 49 节,我们需要考虑热通量、盐分子通量和热辐射是如何改变简化的总能量守恒方程(B. 14)的。分子粘性产生了以张量 $\boldsymbol{\sigma}$ 表示的流体张力,并由这个张量产生内部能量通量 $\mathbf{u}\cdot\boldsymbol{\sigma}$,因此需要将附加项 $-\nabla\cdot(\mathbf{u}\cdot\boldsymbol{\sigma})$ 加入到总能量守恒方程的右边。为了与(B. 9)式一致,应力张量的公式采用 $\boldsymbol{\sigma}=-\rho v^{\mathrm{visc}}\widehat{\nabla\mathbf{u}}$,因此附加项为 $\nabla\cdot\left(\rho v^{\mathrm{visc}}\nabla\frac{1}{2}[\mathbf{u}\cdot\mathbf{u}]\right)$。由辐射 $\mathbf{F}^{\mathrm{R}}$ 和分子扩散 $\mathbf{F}^{\mathrm{Q}}$ 造成的海洋边界热通量也使附加项 $-\nabla\cdot\mathbf{F}^{\mathrm{R}}-\nabla\cdot\mathbf{F}^{\mathrm{Q}}$ 成为必要项。这里,我们没有根据温度和绝对盐度的梯度详细介绍热分子扩散通量 $\mathbf{F}^{\mathrm{Q}}$ 的公式,详细介绍见(B. 24)式。因为单位质量海盐的内能和比焓与纯水不相同,由沉没微粒再矿化作用所导致的绝对盐度的非守恒变化,$\rho\mathcal{S}^{S_A}$,引入了能量源。考虑分子通量、辐射通量和边界通量,以及盐的内源,总能量守恒方程变为

$$(\rho\mathcal{E})_t+\nabla\cdot(\rho\mathbf{u}\mathcal{E})$$

$$= \rho \mathrm{d}\mathcal{E}/\mathrm{d}t = -\nabla\cdot([p+P_0]\mathbf{u}) - \nabla\cdot\mathbf{F}^{\mathrm{R}} - \nabla\cdot\mathbf{F}^{\mathrm{Q}} + \nabla\cdot\left(\rho v^{\mathrm{visc}}\nabla\frac{1}{2}[\mathbf{u}\cdot\mathbf{u}]\right) + h_{S_A}\rho\mathcal{S}^{S_A} \quad (B.15)$$

其中,$h_{S_A} = \mu - (T_0 + t)\mu_T$[见(A.11.1)式]是温度和压强恒定情况下比焓对绝对盐度的偏导数。(B.15)式的最后一项比下面的(B.17)式更易证明,它是(B.17)式的变形。

如果没有再矿化源项 $h_{S_A}\rho\mathcal{S}^{S_A}$,$\mathcal{E}$守恒方程(B.15)右边将是通量的散度,会保证总能量的体积分不仅"守恒"而且是一个"等压守恒"量(见附录A.8中关于这些性质的定义)。

B.9 总能量守恒方程的另外两种形式(Two alternative forms of the conservation equation for total energy)

总能量方程(B.15)式的另外一种表达形式是准散度形式,对时间导数的数据项为 $\rho\mathcal{E} = \rho(u + \frac{1}{2}\mathbf{u}\cdot\mathbf{u} + \Phi)$,而方程左边的散度部分基于不同物理量,即 Bernoulli 函数 $\mathcal{B} = h + \Phi + \frac{1}{2}\mathbf{u}\cdot\mathbf{u}$,总能量方程变为:

$$(\rho\mathcal{E})_t + \nabla\cdot(\rho\mathbf{u}\mathcal{B}) = -\nabla\cdot\mathbf{F}^{\mathrm{R}} - \nabla\cdot\mathbf{F}^{\mathrm{Q}} + \nabla\cdot\left(\rho v^{\mathrm{visc}}\nabla\frac{1}{2}[\mathbf{u}\cdot\mathbf{u}]\right) + h_{S_A}\rho\mathcal{S}^{S_A} \quad (B.16)$$

在海洋模式中,穿过网格表面的能量变量$\mathcal{B}$不同于网格内部变化的能量$\mathcal{E}$,这样做非常怪异,因此,这个总能量方程式并不为广大用户所接受。

第三种总能量方程(B.15)式是把方程左边写成关于 Bernoulli 函数 $\mathcal{B} = h + \frac{1}{2}\mathbf{u}\cdot\mathbf{u} + \Phi$ 的形式,即

$$(\rho\mathcal{B})_t + \nabla\cdot(\rho\mathbf{u}\mathcal{B}) = \rho\mathrm{d}\mathcal{B}/\mathrm{d}t = p_t - \nabla\cdot\mathbf{F}^{\mathrm{R}} - \nabla\cdot\mathbf{F}^{\mathrm{Q}} + \nabla\cdot\left(\rho v^{\mathrm{visc}}\nabla\frac{1}{2}[\mathbf{u}\cdot\mathbf{u}]\right) + h_{S_A}\rho\mathcal{S}^{S_A} \quad (B.17)$$

由微粒再矿化作用导致绝对盐度的源项 $\rho\mathcal{S}^{S_A}$ 以 $h_{S_A} = \mu - (T_0 + t)\mu_T$ 的比率影响焓,并且可以看做在固定压强和温度情况下,一些海盐代替了水分子,类似于海水微团内部两个注射器,一个提供纯盐,一个抽取纯水,温度和压强相同。由此源导致盐的增量对于焓的影响类似于绝对盐度增量进入(B.3)式的方式。当流动稳定,尤其是空间上压强场每点都不随时间改变,忽略辐射通量、边界通量和分子通量的情况下,Bernoulli 形式的总能量方程中的$\mathcal{B}$具有跟随流动守恒的特性。根据这种稳定状态假设,忽略 $\rho\mathcal{S}^{S_A}$,Bernoulli 函数$\mathcal{B}$是有"势"函数。$\mathcal{B}$演变方程(B.17)式的不足是通常情况下流动并不稳定时,p_t 项的存在意味着 Bernoulli 函数并不是一个守恒变量,因为(B.17)式的右边并不是通量的散度。这种通常非稳定的状态下,$\mathcal{B}$是"等压守恒的"而不是"守恒的"量,也无"势"。

总能量$\mathcal{E}$与 Bernoulli 函数的关系为$\mathcal{E} = \mathcal{B} - (p + P_0)/\rho$,继续假设整个大洋都是处于稳定

状态并且 $\rho\,\mathcal{S}^{S_A}=0$，$\mathcal{B}$有“势”，但是很明显在这种条件下$\mathcal{E}$无“势”。即，如果一个海水微团与周围没有物质和热量交换，而且处处 $p_t=0$ 的情况下，从 2 000 dbar 移动到 0 dbar 时，$\mathcal{B}$保持不变，而由于两个地点 $-(p+P_0)/\rho$ 不同，微团的总能量$\mathcal{E}$也不同。因此我们断言即使在稳定的大洋中，$\mathcal{E}$也无势。

B.10 通过相减得到热力学第一定律(Obtaining the First Law of Thermodynamics by subtraction)

在总能量守恒方程(B.15)中减去动能和重力势能之和的演变方程(B.12)，得到：

$$(\rho u)_t + \nabla\cdot(\rho\mathbf{u}u) = \rho\mathrm{d}u/\mathrm{d}t = -(p+P_0)\nabla\cdot\mathbf{u} - \nabla\cdot\mathbf{F}^{\mathrm{R}} - \nabla\cdot\mathbf{F}^{\mathrm{Q}} + \rho\varepsilon + h_{S_A}\rho\,\mathcal{S}^{S_A} \tag{B.18}$$

利用形式为 $\rho\mathrm{d}v/\mathrm{d}t=\nabla\cdot\mathbf{u}$ 的连续方程和基本热力学关系(A.7.2)式，此方程可以写为：

$$\rho\left(\frac{\mathrm{d}h}{\mathrm{d}t}-\frac{1}{\rho}\frac{\mathrm{d}p}{\mathrm{d}t}\right)=\rho\left(\frac{\mathrm{d}u}{\mathrm{d}t}+(p+P_0)\frac{\mathrm{d}v}{\mathrm{d}t}\right)=\rho\left((T_0+t)\frac{\mathrm{d}\eta}{\mathrm{d}t}+\mu\frac{\mathrm{d}S_A}{\mathrm{d}t}\right)$$
$$=-\nabla\cdot\mathbf{F}^{\mathrm{R}}-\nabla\cdot\mathbf{F}^{\mathrm{Q}}+\rho\varepsilon+h_{S_A}\rho\,\mathcal{S}^{S_A} \tag{B.19}$$

这就是热力学第一定律。绝对盐度对应的变化方程为：

$$\rho\frac{\mathrm{d}S_A}{\mathrm{d}t}=(\rho S_A)_t+\nabla\cdot(\rho\mathbf{u}S_A)=-\nabla\cdot\mathbf{F}^{\mathrm{S}}+\rho\,\mathcal{S}^{S_A} \tag{B.20}$$

其中，$\mathbf{F}^{\mathrm{S}}$ 是盐分子通量，$\rho\,\mathcal{S}^{S_A}$ 是由于微粒再矿化作用导致的绝对盐度非守恒源。在很多情况下，海洋学中热分子通量和盐分子通量对绝对盐度、温度和压强的精确依赖并不重要，但是(B.23)式和(B.24)式列出了对于这些物理量空间梯度的分子通量。

乍看没有必要推荐方程(B.19)，它的右边有两个非守恒项 $\rho\varepsilon$ 和 $\rho\,\mathcal{S}^{S_A}$，左边也不是一个守恒变量守恒方程所要求的 ρ 乘以一个变量随体导数的形式。方程(B.19)对应于 Landau 和 Lifshitz(1959)中的方程(57.6)，重复了上文中的(A.13.1)式和(A.13.3)式。

这里构建热力学第一定律的方法看起来令人费解：首先建立了总能量的守恒方程，然后减去动能和重力势能的变化方程。而且分子通量、边界通量和辐射通量均以各自通量散度的形式，而不是源自一个基本的守恒方程。这是 Landau 和 Lifshitz(1959)的研究成果，被采纳的原因为：首先，这个成果保证了分子通量、辐射通量和边界通量以通量散度形式包含在总能量的守恒方程(B.15)式中，这样保证了总能量是一个守恒变量(撇开盐度源项)。这是根本的，只有在一个真实的内部源如 $h_{S_A}\rho\,\mathcal{S}^{S_A}$ 存在时，总能量才能自行出现或消失。其次，在附录 B 开始时企图通过定义“加热速率”(“rate of heating”)$\delta q/\mathrm{d}t$ 的这种直接方式而得到热力学第一定律是行不通的，但人们不清楚如何得到热力学第一定律右边的热分子通量和盐分子通量。在这种情况下，为完整起见，分子通量 $\mathbf{F}^{\mathrm{Q}}$ 和 $\mathbf{F}^{\mathrm{S}}$ 被写成绝对盐度、温度和压强的梯度形式。

Landau 和 Lifshitz(1959)(其第 58 节)根据化学势、温度梯度和化学势梯度给出分子通量

$\mathbf{F}^{Q}$ 和 $\mathbf{F}^{S}$ 的公式:

$$\mathbf{F}^{S} = -a\nabla\mu - b\nabla T \tag{B.21}$$

$$\mathbf{F}^{Q} = -b(T_0+t)\nabla\mu - \gamma\nabla T + \mu\mathbf{F}^{S} \tag{B.22}$$

其中,a,b,γ 是3个独立系数。注意,某些交叉扩散项(cross - diffusion)之间的对称特性,在这两个方程中都出现同样的系数 b。当写成绝对盐度、温度和压强的梯度形式时,分子通量 $\mathbf{F}^{Q}$ 和 $\mathbf{F}^{S}$ 的公式变为:

$$\mathbf{F}^{S} = -\rho k^{S}\nabla S_{A} - \left(\frac{\rho k^{S}\mu_{T}}{\mu_{S_A}} + b\right)\nabla T + \frac{k^{S}\beta^{t}}{\mu_{S_A}}\nabla p \tag{B.23}$$

(根据 β^{t} 和 μ 的 Gibbs 函数定义,利用关系式 $\beta^{t} = -\rho\mu_{p}$)

$$\mathbf{F}^{Q} = \left(\mu + b\frac{[T_0+t]\mu_{S_A}}{\rho k^{S}}\right)\mathbf{F}^{S} - k^{T}\nabla T \tag{B.24}$$

这些公式只包括了温度和盐度的纯分子扩散率(k^{T} 和 k^{S}),盐度沿着温度梯度的交叉扩散项(cross - diffusion)出现的单一参数 b,以及部分“热”沿着绝对盐度梯度方向的交叉扩散项。这两个方程的其他参数源于海水的 Gibbs 函数。(B.23)式的最后一项表示“正压扩散”(barodiffusion),它导致了沿压强梯度的盐度通量。(B.23)式中间的一项是由于实测温度梯度导致的盐度通量,称作 Soret 效应(Soret effect),而(B.24)式中盐分子通量 $\mathbf{F}^{S}$ 导致的“热”通量,称作 Dufour 效应(Dufour effect)。

盐分子通量与海水 Gibbs 函数的4个任意常数(Fofonoff,1962)无关,见(2.6.2)式。由于 μ_{T} 包含任意常数 a_4,而 $\mathbf{F}^{S}$ 不包含任意常数项的事实则意味着(B.21)式 ~ (B.24)式交叉扩散项中的系数 b 为 $-a_4\rho k^{S}/\mu_{S_A}$。

由于 $a_3\mathbf{F}^{S}$ 未知[$a_3 + a_4(T_0+t)$ 未知,所以 μ 是任意的,并且(B.24)式的 b 抵消了 a_4 的影响],所以“热”分子通量 $\mathbf{F}^{Q}$ 是不可知的。这意味着由于 $-a_3\nabla\cdot\mathbf{F}^{S}$ 未知,热力学第一定律(B.19)式右边的 $-\nabla\cdot\mathbf{F}^{Q}$ 也是未知的。由于 $a_3\rho\mathrm{d}S_A/\mathrm{d}t$ 未知,(B.19)式左边也是未知的(因为比焓 h 包含了 $a_1 + a_3S_A$ 项)。(B.19)式最后一项包含了任意项 $a_3\rho\mathcal{S}^{S_A}$(因为 h_{S_A} 是接近 a_3 的任意常数)。热力学第一定律的三个任意未知项的影响为 a_3 乘以绝对盐度的演变方程(B.20)。这将使得(B.19)式可以扣除这些任意项,可以确定(2.6.2)式中的4个任意未知常数对于热力学第一定律的影响不可测量。

至于(B.21)式 ~ (B.24)式,严格意义上讲,必须用海盐各种成分的化学势梯度代替式中出现的化学势梯度 μ,因为不存在一个统一的海盐混合物分子扩散形式,所以每种成分梯度前的扩散系数各不相同。当另外的过程使成分近似固定时,可以在非均衡状态下采用一种海盐的化学势。这些过程主要为库仑力驱动的离子弛豫,它的双极扩散形式阻止了局地的电荷分离;其次,每一种湍流混合具有相同的输运系数,它们的通量正比于有“势”量的浓缩梯度(见附录A.9),而不是每一种化学势的梯度。

附录 C 描述海水、冰和湿空气的 TEOS-10 热力变量的文献(Publications describing the TEOS-10 thermodynamic descriptions of seawater, ice and moist air)

首要标准文献

Harvey, A. H and P. H. Huang, 2007: First-Principles Calculation of the Air-Water Second Virial Coefficient. *Int. J. Thermophys.*, **28**, 556-565.

Hyland, R. W. and a. Wexler, 1983: Formulations for the thermodynamic properties of dry air from 173.15 to 473.15 K, and of saturated moist air from 173.15 to 372.15K, at pressures up to 5Mpa. *ASHRAE Transact.* **89**, 520-535.

IAPWS 2008a: Release on the IAPWS Formulation 2008 for the Thermodynamic Properties of Seawater, The Intemational Association for the Properties of Water and Steam. Berlin, Germany, September 2008, available at http://www.iapws.org. This Release is referred to in the text as IAPWS-08.

IAPWS 2009b: Revised Release on the IAPWS Formulation 1995 for the Thermodynamic Properties of Ordinary Water Substance for General and Scientific Use. The International Association for the Properties of Water and Steam. Doorwerth, The Netherlands, September 2009, available from http://www.iapws.org. This revised Release is referred to in the text as IAPWS-95.

IAPWS 2009c: Supplementary Release on a Computationally Efficiet Thermodynamic Formulation for Liquid Water for Oceanographic Use, The International Association for the Properties of Water and Steam, Doorwerth, The Netherlands, September 2009, available from http://www.iapws.org. This Release is referred to in the text as IAPWS-09.

IAPWS 2009a: Revised Release on the Equation of State 2006 for H_2O Ice Ih. The Intemational Association for the Properties of Water and Steam, Doorwerth, The Netherlands, September 2009, available from http://www.iapws.org. This revised Release is referred to in the text as IAPWS-06.

IAPWS,2010: Guideline on an Equation of State for Humid Air in Contact with Seawater and Ice, Consistent with the IAPWS Fromulation 2008 for the Thermodynamic Properties of Seawater. The International Association for the Properties of Water and Steam. Niagara Falls, Canada, September 2010, in preparation.

Lemmon, E. W., R. T. Jacobsen, S. G. Penoncello and D. G. Friend, 2000: Thermodynamic properties of air and mixtures of nitrogen, argon and oxygen from 60 to 2000 K at pressure to 2000Mpa. *J. Phys. Chem. Ref. Data*, **29**, 331 – 362.

Millero, F. J., Feistel, R., Wright, D. G., and McDougall, T. J., 2008: The composition of Standard Seawater and the definition of the Reference – Composition Salinity Scale, *Deep – Sea Res. I*, **55**, 50 – 72.

第二标准文献

IOC, SCOR and IAPSO, 2010a: The international thermodynamic equation of seawater – 2010: Calculation and use of thermodynamic properties. Intergovernmental Oceanographic Commission, Manuals and Guides No. 56, UNESCO, 196pp. Available from http://www. TEOS – 10. org[the present document]

IOC, SCOR and IAPSO, 2010b: Users' guide to the international thermodynamic equation of seawater – 2010. Intergovernmental Oceanographic Commission, Manuals and Guides No. 56(abridged edition), UNESCO, Available from http://www. TEOS – 10. org

第三标准文献

McDougall, T. J., D. R. Jackett and F. J. Millero, 2010a: An algorithm for estimating Absolute Salinity in the global ocean. submitted to Ocean Science, a preliminary version is available at *Ocean Science Discuss.*, **6**, 215 – 242. http://www. ocean – sci – discuss. net/6/215/2009/osd – 6 – 215 – 2009 – print. pdf and the computer software is available from http://www. TEOS – 10. org

宣布为标准的背景文献

Feistel, R., 2003: A new extended Gibbs thermodynamic potential of seawater. *Prog. Oceanogr.* **58**, 43 – 114.

Feistel, R., 2008: A Gibbs function for seawater thermodynamics for –6℃ to 80℃ and salinity up to 120g · kg^{-1}, *Deep – Sea Res. I*, **55**, 1 639 – 1 671.

Feistel, R. and W. Wagner, 2006: A New Equation of State for H_2O Ice Ih. *J. Phys. Chem. Ref. Data*, **35**, 2, 1 021 – 1 047

Feistel, R., S. Weinreben, H. Wolf, S. Seitz, P. Spitzer, B. Adel, G. Nausch, B. Schneider and D. G.

Wright,2010c: Density and Absolute Salinity of the Baltic Sea 2006 – 2009. Ocean Science,**6**, 3 – 24. http://www. ocean – sci. net/6/3/2010/os – 6 – 3 – 2010. pdf

Feistel,R. ,D. G. Wright,H. – J. Kretzschmar,E. Hagen,S. Herrmann and R. Span,2010a;Thermodynamic properties of sea air. Ocean Science,**6**,91 – 141. http://www. ocean – sci. net/6/91/2010/ os – 6 – 91 – 2010. pdf

Feistel,R. ,D. G. Wright,K . Miyagawa,A. H. Harvey J. Hruby. D. R. Jackett,T. J. McDougall and W. Wagner,2008: Mutually consistent thermodynamic potentials for fluid water,ice and seawater: a new standard for oceanography. Ocean Science,**4**,275 – 291. http://www. ocean – sci. net/4/275/2008/ os – 4 – 275 – 2008. html

McDougall,T. J. ,2003: Potential enthalpy: A conservative oceanic variable for evaluating heat content and heat fluxes. *Journal of Physical Oceanography*,**33**,945 – 963.

Marion,G. M. ,F. J. Millero,and R. Feistel,2009: Precipitation of solid phase calcium carbonates and their effect on application of seawater S_A – T – P models,*Ocean Science*,**5**,285 – 291,http://www. ocean – sci. net/5/285/2009/

Millero,F. J. ,2000. Effect of changes in the composition of seawater on the density – salinity relationship. *Deep – Sea Res. I* **47**,1 583 – 1 590.

Millero,F. J. ,2010: History of the equation of state of seawater. *Oceanography*,in press.

Millero,F. J. ,F. Huang,N. Williams,J. Waters and R. Woosley,2009: The effect of composition on the density of South Pacific Ocean Waters,*Mar. Chem.* ,**114**,56 – 62.

Millero,F. J. ,J. Waters,R. Woosley,F. Huang,and M. Chanson,2008b: The effect of composition on the density of Indian Ocean waters,*Deep – Sea Res. I*,**55**,460 – 470.

Pawlowicz,R. ,2010: A model for predicting changes in the electrical conductivity,Practical *Salinity*,and Absolute Salinity of seawater due to variations in relative chemical composition. *Ocean Science*,**6**,361 – 378,http://www. ocean – sci. net/6/361/2010/os – 6 – 361 – 2010. pdf

Pawlowicz,R. ,D. G. Wright and F. J. Millero,2010: The effects of biogeochemical processes on oceanic conductivity/salinity/density relationships and the characterization of real seawater. *Ocean Science Discussions*,**7**,773 – 836. http://www. ocean – sci – discuss. net/7/773/2010/ osd – 7 – 773 – 2010 – print. pdf

Seitz,S. ,P. de Bievre,P. Spitzer,R. Feistel,and D. G. Wright,2010b:Metrological Traceability of Oceanographic Salinity Measurement Results. submitted to *Ocean Science Discussions.*

Wagner,W. and Pruβ,A. ,2002: The IAPWS formulation 1995 for the thermodynamic properties of ordinary water substance for general and scientific use. *J. Phys. Chem. Ref. Data*,**31**,387 – 535.

Wright,D. G. ,R. Pawlowitz,T. J. M cDougall and R. Feistel,2010b: Absolute Salinity,"Density Salinity " and the Reference – Composition Salinity Scale: present and future use in the seawater standard TEOS－10. submitted to *Ocean Science Discussions*.

描述计算软件的文献

Feistel, R., D. G. Wright, D. R. Jackett, K. Miyagawa, J. H. Reissmann, W. Wagner, U Ovorhoff, C. Guder, A. Feistel and G. M. Marion, 2010b: Numerical implementation and oceanographic application of the thermodynamicpotentials of water, vapour, ice, and seawater. Part I: Background and equations. *Ocean Science, Discussion.* **7**, 521－647.

Wright D. G, R. Feistel, J. H. Reissmann, K. Miyagawa, D. R. Jackett, W. Wagner, U. Overhoff, C. Guder, A. Feisteland G. M. Marion, 2010a: Numerical implementation and oceanographic application of the thermodynamic potentials of water, vapour, ice, and seawater. Part II: The library routines. *Ocean Science*, in preparation. **7**, 649－708.

McDougall, T. J., D. R. Jackett, R. Feistel, and D. G. Wright, 2010b: Computationally efficient 25－term expressions for the density of seawater in terms of potential temperature and Conservative Temperature. submitted to *Ocean Science Discussions*.

McDougall, T. J., D. R. Jackett and F. J. Millero, 2010a: An algorithm for estimating Absolute Sallnity in the global ocean. Submitted to Ocean Science, a preliminary version is available at *Ocean Science Discuss.*, **6**, 215－242.

TEOS－10 网站

SCOR/IAPSO 127 工作组已经建设并维护网站 http://www.TEOS－10.org，此网站上发布了 TEOS－10 的相关论文、TEOS－10 手册以及 SIA 和 GSW 的计算软件。

注意：本附录中的几篇论文在 2010 年出版的海洋科学专刊“海水热力学属性”中。

附录 D 基本常数(Fundamental constants)

表 D.1 列出了根据 IAPWS(2005)推荐的从 CODATA 2006(Mohr 等,2008)中取出的基础参数值。表 D.2 列出了自 IAPWS(1996,1997,2005,2006)中取出的纯水特性。表 D.3 列出了根据 Millero(2008a)给出的海水的基准化学成分。表 D.4 列出了根据基准成分导出的已选取的海水成分。表 D.5 列出了等压"热容"(heat capacity) c_p^0 的精确值。

表 D.1 CODATA 2006 和 ISO(1993)中基本参数(Mohr 等,2008)

符号	值	误差	计量单位	注释
R	8.314 472	0.000 015	$J \cdot mol^{-1} \cdot K^{-1}$	摩尔气体常数
P_0	101 325	精确	Pa	正常压强
T_0	273.15	精确	K	摄氏零度

表 D.2 IAPWS(1996,1997,2005,2006)和 Feistel(2003)液态水选取的特性

符号	值	误差	计量单位	注释
M_W	18.015 268	0.000 002	$g \cdot mol^{-1}$	分子质量
t_{MD}	3.978 121	0.04	℃	最大密度,温度
ρ_{MD}	999.974 95	0.000 84	$kg \cdot m^{-3}$	在 P_0 面上的最大密度
ρ^0	999.8431	0.001	$kg \cdot m^{-3}$	P_0 和 T_0 对应的密度, $\rho^0 = 1/v^0$
$(\partial\rho^0/\partial T)_P$	$6.774\,876 \times 10^{-2}$	0.06×10^{-2}	$kg \cdot m^{-3} K^{-1}$	P_0 和 T_0 对应的 $(\partial\rho/\partial T)_P$
T_t	273.16	精确	K	三相点温度
P_t	611.657	0.01	Pa	三相点压强
ρ_t	999.793	0.01	$kg \cdot m^{-3}$	三相点密度
η_t	0	精确	$J \cdot kg^{-1} K^{-1}$	三相点熵
u_t	0	精确	$J \cdot kg^{-1}$	三相点内能
T_f^0	273.152 519	0.000 002	K	P_0 下的冰点

表 D.3 在 25℃,101 325 Pa 条件下标准海水基准盐度的海盐成分定义

溶解物质 j	Z_j (g)	M_j (mol^{-1})	X_j (10^{-7})	$X_j \times Z_j$ (10^{-7})	W_j
Na^+	+1	22.989 769 28(2)	4 188 071	4 188 071	0.306 595 8
Mg^{2+}	+2	24.305 0(6)	471 678	943 356	0.036 505 5
Ca^{2+}	+2	40.078(4)	91 823	183 646	0.011 718 6
K^+	+1	39.098 3(1)	91 159	91 159	0.011 349 5

续表

溶解物质 j	Z_j (g)	M_j (mol^{-1})	X_j (10^{-7})	$X_j \times Z_j$ (10^{-7})	W_j
Sr^{2+}	+2	87.62(1)	810	1 620	0.000 226 0
Cl^-	-1	35.453(2)	4 874 839	-4 874 839	0.550 339 6
SO_4^{-2}	-2	96.062 6(50)	252 152	-504 304	0.077 131 9
HCO_3^-	-1	61.016 84(96)	15 340	-15 340	0.002 980 5
Br^-	-1	79.904(1)	7 520	-7 520	0.001 913 4
CO_3^{2-}	-2	60.008 9(10)	2 134	-4 268	0.000 407 8
$B(OH)_4^-$	-1	78.840 4(70)	900	-900	0.000 225 9
F^-	-1	18.998 403 2(5)	610	-610	0.000 036 9
$(OH)^-$	-1	17.007 33(7)	71	-71	0.000 003 8
$B(OH)_3$	0	61.833 0(70)	2 807	0	0.000 552 7
CO_2	0	44.009 5(9)	86	0	0.000 012 1
总计			10 000 000	0	1.0

注:X 为摩尔分数,Z 为化合价,

W 为质量分数(Millero 等,2008a)。源自 Wieser(2006)的摩尔质量 M,括号内是它们的误差。质量分数是对溶液的质量而不是溶液中纯水的质量

表 D.4 KCl 标准化的(KCl－normalised)基准海水选取变量特性(Millero 等,2008)和 WG127(2006)的提议

符号	值	误差	计量单位	注释
M_S	31.403 821 8	0.001	$g \cdot mol^{-1}$	基准盐度克分子质量 $M_S = \sum_j X_j M_j$
Z^2	1.245 289 8	精确的	—	基准盐度化合价因子 $Z^2 = \sum_j X_j Z_j^2$
N_A	$6.022\ 141\ 79 \times 10^{23}$	3×10^{16}	mol^{-1}	Avogadro 常数
N_S	$1.917\ 646\ 1 \times 10^{22}$	6×10^{17}	g^{-1}	基准盐度微粒数 $N_S = N_A / M_S$
u_{PS}	1.004 715	精确的[a]	$g \cdot kg^{-1}$	单位转换因子 $u_{PS} \equiv 35.165\ 04\ g \cdot kg^{-1}/35$
S_{SO}	35.165 04	精确的[a]	$g \cdot kg^{-1}$	标准海水的基准盐度 $35u_{PS}$
T_{SO}	273.15	精确的	K	标准海水温度 $T_{SO} = T_0$
t_{SO}	0	精确的	℃	标准海水温度 $t_{SO} = T_{SO} - T_0$
P_{SO}	101 325	精确的	Pa	标准海水压强 $P_{SO} = P_0$

续表

符号	值	误差	计量单位	注释
p_{SO}	0	精确的	Pa	标准海水压强 $p_{SO}=P_{SO}-P_0$
h_{SO}	0	精确的	$J \cdot kg^{-1}$	标准海水表面焓 $h_{SO}=u_t$
η_{SO}	0	精确的	$J \cdot kg^{-1} \cdot K^{-1}$	标准海水表面熵 $\eta_{SO}=\eta_t$
S_u	40. 188 617	精确的	$g \cdot kg^{-1}$	与单位相关的比例常数 $40u_{PS}$
t_u	40	精确的	℃	与单位相关的比例常数
p_u	10^8	精确的	Pa	与单位相关的比例常数
g_u	1	精确的	$J \cdot kg^{-1}$	与单位相关的比例常数

注：a 根据基准盐度和基准成分的定义。

表 D.5　使位焓和保守温度相关的等压“热容”（heat capacity）的精确定义

符号	值	误差	计量单位	注释
c_p^0	3991. 867 957 119 63	精确的	$J \cdot kg^{-1} \cdot K^{-1}$	见方程(3. 3. 3)

表 D.6　CO_2 固定水平下干空气的化学组成

气体	摩尔份额	质量分数	摩尔质量 $g \cdot mol^{-1}$
N_2	0. 780 847 9	0. 755 184 73	28. 013 4(3)
O_2	0. 209 390 0	0. 231 318 60	31. 998 8(4)
Ar	0. 009 332 0	0. 012 870 36	39. 948(1)
CO_2	0. 000 400 0	0. 000 607 75	44. 009 5(9)
Ne	0. 000 018 2	0. 000 012 68	20. 179 7(6)
He	0. 000 005 2	0. 000 000 72	4. 002 602(2)
CH_4	0. 000 001 5	0. 000 000 83	16. 042 46(81)
Kr	0. 000 001 1	0. 000 003 18	83. 798(2)
H_2	0. 000 000 5	0. 000 000 03	2. 015 88(10)
N_2O	0. 000 000 3	0. 000 000 46	44. 012 8(4)
CO	0. 000 0002	0. 000 000 19	28. 010 1(9)
Xe	0. 000 000 1	0. 000 000 45	131. 293(6)
Air	1. 000 000 0	0. 999 999 98	28. 965 46(33)

注：除 N_2 外，其余气体的摩尔分数源自 Picard 等(2008)。

通过 1 减去其他气体的摩尔分数得到 N_2 的摩尔分数，括号内是摩尔质量的误差。

D.1　科氏参数(Coriolis Parameter)

地球旋转速度 Ω(Griffies,2004)是

$$\Omega = 7.292\,1 \times 10^{-5}\ \mathrm{s}^{-1} \tag{D.1}$$

科氏参数 f 为

$$f = 2\Omega\sin\phi = 1.458\,42 \times 10^{-4}\sin\phi\ \mathrm{s}^{-1} \tag{D.2}$$

式中,ϕ 是纬度。

D.2　重力加速度(Gravitational Acceleration)

重力加速度 g 是(Moritz,2000):

$$\begin{aligned} g &= 9.780\,327[1 + 5.302\,4 \times 10^{-3}\sin^2\phi - 5.8 \times 10^{-6}\sin^2 2\phi]\,\mathrm{m\cdot s^{-2}} \\ &= 9.780\,327[1 + 5.279\,2 \times 10^{-3}\sin^2\phi + 2.32 \times 10^{-5}\sin^4\phi]\,\mathrm{m\cdot s^{-2}} \end{aligned} \tag{D.3}$$

式中,ϕ 是纬度。这是把大地水准面近似为椭球体时,球体表面上的重力加速度。

纬度为 45°时,$g = 9.806\,2\ \mathrm{m\cdot s^{-2}}$,此值被普遍应用于海洋模式中。在地球表面上重力加速度 g 的平均值为 $g = 9.797\,6\ \mathrm{m\cdot s^{-2}}$(Gill,1982),但是在海表面上 g 的均值为 $g = 9.796\,3\ \mathrm{m\cdot s^{-2}}$(Griffies,2004)。

附录 E 计算实用盐度的算法(Algorithm for calculating Practical Salinity)

E.1 根据 K_{15} 计算实用盐度 S_P(Calculation of Practical Salinity S_P in terms of K_{15})

1978 实用盐标(Unesco,1981,1983)是根据电导率 K_{15} 定义实用盐度 S_P 的。电导率 K_{15} 定义为温度 $t_{68}=15℃$,压强为一个标准大气压($p=0$ dbar,绝对压强 P 为 101 325 Pa)时样本的电导率,除以同等温度和压强条件下一个标准 KCl 溶液的电导率的比值。在标准溶液中 KCl 的质量分数为 $32.435\,6\times10^{-3}$(单位质量溶液中 KCl 的质量)。当 $K_{15}=1$ 时,定义溶液的实用盐度为 35。注意,实用盐度是一个没有单位的量。虽然有时很方便,但是采用“psu”作为实用盐度的计量单位,技术上是不正确的;它应该表述为采用“实用盐标 PSS-78”(on the Prctical Salinity Scale PSS-78)来引用盐度。当 K_{15} 不是单位 1 时,S_P 和 K_{15} 通过 PSS-78 方程相联系:

$$S_P = \sum_{i=0}^{5} a_i (K_{15})^{i/2} \quad 其中,K_{15} = \frac{C(S_P, t_{68} = 15℃, 0)}{C(35, t_{68} = 15℃, 0)} \tag{E.1.1}$$

下表列出了上式中系数 a_i 的值。注意,6 个 a_i 值的和恰好为 35,即 $\sum_{i=0}^{5} a_i = 35$,6 个 b_i 值的和为 0,即 $\sum_{i=0}^{5} b_i = 0$。(E.1.1)式的有效范围为 $2 < S_P < 42$。

i	a_i	b_i	c_i	d_i	e_i
0	0.008 0	0.000 5	$6.766\,097\times10^{-1}$		
1	−0.169 2	−0.005 6	$2.005\,64\times10^{-2}$	3.426×10^{-2}	2.070×10^{-5}
2	25.385 1	−0.006 6	$1.104\,259\times10^{-4}$	4.464×10^{-4}	-6.370×10^{-10}
3	14.094 1	−0.037 5	$-6.969\,8\times10^{-7}$	4.215×10^{-1}	3.989×10^{-15}
4	−7.026 1	0.063 6	$1.003\,1\times10^{-9}$	-3.107×10^{-3}	
5	2.708 1	−0.014 4			

E.2 在海洋温度和压强范围内计算实用盐度 S_P(Calculation of Practical Salinity S_P at oceanographic temperature and pressure)

以下公式来自 Unesco(1983),其有效范围为 $-2℃\leqslant t\leqslant35℃$,$0\leqslant p\leqslant10\,000$ dbar。现场观

测盐度值根据测量电导率 R 得到：

$$R = \frac{C(S_P, t_{68}, p)}{C(35, t_{68} = 15℃, 0)} = \frac{C(S_P, t_{68}, p)}{C(S_P, t_{68}, 0)} \frac{C(S_P, t_{68}, 0)}{C(35, t_{68}, 0)} \frac{C(35, t_{68}, 0)}{C(35, t_{68} = 15℃, 0)} \quad (E.2.1)$$

(E.2.1)式可表示为3个因子 R_p, R_t 和 r_t 的乘积，即：

$$R = \frac{C(S_P, t_{68}, p)}{C(35, t_{68} = 15℃, 0)} = R_p R_t r_t \quad (E.2.2)$$

最后一个因子 r_t 是通过把实验数据拟合为温度（t_{68}）的多项式而得到：

$$r_t = \sum_{i=0}^{4} c_i (t_{68}/℃)^i \quad (E.2.3)$$

因子 R_p 是通过把试验数据拟合为 p, t_{68} 和 R 的函数：

$$R_p = 1 + \frac{\sum_{i=1}^{3} e_i p^i}{1 + d_1(t_{68}/℃) + d_2(t_{68}/℃)^2 + R[d_3 + d_4(t_{68}/℃)]} \quad (E.2.4)$$

对于 R 的任何样本测量值可以计算 r_t 和 R_p，因此计算出：

$$R_t = \frac{R}{R_p r_t} \quad (E.2.5)$$

温度 $t_{68} = 15℃$ 时，R_t 即为 K_{15}，而且可以利用(E.1.1)式计算出实用盐度 S_P，当温度不是15℃时，可以采用下列 R_t 的函数和 $k = 0.0162$ 计算出实用盐度 S_P：

$$S_P = \sum_{i=0}^{5} a_i (R_t)^{i/2} + \frac{(t_{68}/℃ - 15)}{[1 + k(t_{68}/℃ - 15)]} \sum_{i=0}^{5} b_i (R_t)^{i/2} \quad (E.2.6)$$

(E.1.1)式和(E.2.6)式的有效范围是 $2 \leqslant S_P \leqslant 42$。在这个范围之外时，$S_P$ 需要通过纯水稀释或者蒸发盐水样本的方法得到。也可以通过实用盐标扩展方法得到实用盐度 S_P，在 $0 < S_P < 2$ 时采用 Hill 等(1986)提出的方法，在 $42 < S_P < 50$ 范围内，采用 Poisson 和 Gadhoumi(1983)方法。采用这种方式得到的实用盐度 S_P 的值可以应用在(2.4.1)式 $S_R \approx u_{PS} S_P$ 中来计算基准盐度 S_R。

(E.2.1)式到(E.2.6)式中的温度都采用 IPTS-68 温标。这些函数和系数都还没有修正到 ITS-90 温标。因此在一个测量压强和 t_{90} 温度下，为了通过电导率计算实用盐度，首先需要按照附录A.1中的(A.1.3)式把温度转换到 t_{68} 温标下。GSW 软件库(附录N)的第一行代码就完成了这个工作。不同温标下实用盐度的定义和计算实用盐度的方法都可以在附录E.4中找到。

E.3 通过已知的实用盐度 S_P 计算电导率 R(Calculation of conductivity ratio R for a given Pracital Salinity)

在实用盐度已知的情况下，推导出给定温度下与此实用盐度对应的电导率 R 的值，可以首先利用(E.2.6)式的 Newton-Raphson 迭代反演法计算出 R_t。因为 r_t 只是温度的函数，在 R_t

和 r_t 已知的情况下,(E.2.4)式可以写成已知系数的 R 的二次方程,解这个方程得到 R。此过程在 Unesco(1983)中有详细介绍,也可以在 SIA 和 GSW 算法库中得到。注意这个过程根据 t_{68}温标;GSW 库中代码可以接受 t_{90}温标输入,然后在进行上述计算前把温度转换成 t_{68}温标。

E.4 利用 ITS - 90 计算实用盐度(Evaluating Practical Salinity using ITS - 90 temperatures)

为了把实用盐度定义为 K_{15}的函数并定义 KCl 的质量分数,我们首先考虑 IPTS - 68 变换为 ITS - 90 的结果。假设在(E.1.1)式中采用 K_{15-90}代替 K_{15}计算实用盐度 S_P,其中,K_{15-90}定义为:

$$K_{15-90} = \frac{C(S_P, t_{90} = 15℃, 0)}{C(35, t_{90} = 15℃, 0)} \tag{E.4.1}$$

由此可以计算出 $K_{15-90} - K_{15}$差异的大小,并发现在 $2 \leqslant S_P \leqslant 42$ 范围内,$K_{15-90} - K_{15}$的差值小于 6.8×10^{-7}。进一步的计算表明,在实用盐度的有效范围内都是 $\partial S_P / \partial K_{15} < 41$,因此,在(E.1.1)式中采用 K_{15-90}代替 K_{15}后,实用盐度的变化小于 3×10^{-5}。这几乎比样本的测量精度低两个量级,而且比采用 KCl 的质量分数定义的不确定性导致的误差低一个量级。如果将成为实用盐标基础的所有原始测量数据都转换到 ITS - 90,并重新分析测定在 $t_{90} = 15℃$ 下给定的电导率的质量分数,那么可以导出同样的质量分数 $32.435\,6 \times 10^{-3}$。

若不能接受由于电导率对如此小的温度差异的敏感性,可遵照 Millero 等(2008a),在实用盐度的定义中申明是基于 ITS - 90 温标,(E.1.1)式中的比率 K_{15}等同于 $t_{90} = 14.996℃$ 时的电导率的比率。

电导率比率 R_t 对测定该比率时的温度的依赖程度是相当弱的,该事实对于台式盐度计(bench salinometers)的应用十分重要。样本和标准海水应该在相同的温度下进行对比,且该温度的稳定量级应达到 1 mK,这一点很重要。这通过在仪器中使用一个大的水容器而实现。然而,不必苛求稳定的容器温度精度优于 10 mK 或 20 mK。

依赖温度的实用盐度表达式(E.2.6)式的基础是比率 R_p,R_t 和 r_t,它们均敏感地依赖于 IPTS - 68 和 ITS - 90 之间的差异,这也是我们推荐保留这些比率的原有计算机算法的原因,在应用软件时首先采用公式 $t_{68} = 1.002\,4 t_{90}$,把(使用 ITS - 90 温标记录的)输入温度转换成 IPTS - 68 温标下的温度。其后,软件按照(E.2.1)式~(E.2.6)式进行后续计算。

E.5 对于实用盐度和绝对盐度测量过程的标准计量单位描述(Towards SI - traceability of the measurement procedure for Practical Salinity and Absolute Salinity)

世界大洋中,全球尺度几十年或几百年的气候观测,都要求观测技术能保障获取当时最高精度、长期稳定、全球范围内兼容的测量数据。能保证此目的的最高可靠性只能通过这些测量结果的可以追溯至国际计量单位体系(SI)主要标准性质来保证,这些标准曾得到国家气象研究院的资助,例如美国的国家标准与技术研究院(NIST,National Institute of Standards and Technology)、英国国家物理实验室(NPL,National Physical Laboratory)、德国物理技术联邦局(PTB,Physikalisch - Technische Bundesanstalt)等。

为了计算标准成分海水样本的热力学属性,必须测量3个独立的参数。由于引入1978实用盐标作为海洋学的国际标准,这3个参数是电导率、温度和压强。通过它们,利用标准算法可以计算出盐度、密度及其他属性。温度和压强(如通过CTD传感器)测量结果的可追溯性,可由制造商或其他实验室实施建立的校正过程得到保证,在这里不再考虑。

海洋盐度的测量是一项更复杂的工作(Millero等,2008a)。即使在过去的几个世纪,海洋学中引入了不同的不断改进的方法,采用SI单位的盐度测量结果的可追溯性还没有完成(Seitz等,2008;Seitz等;2010b)。这意味着这样一种风险,即今天的测量读数可能比几百年后的测量更不可靠,这种状况将降低未来长期趋势分析的精度。

一个物理量通常被定义为"现象、物体或者物质的属性,该属性有大小,可以用数字表示"(ISO/IEC,2007)。获取这个数字大小的过程称为测量。数值(物理量的值)由同类型已知基准量值的系统度量而获得。反之,基准量值由更高级的测量过程得到,同样该测量过程由基准度量得到,以此类推。校正的等级终结于一种基本基准过程,该过程被用于把一个量值和计量单位指定为那类物理量的基础标准。因此,测量值的计量单位表明了它与相应的基准量值的联系(它的度量衡的追溯性)。很明显,在不同时间地点、由不同测量人、不同测量仪器/方法所得的测量值,只要采取同样的基准就彼此兼容,该基准量值必须可以高度可靠地再现。

测量值之间的兼容性是另一个很重要的方面。一个基础标准的基准量值存在不可避免的误差。所有的测量和校正必须本着这一原则。因此,一个测量结果总有一个测量值和对应的误差。很明显,后者沿着校正等级会逐渐增加。只有当测量值之间的差异小于它们的测量误差时,才可以认为它们是相等的(兼容的)。另外一方面,只有当它们的差异大于测量误差时,才可以认为它们是不同的。

为了保证应用中的兼容性,建立了国际计量单位系统(SI,International System of Units)。各国的国家度量衡研究院(NMIs,National Metrological Institutes)建立了基本基准过程来实现基本标准形式的SI计量单位。为了把这些计量单位与基本的物理常数联系起来从而实现高度的再现性,很多人付出了大量的努力。此外,各国NMIs周期性地在国际重量和测量局的保护下开展国际兼容性测量,从而保证这些数值国家标准的兼容性。

PSS-78以及类似的新基准成分盐标(Millero等,2008a),都通过测量的电导率比值与作为基准的IAPSO标准海水(SSW,Culkin和Ridout,1998;Bacon,2007)的K_{15}电导率比值计算盐度值,它起到了一个基础标准的作用。IAPSO标准海水生产过程,特别是对于一定纯度的氯化钾(KCl)溶液的电导率的校正和相应的K_{15}比率值的分配,都可以看做是基准过程。但是这些溶液都是SI体系外的人工产品；它们不遵循通常的国际内部兼容性；由任意独立的实验室制作溶液的充分精确的可重复性不仅未知而且无法保证。人为属性的缓慢漂移不能严格地被排除，类似于存放在巴黎的千克原型质量的“挥发”（evaporation）的原理。目前无法预见将来影响SSW溶液电导率的因素。因此，相对于几十年和几百年的时间尺度，K_{15}比率具有误差，该误差无法量化，而且导致盐度测量数据的长期兼容性存在风险。

解决这种困境的方法是测量一种不同的海水物理量，该海水物理量可以追溯至SI标准并且具有符合要求的微小误差，通过该方法，盐度值可以利用已知的很精确的经验关系计算出来（Seitz等，2010b）。满足此要求的潜在对象有声速、折射率、海盐成分的化学分析（如通过质谱分析），尤其是氯，以及直接测量的密度。后者具有3个优势：①SI可追溯的海水密度测量的相对误差为1 ppm（Wolf，2008），它满足海水观测的需要；②密度和盐度相关关系以TEOS－10 Gibbs函数的形式存在，并且相对误差为4 ppm；③与其他选择相对照，被测量的密度与海洋学有直接的关系。

注意，一个物理量值的测量过程与其可追溯性不相关，这一点非常重要。测量一个人的体重，可以利用质量天平，弹簧秤或者电磁线圈；它的量值可以追溯，而不是得到这个量值的方法。采用的方法不是重要的，只要测量值的误差是可靠的。因此，我们可以采用CTD电导率传感器测量海水的密度，该传感器已经通过SI可追溯的密度基准的校正。海上CTD测得的密度读数，通过状态方程被转换成绝对盐度，最终绝对盐度的数值在数据中心保存。后面一步的计算可以根据当地海盐成分偏差有所调整。存储盐度值而不是相关的密度读数，优于通过稀释或者由温度/压强的变化得到的盐度值。

127工作组的这种概念上的提议仍是不成熟的，并且需要在随后几年内解决更细致的问题。尽管这意味着在CTD或类似仪器的实际应用中仅仅是微小的改变，对于未来几代人实施气候趋势分析所采用的观测数据的长期可靠性，这个新概念还是很有前瞻性的。这个提议的直接结果是，制作每一批IAPSO标准海水的几个样本时，必须测量（在给定压强和温度下）样本的密度，并且必须将这些密度值作为每一批样本的基准值。

附录 F　流体水的 IAPWS -95 Helmholtz 函数系数(适用范围低至 50K)[Coefficients of the IAPWS -95 Helmholtz function of fluid water (with extension down to 50K)]

IAPWS 修订版 - IAPWS(2009b)给出了流体水(气态或液态)的"比 Helmoholtz 能",这主要根据 Wagner 和 Pruβ(2002)的成果。修订版仍然参考 IAPWS -95。IAPWS -95 单位质量 Helmoholtz 能定义为

$$f^{\mathrm{flu}}(T,\rho) = f^{\mathrm{V,id}}(T,\rho) + R_{\mathrm{W}}T\varphi^{\mathrm{res}}(\tau,\delta) \tag{F.1}$$

其中,$f^{\mathrm{V,id}}(T,\rho)$ 是(F.2)式的理想气体部分,$R_{\mathrm{W}} = 461.518\ 05\ \mathrm{J \cdot kg^{-1} \cdot K^{-1}}$ 是 IAPWS -95 中水的比气体常数,$\varphi^{\mathrm{res}}(\tau,\delta)$ 是剩余的无量纲部分,它包含 56 项,附录 F.5 的表 F.2 ~ 表 F.4 给出具体值。注意这里的气体常数不同于最新值 $R_{\mathrm{W}} = R/M^{\mathrm{W}} = 461.523\ 64\ \mathrm{J \cdot kg^{-1} \cdot K^{-1}}$,其中 $M^{\mathrm{W}} = 18.015\ 268\ \mathrm{g \cdot mol^{-1}}$,为水分子摩尔质量(IAPWS,2005)。

水汽比 Helmoholtz 能(根据 IAPWS,2009b;Wagner 和 Pruβ,2002;Feistel 等,2010b)的理想气体部分,$f^{\mathrm{V,id}}(T,\rho)$,是

$$f^{\mathrm{V,id}}(T,\rho) = R_{\mathrm{W}}T[\varphi^{0}(\tau,\delta) + \varphi^{\mathrm{ex}}(\tau)] \tag{F.2}$$

注意,$\varphi^{\mathrm{ex}}(\tau)$ 项由 Feistel(2010b)引入,以便将公式的应用范围扩充至地球以外区域,并且根据 Feistel 和 Wagner(2007)及 IAPWS(2008b)升华压强可降低至 50 K;该极端范围内的相关试验还没有进行。该项是 IAPWS(2009b)及 Wagner 和 Pruβ(2002)中比 Helmoholtz 能的附加项。通过水汽等压热容比方程求得函数 $\varphi^{0}(\tau,\delta)$:

$$\varphi^{0}(\tau,\delta) = \ln\delta + n_1^0 + n_2^0\tau + n_3^0\ln\tau + \sum_{i=4}^{8} n_i^0\ln(1 - e^{-\gamma_i^0\tau}) \tag{F.3}$$

"约化密度"("reduced density")$\delta = \rho/\rho_c$ 和"约化温度"("reduced temperature")$\tau = T_c/T$ 由 $\rho_c = 322\ \mathrm{kg \cdot m^{-3}}$,$T_c = 647.096\ \mathrm{K}$ 计算得到。表(F.1)列出了(F.3)式的系数。IAPWS -95 基准状态规定在三相点液态水的内能和熵皆为零。描述这些状态的一个高度精确数字方法给出了以下可调整的 16 位系数:$n_1^{\circ} = -8.320\ 446\ 483\ 749\ 693$,$n^{\circ}_2 = 6.683\ 210\ 527\ 593\ 226$。TEOS -10(IAPWS,2009b),Feistel 等(2008a)采用了这些数值。

温度 T 采用 ITS -90 温标,其有效范围是 130 ~ 2 000 K,没有采用(F.4)式的扩展范围,即

$\varphi^{\mathrm{ex}}(\tau)=0$。把温度范围在50～130 K内的下列修正函数$\varphi^{\mathrm{ex}}(\tau)$加到(F.2)式中,温度范围可扩展至50～130 K,

$$\varphi^{\mathrm{ex}}(\tau)=E\times\left(-\frac{1}{2\tau}-\frac{3}{\varepsilon^{2}}(\tau+\varepsilon)\ln\frac{\tau}{\varepsilon}-\frac{9}{2\varepsilon}+\frac{9\tau}{2\varepsilon^{2}}+\frac{\tau 2}{2\varepsilon^{3}}\right),50\mathrm{K}\leqslant T\leqslant 130\mathrm{K} \quad (\mathrm{F.4})$$

其中,$T_{\mathrm{E}}=130\mathrm{K}$,$E=0.278\,296\,458\,178\,592$,$\varepsilon=T_c/T_E$。在$\tau=\varepsilon$时,$\varphi^{\mathrm{ex}}(\tau)$为零,以及温度的一阶、二阶、三阶和四阶导数都为零。IAPWS－95公式中已经应用了这个修正,拟合50～130K范围内的Wolllley(1980)热容数据,标准偏差的离差为$6\times10^{-4}c_{\mathrm{P}}/R_{\mathrm{W}}$。该扩展公式已经部分在TEOS－10(Feistel等,2010a)中开发实施,它与IAPWS(2008b)中给出的相关函数一致,但是还没被IAPWS认可。

(F.1)式的剩余部分为

$$\varphi^{\mathrm{res}}=\sum_{i=1}^{7}n_i\delta^{d_i}\tau^{t_i}+\sum_{i=8}^{51}n_i\delta^{d_i}\tau^{t_i}\exp(-\delta^{c_i})$$
$$+\sum_{i=52}^{54}n_i\delta^{d_i}\tau^{t_i}\exp[-\alpha_i(\delta-\varepsilon_i)^2-\beta_i(\tau-\gamma_i)^2]+\sum_{i=55}^{56}n_i\Delta^{b_i}\delta\psi \quad (\mathrm{F.5})$$

应用的简化公式为:

$$\Delta=\theta^2+B_i|\delta-1|^{2a_i},\theta=1-\tau+A_i|\delta-1|^{\frac{1}{\beta_i}},\psi=\exp[-C_i(\delta-1)^2-D_i(\tau-1)^2] \quad (\mathrm{F.6})$$

表F.2～表F.4给出了(F.5)式的系数。

表F.1 (F.3)式中的系数

i	n_i^0	γ_i^0
1	－8.320 446 483 749 69	
2	6.683 210 527 593 23	
3	3.006 32	
4	0.012 436	1.287 289 67
5	0.973 15	3.537 342 22
6	1.279 5	7.740 737 08
7	0.969 56	9.244 377 96
8	0.248 73	27.507 510 5

注:调整系数n°_1与n°_2的初始值(Wagner和Pruβ,2002)与此处给出的TEOS－10的值略有不同(Feistel等,2008a)

表F.2 (F.5)式剩余部分的系数

i	c_i	d_i	t_i	n_i
1	0	1	－0.5	0.012 533 547 935 523
2	0	1	0.875	7.895 763 472 282 8
3	0	1	1	－8.780 320 330 356 1
4	0	2	0.5	0.318 025 093 454 18

续表

i	c_i	d_i	t_i	n_i
5	0	2	0. 75	-0. 261 455 338 593 58
6	0	3	0. 375	$-7.8199751687981 \times 10^{-3}$
7	0	4	1	$8.8089493102134 \times 10^{-3}$
8	1	1	4	-0. 668 565 723 079 65
9	1	1	6	-0. 204 338 109 509 65
10	1	1	12	$-6.6212605039687 \times 10^{-5}$
11	1	2	1	-0. 192 327 211 560 02
12	1	2	5	-0. 257 090 430 034 38
13	1	3	4	0. 160 748 684 862 51
14	1	4	2	-0. 040 092 828 925 807
15	1	4	13	$3.9343422603254 \times 10^{-7}$
16	1	5	9	$-7.5941377088144 \times 10^{-6}$
17	1	7	3	$5.6250979351888 \times 10^{-4}$
18	1	9	4	$-1.5608652257135 \times 10^{-5}$
19	1	10	11	$1.1537996422951 \times 10^{-9}$
20	1	11	4	$3.6582165144204 \times 10^{-7}$
21	1	13	13	$-1.3251180074668 \times 10^{-12}$
22	1	15	1	$-6.2639586912454 \times 10^{-10}$
23	2	1	7	-0. 107 936 009 089 32
24	2	2	1	0. 017 611 490 087 52
25	2	2	9	0. 221 322 951 675 46
26	2	2	10	-0. 402 476 697 635 28
27	2	3	10	0. 580 833 999 857 59
28	2	4	3	$4.9969146990806 \times 10^{-3}$
29	2	4	7	-0. 031 358 700 712 549
30	2	4	10	-0. 743 159 297 103 41
31	2	5	10	0. 478 073 299 154 8
32	2	6	6	0. 020 527 940 895 948
33	2	6	10	-0. 136 364 351 103 43
34	2	7	10	0. 014 180 634 400 617
35	2	9	1	$8.3326504880713 \times 10^{-3}$
36	2	9	2	-0. 029 052 336 009 585
37	2	9	3	0. 038 615 085 574 206
38	2	9	4	-0. 020 393 486 513 704
39	2	9	8	$-1.6554050063734 \times 10^{-3}$
40	2	10	6	$1.9955571979541 \times 10^{-3}$
41	2	10	9	$1.5870308324157 \times 10^{-4}$
42	2	12	8	$-1.638856834253 \times 10^{-5}$

续表

i	c_i	d_i	t_i	n_i
43	3	3	16	0.043 613 615 723 811
44	3	4	22	0.034 994 005 463 765
45	3	4	23	−0.076 788 197 844 621
46	3	5	23	0.022 446 277 332 006
47	4	14	10	$-6.268\,971\,041\,468\,5\times10^{-5}$
48	6	3	50	$-5.571\,111\,856\,564\,5\times10^{-10}$
49	6	6	44	0.199 057 183 544 08
50	6	6	46	0.317 774 973 307 38
51	6	6	50	−0.118 411 824 259 81

表 F.3 (F.5)式剩余部分的系数

i	c_i	d_i	n_i	α_i	β_i	γ_i	ε_i
52	3	0	−31.306 260 323 435	20	150	1.21	1
53	3	1	31.546 140 237 781	20	150	1.21	1
54	3	4	−2521.315 434 169 5	20	250	1.25	1

表 F.4 (F.5)式剩余部分的系数

i	a_i	b_i	B_i	n_i	C_i	D_i	A_i	β_i
55	3.5	0.85	0.2	−0.148 746 408 567 24	28	700	0.32	0.3
56	3.5	0.95	0.2	0.318 061 108 784 44	32	800	0.32	0.3

(F.1)式的有效范围为 50 ~ 1 273 K,压强范围上至 1 000 MPa 的流体水稳定单相区域内。IAPWS(2009b)和 Wagner 和 Pruβ(2002)给出了计算误差。

附录 G　IAPWS－09 纯液态水 Gibbs 函数的系数(Coefficients of the pure liquid water Gibbs function of IAPWS－09)

Feistel(2003)的 Gibbs 函数中纯液态水部分已被 IAPWS(IAPWS,2009c)认可为海洋学的温度和压强范围内 IAPWS－95 纯水的热力学描述之一。纯水比 Gibbs 能 $g^{W}(t,p)$ 是独立变量 ITS－90 摄氏度 $t = t_u \times y$ 和海水压强 $p = p_u \times z$ 的函数,

$$g^{W}(t,p) = g_u \sum_{j=0}^{7} \sum_{k=0}^{6} g_{jk} y^j z^k \tag{G.1}$$

约化温度为 $y = t/t_u$,约化压强为 $z = p/p_u$。附录 D 的表 D.4 中列出了常数 t_u,p_u,g_u 的值。在海洋学的标准范围内,约化数量(reduced quantities)y 和 z 变化范围为 0～1。以下表不包含为零的参数值 $g_{jk}=0$。这 41 个参数中的两个参数(g_{00}和 g_{10})是任意的,通过在水的三相点,比熵 η 和单位质量内能 u 为零的基准状态计算得到。

$$\eta(T_t,p_t) = 0 \text{ 和 } u(T_t,p_t) = 0 \tag{G.2}$$

注意,下表中 g_{00}和 g_{10}值源自 Feistel 等(2008a)和 IAPWS(2009),并且与 Feistel(2003)中的值并不相同。目前表中值是满足三相点条件(G.2)式和(G.3)式的最精确值[见 Feistel 等(2008a)对于此问题的讨论]。

j	k	g_{jk}	j	k	g_{jk}
0	0	$0.101\,342\,743\,139\,674 \times 10^3$	3	2	$0.499\,360\,390\,819\,152 \times 10^3$
0	1	$0.100\,015\,695\,367\,145 \times 10^6$	3	3	$-0.239\,545\,330\,654\,412 \times 10^3$
0	2	$-0.254\,457\,654\,203\,630 \times 10^4$	3	4	$0.488\,012\,518\,593\,872 \times 10^2$
0	3	$0.284\,517\,778\,446\,287 \times 10^3$	3	5	$-0.166\,307\,106\,208\,905 \times 10$
0	4	$-0.333\,146\,754\,253\,611 \times 10^2$	4	0	$-0.148\,185\,936\,433\,658 \times 10^3$
0	5	$0.420\,263\,108\,803\,084 \times 10$	4	1	$0.397\,968\,445\,406\,972 \times 10^3$
0	6	$-0.546\,428\,511\,471\,039$	4	2	$-0.301\,815\,380\,621\,876 \times 10^3$
1	0	$0.590\,578\,347\,909\,402 \times 10$	4	3	$0.152\,196\,371\,733\,841 \times 10^3$
1	1	$-0.270\,983\,805\,184\,062 \times 10^3$	4	4	$-0.263\,748\,377\,232\,802 \times 10^2$
1	2	$0.776\,153\,611\,613\,101 \times 10^3$	5	0	$0.580\,259\,125\,842\,571 \times 10^2$

续表

j	k	g_{jk}	j	k	g_{jk}
1	3	$-0.196\,512\,550\,881\,220\times10^3$	5	1	$-0.194\,618\,310\,617\,595\times10^3$
1	4	$0.289\,796\,526\,294\,175\times10^2$	5	2	$0.120\,520\,654\,902\,025\times10^3$
1	5	$-0.213\,290\,083\,518\,327\times10$	5	3	$-0.552\,723\,052\,340\,152\times10^2$
2	0	$-0.123\,577\,859\,330\,390\times10^5$	5	4	$0.648\,190\,668\,077\,221\times10$
2	1	$0.145\,503\,645\,404\,680\times10^4$	6	0	$-0.189\,843\,846\,514\,172\times10^2$
2	2	$-0.756\,558\,385\,769\,359\times10^3$	6	1	$0.635\,113\,936\,641\,785\times10^2$
2	3	$0.273\,479\,662\,323\,528\times10^3$	6	2	$-0.222\,897\,317\,140\,459\times10^2$
2	4	$-0.555\,604\,063\,817\,218\times10^2$	6	3	$0.817\,060\,541\,818\,112\times10$
2	5	$0.434\,420\,671\,917\,197\times10$	7	0	$0.305\,081\,646\,487\,967\times10$
3	0	$0.736\,741\,204\,151\,612\times10^3$	7	1	$-0.963\,108\,119\,393\,062\times10$
3	1	$-0.672\,507\,783\,145\,070\times10^3$			

附录 H IAPWS－08 海水 Gibbs 函数的系数（Coefficients of the saline Gibbs function for seawater of IAPWS－08）

非零系数 g_{ijk} 是盐水的比 Gibbs 能 $g^S(S_A,t,p)$ 函数中的非零系数，它的自变量为绝对盐度 $S_A = S_u \times x^2$、ITS－90 摄氏度 $t = t_u \times y$ 和海水压强 $p = p_u \times z$：

$$g^S(S_A,t,p) = g_u \sum_{j,k} \{g_{1jk}x^2 \ln x + \sum_{i>1} g_{ijk}x^i\} y^j z^k \tag{H.1}$$

$k>0$ 时的系数引自 Feistel（2003）。纯水系数中 $i=0$ 系数没有出现在盐函数中。当纯水的 Gibbs 函数是 IAPWS－95 时，可以通过（2.6.7）式和（2.6.8）式得到系数 g_{200} 和 g_{210} 的精确值。附录 D 的表 D.4 列出了与计量单位相关的常数 t_u，p_u，S_u 和 g_u。

i	j	k	g_{ijk}	i	j	k	g_{ijk}	i	j	k	g_{ijk}
1	0	0	5 812.814 566 267 32	2	5	0	－21.660 324 087 531 1	3	2	2	－54.191 726 251 711 2
1	1	0	851.226 734 946 706	4	5	0	2.496 970 095 695 08	2	3	2	－204.889 641 964 903
2	0	0	1 416.276 484 841 97	2	6	0	2.130 169 708 471 83	2	4	2	74.726 141 138 756 0
3	0	0	－2 432.146 623 817 94	2	0	1	－3 310.491 540 448 39	2	0	3	－96.532 432 010 745 8
4	0	0	2 025.801 156 036 97	3	0	1	199.459 603 073 901	3	0	3	68.044 494 272 645 9
5	0	0	－1 091.668 410 429 67	4	0	1	－54.791 913 353 288 7	4	0	3	－30.175 511 197 116 1
6	0	0	374.601 237 877 840	5	0	1	36.028 419 561 108 6	2	1	3	124.687 671 116 248
7	0	0	－48.589 106 902 540 9	2	1	1	729.116 529 735 046	3	1	3	－29.483 064 349 429 0
2	1	0	168.072 408 311 545	3	1	1	－175.292 041 186 547	2	2	3	－178.314 556 207 638
3	1	0	－493.407 510 141 682	4	1	1	－22.668 355 851 282 9	3	2	3	25.639 848 738 991 4
4	1	0	543.835 333 000 098	2	2	1	－860.764 303 783 977	2	3	3	113.561 697 840 594
5	1	0	－196.028 306 689 776	3	2	1	383.058 066 002 476	2	4	3	－36.487 291 900 158 8
6	1	0	36.757 162 299 580 5	2	3	1	694.244 814 133 268	2	0	4	15.840 817 276 682 4
2	2	0	880.031 352 997 204	3	3	1	－460.319 931 801 257	3	0	4	－3.412 519 324 412 82
3	2	0	－43.066 467 597 804 2	2	4	1	－297.728 741 987 187	2	1	4	－31.656 964 386 073 0
4	2	0	－68.557 250 920 449 1	3	4	1	234.565 187 611 355	2	2	4	44.204 035 830 800 0
2	3	0	－225.267 649 263 401	2	0	2	384.794 152 978 599	2	3	4	－11.128 273 432 641 3
3	3	0	－10.022 737 086 187 5	3	0	2	－52.294 090 928 133 5	2	0	5	－2.624 801 565 909 92
4	3	0	49.366 769 485 625 4	4	0	2	－4.081 939 789 122 61	2	1	5	7.04 658 803 315 449
2	4	0	91.426 044 775 125 9	2	1	2	－343.956 902 961 561	2	2	5	－7.920 015 472 116 82
3	4	0	0.875 600 661 808 945	3	1	2	83.192 392 780 181 9				
4	4	0	－17.139 757 741 978 8	2	2	2	337.409 530 269 367				

附录 I　IAPWS－06 中 Ih 冰 Gibbs 函数的系数（Coefficients of the Gibbs function of ice Ih of IAPWS－06）

Ih 冰，作为自然界中常见冰的形式，是六角晶体，它的 Gibbs 能是温度（ITS－90）和海水压强的函数，即 $g^{\mathrm{Ih}}(t,p)$ 。该 Gibbs 函数由 Feistel 和 Wagner（2006）导出，在 2006 年被 IAPWS 采纳，在 2009 年被修订（IAPWS，2009a），此处被称作 IAPWS－06。由（I.1）式所给出的 Ih 冰的状态方程是温度的函数，该函数的两个系数为海水压强 $p(p=P-P_0)$ 的多项式：

$$g^{\mathrm{Ih}}(t,p) = g_0 - s_0 T_t \cdot \tau + T_t \mathrm{Re}\sum_{k=1}^{2} r_k\left[(t_k-\tau)\ln(t_k-\tau)+(t_k+\tau)\ln(t_k+\tau)-2t_k\ln t_k-\frac{\tau^2}{t_k}\right]$$

$$g_0(p) = \sum_{k=0}^{4} g_{0k}\cdot\left(\frac{p}{P_t}\right)^k$$

$$r_2(p) = \sum_{k=0}^{2} r_{2k}\cdot\left(\frac{p}{P_t}\right)^k \qquad (\mathrm{I}.1)$$

其中，约化温度 $\tau=(T_0+t)/T_t$，表 I.1 列出 T_t 和 P_t 的值。表 I.2 列出实数常数 g_{00}，g_{04} 和 s_0，复数常数 t_1，r_1，t_2 以及 r_{20} 到 r_{22} 的值。

表 I.1　Ih 冰 Gibbs 函数特定常数的值

物理量	符号	值	计量单位
试验三相点压强	P_t	611.657	Pa
数值三相点压强	P_t^{num}	611.654 771 007 894	Pa
正常压强	P_0	101 325	Pa
三相点温度	T_t	273.16	K

表 I.2　方程 Ih 冰状态方程（I.1）（Gibbs 位势函数）的系数

系数	实部	虚部	计量单位
g_{00}	$-0.632\ 020\ 233\ 335\ 886\times10^{-6}$		$\mathrm{J\cdot kg^{-1}}$
g_{01}	$0.655\ 022\ 213\ 658\ 955$		$\mathrm{J\cdot kg^{-1}}$
g_{02}	$-0.189\ 369\ 929\ 326\ 131\times10^{-7}$		$\mathrm{J\cdot kg^{-1}}$
g_{03}	$0.339\ 746\ 123\ 271\ 053\times10^{-14}$		$\mathrm{J\cdot kg^{-1}}$
g_{04}	$-0.556\ 464\ 869\ 058\ 991\times10^{-21}$		$\mathrm{J\cdot kg^{-1}}$
s_0（绝对值）	$0.189\ 13\times10^{3}$		$\mathrm{J\cdot kg^{-1}\cdot K^{-1}}$

续表

系数	实部	虚部	计量单位
s_0(IAPWS－95)	$-0.332\,733\,756\,492\,168 \times 10^{4}$		$J \cdot kg^{-1} \cdot K^{-1}$
t_1	$0.368\,017\,112\,855\,051 \times 10^{-1}$	$0.510\,878\,114\,959\,572 \times 10^{-1}$	
r_1	$0.447\,050\,716\,285\,388 \times 10^{2}$	$0.656\,876\,847\,463\,481 \times 10^{2}$	$J \cdot kg^{-1} \cdot K^{-1}$
t_2	$0.337\,315\,741\,065\,416$	$0.335\,449\,415\,919\,309$	
r_{20}	$-0.725\,974\,574\,329\,220 \times 10^{2}$	$-0.781\,008\,427\,112\,870 \times 10^{2}$	$J \cdot kg^{-1} \cdot K^{-1}$
r_{21}	$-0.557\,107\,698\,030\,123 \times 10^{-4}$	$0.464\,578\,634\,580\,806 \times 10^{-4}$	$J \cdot kg^{-1} \cdot K^{-1}$
r_{22}	$0.234\,801\,409\,215\,913 \times 10^{-10}$	$-0.285\,651\,142\,904\,972 \times 10^{-10}$	$J \cdot kg^{-1} \cdot K^{-1}$

表 I. 1 中数值三相点压强 P_t^{num} 由 Feistel 等(2008a)导出,利用 IAPWS－95 和 IAPWS－06 给出水的 3 种状态的数学描述,该压强是三相点温度时水的 3 种状态热力平衡时的绝对压强。复数对数 ln(z)是主值,在 $-\pi < \mathrm{Im}[\ln(z)] < +\pi$ 区间内计算它的虚部。这里复数描述方式没有直接的物理基础,只是为了便于偏导数分析和保持结果公式的简洁。计算机语言 Fortran(定义为 COMPLEX 16)、C＋＋(定义为 complex <double>)都支持复数运算,因此不需要提前将这些公式转换为复杂的实数型函数或者复型微积分,而可以立即进行计算。

表 I. 2 中剩余熵系数 s_0 以两种替换值的形式给出。“IAPWS－95”版本的 s_0 是为了冰和流体水或海水之间相平衡研究的需要,它的值是 TEOS－10 算法中采用的 s_0 值。在“absolute”版本中,s_0 是冰在零点(0 K)(该零点是由于它的能量相等结晶构象的多样性所造成的)具有的非零熵的统计值(详见 Feistel 和 Wagner,2005)。

附录 J IAPWS－10 中湿空气 Helmholtz 函数系数(Coefficients of the Helmholtz function of moist air of IAPWS－10)

这里描述的湿空气的状态方程(Feistel 等,2010a;IAPWS,2010)(IAPWS 准则,准备中)表示为 Helmhotz 函数形式,它把比 Helmhotz 能表示为干空气质量分数 A、绝对温度 T 和湿空气质量密度 ρ 的函数:

$$f^{AV}(A,T,\rho) = (1-A)f^{V}(T,\rho^{V}) + Af^{A}(T,\rho^{A}) + f^{mix}(A,T,\rho) \qquad (J.1)$$

流体水的 IAPWS－95Helmhotz 函数给出了水汽分函数(IAPWS,2010):

$$f^{V}(T,\rho^{V}) \equiv f^{flu}(T,\rho^{V}) \qquad (J.2)$$

上式在水汽密度 $\rho^{V} = (1-A)\rho$ 条件下计算,并且在附录 F 的(F. 1)式中定义。在干空气密度 $\rho^{A} = A\rho$ 下计算干空气分函数:$f^{A}(T,\rho^{A})$,并且该函数由(J. 3)式定义。(J. 8)式定义了空气—水交叉部分的函数:f^{mix}。

表 J. 1　特定常数和附录中采用的值

物理量	符号	值	计量单位	基准
摩尔气体常数	R^{L}	8. 314 51	$J \cdot mol^{-1} \cdot K^{-1}$	Lemmon 等(2000)
摩尔气体常数	R	8. 314 472	$J \cdot mol^{-1} \cdot K^{-1}$	IAPWS(2005)
干空气摩尔质量	M_A	28. 958 6	$g \cdot mol^{-1}$	Lemmon 等(2000)
干空气摩尔质量	M_A	28. 965 46	$g \cdot mol^{-1}$	IAPWS(2010)
水摩尔质量	M_W	18. 015 268	$g \cdot mol^{-1}$	IAPWS(2005)
摄氏零度	T_0	273. 15	K	Preston－Thomas(1990)
正常压强	P_0	101 325	Pa	ISO(1993)

注意:这里所用的摩尔气体常数不同于最新值(IAPWS,2005),采用的干空气摩尔质量也不同于最新值(Picard 等,2008),见表 D. 6。

干空气比 Helmholtz 能为

$$f^{A}(T,\rho^{A}) = \frac{R^{L}T}{M_{A}}[\alpha^{id}(\tau,\delta) + \alpha^{res}(\tau,\delta)] \qquad (J.3)$$

表 J. 1 给出了上式中干空气的摩尔质量 M_A 和摩尔气体常数 R^{L}。$\alpha^{id}(\tau,\delta)$ 是理想气体函数:

$$\alpha^{\mathrm{id}}(\tau,\delta) = \ln\delta + \sum_{i=1}^{5} n_i^0\,\tau^{i-4} + n_6^0\,\tau^{1.5} + n_7^0\ln\tau + n_8^0\ln[1-\exp(-n_{11}^0\,\tau)]$$
$$+ n_9^0\ln[1-\exp(-n_{12}^0\,\tau)] + n_{10}^0\ln[2/3+\exp(n_{13}^0\,\tau)] \quad (J.4)$$

$\alpha^{\mathrm{res}}(\tau,\delta)$ 是剩余部分：

$$\alpha^{\mathrm{res}}(\tau,\delta) = \sum_{k=1}^{10} n_k\delta^{i_k}\,\tau^{j_k} + \sum_{k=11}^{19} n_k\delta^{i_k}\,\tau^{j_k}\exp(-\delta^{l_k}) \quad (J.5)$$

(J.3)式～(J.5)式中“约化变量”是 $\tau = T_A^*/T$，其中 $T_A^* = 132.631\,2\mathrm{K}$，和 $\delta = \rho^A/\rho_A^*$，其中约化密度 $\rho^* = 10.447\,7\ \mathrm{mol}\cdot\mathrm{dm}^{-3}\times M_A$，表 J.1 列出了 M_A 的值。表 J.2 和表 J.3 给出了(J.4)式和(J.6)式的系数值。

表 J.2 中列出的两个参数(n_4^0 和 n_6^0)为任意参数，并且是在温度 T_0 和标准压强 P_0 下(表 J.1 列出了 T_0 和 P_0 的值)使干空气的比熵 η^A 和比焓 h^A 为零的基准状态条件下计算得到的。

$$\eta^A(T_0,P_0) = 0 \quad (J.6)$$

$$h^A(T_0,P_0) = 0 \quad (J.7)$$

(J.1)式中的 f^{mix} 描述了水—空气相互作用，定义为

$$f^{\mathrm{mix}}(A,T,\rho) = \frac{A(1-A)\rho RT}{M_A M_W}\left\{2B^{AW}(T) + \frac{3}{2}\rho\left[\frac{A}{M_A}C^{AAW}(T) + \frac{(1-A)}{M_W}C^{AWW}(T)\right]\right\} \quad (J.8)$$

表 J.1 列出了以上方程中摩尔气体常数 R、干空气的摩尔质量 M_A 和水的摩尔质量 M_W 的值。

Harvey 和 Huang(2007)给出了第二个交叉维里系数 $B^{AW}(T)$ 为

$$B^{AW}(T) = b * \sum_{i=1}^{3} c_i\,\tau^{d_i} \quad (J.9)$$

表 J.4 给出了(J.9)式的系数。

Hyland 和 Wexler(1983)定义第三个交叉维里系数 $C^{AAW}(T)$ 和 $C^{AWW}(T)$ 为

$$C^{AAW}(T) = c * \sum_{i=0}^{4} a_i\,\tau^{-i} \quad (J.10)$$

$$C^{AWW}(T) = -c * \exp\left\{\sum_{i=0}^{3} b_i\,\tau^{-i}\right\} \quad (J.11)$$

表 J.4 给出了(J.10)式和(J.11)式中系数 a_i 和 b_i 的值。

表 J.2　干空气中(Lemmon 等,2000)理想气体分函数(J.4)式的无量纲系数和指数

i	n_i^0	i	n_i^0
1	$0.605\,719\,400\,000\,000\times10^{-7}$	8	0.791 309 509 000 000
2	$-0.210\,274\,769\,000\,000\times10^{-4}$	9	0.212 236 768 000 000
3	$-0.158\,860\,716\,000\,000\times10^{-3}$	10	−0.197 938 904 000 000
4	$0.974\,502\,517\,439\,480\ \times10$	11	$0.253\,636\,500\,000\,000\times10^{2}$
5	$0.100\,986\,147\,428\,912\ \times10^{2}$	12	$0.169\,074\,100\,000\,000\times10^{2}$
6	$-0.195\,363\,420\,000\,000\times10^{-3}$	13	$0.873\,127\,900\,000\,000\times10^{2}$
7	$0.249\,088\,803\,200\,000\ \times10$		

注：在 TEOS－10 中，系数 n_4^0 和 n_5^0 重新调整至基准状态下，(*J*.6)式和(*J*.7)式，并与 *Lemmon* 等(2000)发布的初始值有所不同。

表 J.3　干空气方程(J.5)式剩余部分的系数和指数(Lemmon et al,2000)

k	i_k	j_k	l_k	n_k
1	1	0	0	0.118 160 747 229
2	1	0.33	0	0.713 116 392 079
3	1	1.01	0	$-0.161\ 824\ 192\ 067 \times 10$
4	2	0	0	$0.714\ 140\ 178\ 971 \times 10^{-1}$
5	3	0	0	$-0.865\ 421\ 396\ 646 \times 10^{-1}$
6	3	0.15	0	0.134 211 176 704
7	4	0	0	$0.112\ 626\ 704\ 218 \times 10^{-1}$
8	4	0.2	0	$-0.420\ 533\ 228\ 842 \times 10^{-1}$
9	4	0.35	0	$0.349\ 008\ 431\ 982 \times 10^{-1}$
10	6	1.35	0	$0.164\ 957\ 183\ 186 \times 10^{-3}$
11	1	1.6	1	$-0.101\ 365\ 037\ 912$
12	3	0.8	1	$-0.173\ 813\ 690\ 970$
13	5	0.95	1	$-0.472\ 103\ 183\ 731 \times 10^{-1}$
14	6	1.25	1	$0.122\ 523\ 554\ 253 \times 10^{-1}$
15	1	3.6	2	$-0.146\ 629\ 609\ 713$
16	3	6	2	$-0.316\ 055\ 879\ 821 \times 10^{-1}$
17	11	3.25	2	$0.233\ 594\ 806\ 142 \times 10^{-3}$
18	1	3.5	3	$0.148\ 287\ 891\ 978 \times 10^{-1}$
19	3	15	3	$-0.938\ 782\ 884\ 667 \times 10^{-2}$

表 J.4　(J.9)式~(J.11)式的交叉维里系数 $B^{AW}(T)$，$C^{AAW}(T)$ 和 $C^{AWW}(T)$。
约化因子 $b^* = 10^{-6}\mathrm{m^3 \cdot mol^{-1}}$，$c^* = 10^{-6}\mathrm{m^6 \cdot mol^{-2}}$，“约化温度”是 $\tau = T/(100\mathrm{K})$

i	a_i	b_i	c_i	d_i
0	$0.482\ 737 \times 10^{-3}$	$-0.107\ 288\ 76 \times 10^{2}$		
1	$0.105\ 678 \times 10^{-2}$	$0.347\ 802\ 00 \times 10^{2}$	$0.665\ 687 \times 10^{2}$	-0.237
2	$-0.656\ 394 \times 10^{-2}$	$-0.383\ 383\ 00 \times 10^{2}$	$-0.238\ 834 \times 10^{3}$	-1.048
3	$0.294\ 442 \times 10^{-1}$	$0.334\ 060\ 00 \times 10^{2}$	$-0.176\ 755 \times 10^{3}$	-3.183
4	$-0.319\ 317 \times 10^{-1}$			

状态方程(J.1)式对于湿空气的适用范围是：

$$193\mathrm{K} \leqslant T \leqslant 473\ K, 10\ \mathrm{nPa} \leqslant \mathrm{P} \leqslant 5\ \mathrm{MPa} \tag{J.12}$$

通过 $P = \rho^2 f_\rho^{AV}$ 计算出压强。(J.1)式中所有公式包括水汽和干空气的 Helmholtz 函数，以及交叉维里系数，其有效范围都只在此范围内重叠。组成部分各自的有效范围比较广泛，其中一些成分的有效范围很大，因此在上述 $T-P$ 范围外，(J.1)式仍能得到合理结果，这是由于特定成分决定了(J.1)式的值，而计算范围是在这个成分的有效范围内。

空气质量分数 A 可以取 0 到 1 之间的任意值，水汽分压，$P^{vap} = x_V P[x_V$ 是水汽的摩尔分数，

见(3.35.3)式]不会超过其饱和值,即

$$0 \leqslant A \leqslant 1 \text{ ,且 } A^{sat}(T,P) \leqslant A \tag{J.13}$$

饱和湿空气的空气质量分数 $A^{sat}(T,P)$ 精确值的计算方法为,使湿空气中水汽的化学势与液态水的化学势相等,如果温度高于冰点或冰的温度采用(3.37.5)式,如果温度低于冰点采用(3.37.4)式。在低密度情况下,湿空气的饱和水汽压 P^{sat} 可以通过纯水水汽压的相关函数 $P^{liq}(T)$(IAPWS,2007),或者冰升华压强的相关函数 $P^{subl}(T)$ 计算得到,然后由(3.35.3)式得到 $A^{sat}(T,P) = (P - P^{sat})/[P - P^{sat}(1 - M_W/M_A)]$,作为一个对理论值足够的近似。

附录 K　关于 Θ 和 θ 的 25 项海水密度公式的系数(Coefficients of the 25 - term expression for the density of seawater in terms of Θ)

海水 TEOS - 10 Gibbs 函数 $g(S_A,t,p)$ 写作实测温度 t 的多项式函数,而在海洋模式中,为了计算高效,密度需要表示为保守温度 Θ 或者位温 θ(基准压强 $p_r=0$ dbar)的函数。McDougall 等(2010b)拟合了 (S_A,t,p) 空间上“漏斗”内由 S_A,Θ 和 p 计算的密度 ρ 数据点,拟合公式为有理函数,是两个 (S_A,Θ,p) 多项式的比值:

$$\rho = P_{\text{num}}^{\rho 25}/P_{\text{denom}}^{\rho 25} \tag{K.1}$$

McDougall 等(2010b)详细描述了 (S_A,t,p) 空间上“漏斗”内数据点;它覆盖了海表面全部的温度和盐度值,而对于大于 5 500 dbar 的情况,拟合数据的温度最大值为 12℃,最小盐度为 u_{PS} 30 g·kg^{-1}。表 K.1 包含了密度关于 (S_A,Θ,p) 函数(K.1)式的 25 个系数。表中的系数都为无量纲变量,对应 S_A、Θ 和 p 的基准值分别为 1 g·kg^{-1}、1K 和 1 dbar。

在“漏斗”内,TEOS - 10 的 25 项密度公式的近似标准偏差小于 0.001 5 kg·m^{-3},而实验室中 TEOS - 10 Gibbs 函数拟合的密度数据的标准偏差为 0.004 kg·m^{-3}。(见附录 O 中表 O.1 的前两行)。同样,热扩散系数为:

$$\alpha^{\Theta} = -\frac{1}{\rho}\frac{\partial\rho}{\partial\Theta}\bigg|_{S_A,p} \tag{K.2}$$

通过以上 25 项状态方程计算与通过 TEOS - 10 计算的热扩散系数不同,在“漏斗”内标准偏差小于 $0.3\times10^{-6}\text{K}^{-1}$,而实验室中通过 Feistel(2008) Gibbs 函数拟合的热扩散系数的标准偏差为 $0.3\times10^{-6}\text{K}^{-1}$。(见附录 O 中表 O.1 的第 6 行)。根据(K.1)式由密度梯度计算的盐浓缩系数比热扩散系数要精确得多。因此我们可以认为计算密度的 25 项有理函数和 TEOS - 10 计算密度的公式同样精确,而热扩散系数和盐浓缩系数的适用范围是“海洋学漏斗”内。

在“漏斗”内,通过 25 项有理函数(K.1)式计算的声速的标准偏差为 0.25 m·s^{-1},这几乎是通过 Feistel(2008)Gibbs 函数计算结果标准偏差的 5 倍(见附录 O 中表 O.1 的第 7 至第 9 行)。因此计算密度的 25 项有理函数对于计算海水声速是不够精确的,即使数据在“漏斗”内。但是,对于动力海洋学来说 α^{Θ} 和 β^{Θ} 是状态方程中的组成部分,它与 S_A,Θ 的空间梯度一起驱动洋流,并影响浮力频率的计算,我们可以选取密度的 25 项有理函数表达式,(K.1)式,基本上反映出 TEOS – 10 的全部精确性。

表 K. 1 定义密度的 25 项有理函数式(K. 1)的 $P_{\text{num}}^{\rho 25}$ 与 $P_{\text{denom}}^{\rho 25}$ 多项式系数

i	$P_{\text{num}}^{\rho 25}$	系数	i	$P_{\text{denom}}^{\rho 25}$	系数
c_1		$9.998\ 438\ 029\ 070\ 821\ 4 \times 10^2$	c_{13}		1.0
c_2	Θ	$7.118\ 809\ 067\ 894\ 091\ 0 \times 10^0$	c_{14}	Θ	$7.054\ 768\ 189\ 607\ 157\ 6 \times 10^{-3}$
c_3	Θ^2	$-1.945\ 992\ 251\ 337\ 968\ 7 \times 10^{-2}$	c_{15}	Θ^2	$-1.175\ 369\ 560\ 585\ 864\ 7 \times 10^{-5}$
c_4	Θ^3	$6.174\ 840\ 445\ 587\ 464\ 1 \times 10^{-4}$	c_{16}	Θ^3	$5.921\ 980\ 948\ 827\ 490\ 3 \times 10^{-7}$
c_5	S_A	$2.892\ 573\ 154\ 127\ 765\ 3 \times 10^0$	c_{17}	Θ^4	$3.488\ 790\ 222\ 801\ 251\ 9 \times 10^{-10}$
c_6	$S_A\Theta$	$2.147\ 149\ 549\ 326\ 832\ 4 \times 10^{-3}$	c_{18}	S_A	$2.077\ 771\ 608\ 561\ 845\ 8 \times 10^{-3}$
c_7	$(S_A)^2$	$1.945\ 753\ 175\ 118\ 305\ 9 \times 10^{-3}$	c_{19}	$S_A\Theta$	$-2.221\ 085\ 729\ 372\ 299\ 8 \times 10^{-8}$
c_8	p	$1.193\ 068\ 181\ 853\ 174\ 8 \times 10^{-2}$	c_{20}	$S_A\Theta^3$	$-3.662\ 814\ 106\ 789\ 528\ 2 \times 10^{-10}$
c_9	$p\Theta^2$	$2.696\ 914\ 801\ 183\ 075\ 8 \times 10^{-7}$	c_{21}	$(S_A)1.5$	$3.468\ 821\ 075\ 791\ 734\ 0 \times 10^{-6}$
c_{10}	$p\ S_A$	$5.935\ 568\ 592\ 503\ 565\ 3 \times 10^{-6}$	c_{22}	$(S_A)1.5\Theta^2$	$8.019\ 054\ 152\ 807\ 065\ 5 \times 10^{-10}$
c_{11}	p^2	$-2.594\ 338\ 980\ 742\ 903\ 9 \times 10^{-8}$	c_{23}	p	$6.831\ 462\ 955\ 412\ 332\ 4 \times 10^{-6}$
c_{12}	$p^2\Theta^2$	$-7.273\ 411\ 171\ 282\ 270\ 7 \times 10^{-12}$	c_{24}	$p^2\Theta^3$	$-8.529\ 479\ 483\ 448\ 544\ 6 \times 10^{-17}$
			c_{25}	$p^3\Theta$	$-9.227\ 532\ 514\ 503\ 807\ 0 \times 10^{-18}$

McDougall 等(2010b)采用同样的过程用于拟合 25 项有理函数(K. 1)式,但是在分子和分母中多项式采用了 (S_A, θ, p) 的多项式,代替 (S_A, Θ, p) 的多项式。此形式计算密度的 25 项有理函数与上文中介绍的公式精度相同,表 K. 2 给出了该公式中的 25 个系数。表 K. 2 中的系数都为无量纲变量,对应 S_A、θ 和 p 的基准值分别为 1 g · kg^{-1}、1K 和 1 dbar。

表 K. 2 定义密度的 25 项有理函数方程(K. 2)的 $P_{\text{num}}^{\rho 25}(S_A, \theta, p)$ 与 $P_{\text{denom}}^{\rho 25}(S_A, \theta, p)$ 多项式系数

i	$P_{\text{num}}^{\rho 25}$	系数	i	$P_{\text{denom}}^{\rho 25}$	系数
c_1		$9.998\ 427\ 704\ 040\ 868\ 8 \times 10^2$	c_{13}		1.0
c_2	θ	$7.353\ 990\ 725\ 780\ 200\ 0 \times 10^0$	c_{14}	θ	$7.288\ 277\ 317\ 994\ 539\ 7 \times 10^{-3}$
c_3	θ^2	$-5.272\ 502\ 484\ 658\ 053\ 7 \times 10^{-2}$	c_{15}	θ^2	$-4.427\ 042\ 357\ 570\ 579\ 5 \times 10^{-5}$
c_4	θ^3	$5.105\ 140\ 542\ 790\ 050\ 1 \times 10^{-4}$	c_{16}	θ^3	$4.821\ 816\ 757\ 416\ 573\ 2 \times 10^{-7}$
c_5	S_A	$2.837\ 207\ 495\ 416\ 299\ 4 \times 10^0$	c_{17}	θ^4	$1.966\ 643\ 777\ 649\ 954\ 1 \times 10^{-10}$
c_6	$S_A\theta$	$-5.746\ 287\ 373\ 866\ 898\ 5 \times 10^{-3}$	c_{18}	S_A	$2.019\ 220\ 131\ 573\ 115\ 6 \times 10^{-3}$
c_7	$(S_A)^2$	$2.016\ 582\ 840\ 401\ 100\ 5 \times 10^{-3}$	c_{19}	$S_A\theta$	$-7.838\ 666\ 741\ 074\ 767\ 1 \times 10^{-6}$
c_8	p	$1.150\ 668\ 012\ 876\ 069\ 5 \times 10^{-2}$	c_{20}	$S_A\theta^3$	$-2.749\ 397\ 117\ 121\ 584\ 4 \times 10^{-10}$
c_9	$p\theta^2$	$1.202\ 602\ 702\ 900\ 458\ 1 \times 10^{-7}$	c_{21}	$(S_A)^{1.5}$	$4.661\ 419\ 029\ 016\ 429\ 3 \times 10^{-6}$
c_{10}	$p\ S_A$	$5.536\ 190\ 936\ 504\ 846\ 6 \times 10^{-6}$	c_{22}	$(S_A)^{1.5\theta^2}$	$1.518\ 271\ 263\ 728\ 829\ 5 \times 10^{-9}$
c_{11}	p^2	$-2.756\ 315\ 640\ 465\ 192\ 8 \times 10^{-8}$	c_{23}	p	$6.414\ 629\ 356\ 742\ 288\ 6 \times 10^{-6}$
c_{12}	$p^2\theta^2$	$-5.883\ 476\ 945\ 993\ 336\ 4 \times 10^{-12}$	c_{24}	$p^2\theta^3$	$-9.536\ 284\ 588\ 639\ 736\ 0 \times 10^{-17}$
			c_{25}	$p^3\theta$	$-9.623\ 745\ 548\ 627\ 732\ 0 \times 10^{-18}$

附录 L 推荐的海洋学术语、符号和计量单位(Recommended nomenclature, symbols and units in oceanography)

L.1 推荐术语(Recommended nomenclature)

在严格的 SI 计量单位制中,绝对盐度单位为 kg · kg^{-1},绝对温度的单位是 K,绝对压强单位是 Pa。在 SIA 软件库中的输入输出参数都已经采用这些计量单位。如果海洋学家采用了严格的 SI 物理量,那么它将简化许多热力学公式。

GSW 软件库(附录 N)采用了目前最常用的海洋学计量单位,因此所有算法中绝对盐度 S_A 的单位为 g · kg^{-1},温度单位为℃,压强与海水压强单位一样为 dbar。这些函数的输出结果与输入变量选取的单位一致,唯一的例外是各种地转流函数的计量单位。

建议海洋领域中都采用严格的基本 SI 计量单位似乎是不太现实的。然而,在一个领域内变量采用同样符号和相同计量单位是非常有益的。我们推荐在海洋学范畴内采用下列符号和计量单位,从而实现一致。GSW 中采用了这些符号和单位。

表 L.1 海洋学中推荐的符号和计量单位

物理量	符号	计量单位	注释
氯(Chlorinity)	Cl	g · kg^{-1}	127 工作组推荐,根据质量分数,即 0.328 523 4 乘以沉淀海水中所有溶解氯、溴、碘的纯银的质量与海水质量的比率,来定义氯的质量分数。因此,127 工作组推荐氯的计量单位是质量分数
标准海水基准盐度 (Standard Seawater Reference Salinity)	S_{SO}	g · kg^{-1}	35.165 04 g · kg^{-1} 是 35u_{PS},对应的标准海水实用盐度是 35
冰点温度 (Freezing Temperatures)	t^f, θ^f, Θ^f	℃	现场、位势和保守冰点温度值,都是 S_A 和 p 的函数
绝对压强 (Absolute Pressure)	P	Pa	当使用绝对压强时,应该采用 Pa,而不能采用 Mpa 或者 dbar。
海水压强,海水压强是 GSW 库中所有软件的压强参数 (Sea Pressure)	p	dbar	等于 $P - P^0$,单位是 dbar 而不是 Pa
校准压强,校准压强(也称为应用压强)有时根据船载仪器上的观测得到 (Gauge Pressure)	p^{gauge}	dbar	等于绝对压强减去仪器校正时的局地大气压强,单位是 dbar 而不是 Pa。通过 p^{gauge} 定义海水压强 p,p 是海水 Gibbs 函数的参数

续表

物理量	符号	计量单位	注释
基准压强 (Reference Pressure)	p_r	dbar	参照位势温度和位势密度的海水压强值 p
一个标准大气压 (One standard atmosphere)	P_0	Pa	101 325 Pa
等密线斜率比 (Isopycnal slope ratio)	r	1	$r = \frac{\alpha^{\Theta}(p)/\beta^{\Theta}(p)}{\alpha^{\Theta}(p_r)/\beta^{\Theta}(p_r)}$
稳定度 (Stability ratio)	R_ρ	1	$R_\rho = \alpha^{\Theta}\Theta_z/\beta^{\Theta}(S_A)_z \approx \alpha^{\theta}\theta_z/\beta^{\theta}(S_A)_z$
等密线温度梯度比 (Isopycnal temperature gradient ratio)	G^{Θ}	1	$G^{\Theta} = r[R_\rho - 1]/[R_\rho - r]$ $\nabla_\sigma\Theta = G^{\Theta}\nabla_n\Theta$
实用盐度 (Practical Salinity)	S_p	1	由 PSS-78 根据测量的电导率进行定义,定义的范围为 $2 < S_p < 42$
基准盐度 (Reference Salinity)	S_R	$g \cdot kg^{-1}$	基准成分盐度(简称基准盐度)是具有基准成分的海水样本的绝对盐度。当 $S_P = 35$ 时,S_R 为 $u_{PS}S_P$,在 $2 < S_P < 42$ 范围内,$S_R \approx u_{PS}S_P$
绝对盐度 (Absolute Salinity) 所有 GSW 库函数中盐度参数	$S_A = S_A^{dens}$	$g \cdot kg^{-1}$	$S_A = S_R + \delta S_A \approx u_{PS}S_P + \delta S_A$ 根据 Millero 等(2008),绝对盐度是基准盐标与绝对盐度偏差的和。S_A完整形式为 S_A^{dens}。它由 TEOS-10 Gibbs 函数盐度参数的最优表示。$S_A = S_A^{dens}$ 的另一个称谓是“密度盐度”
绝对盐度偏差 (Absolute Salinity Anomaly)	δS_A	$g \cdot kg^{-1}$	$\delta S_A = S_A - S_R$,绝对盐度 $S_A = S_A^{dens}$ 与基准成分盐度之间的差。δS_A 的算法已发布(McDougall 等,2010b)。 根据 Pawlowicz 等(2010)术语、Wright 等(2010b)及附录 A.4,绝对盐度偏差 δS_A 是 δS_R^{dens}
“表征绝对盐度”,简称“表征盐度” (Performed Absolute Salinity)	S_*	$g \cdot kg^{-1}$	表征绝对盐度 S_* 被设计为一个尽可能守恒的盐度变量,通过去除生物地球化学过程对海水成分影响的一个变量,而此过程会使其他形式的盐度产生变化(Pawlowicz 等,2010;Wright 等,2010b 和附录 A.4)
“溶液绝对盐度”,简称“溶液盐度” (SolutionAbsolute Salinity)	S_A^{soln}	$g \cdot kg^{-1}$	$t = 25℃$,$p = 0$ dbar 条件下,海水达到化学平衡后,海水中非水成分的质量分数(Pawlowicz 等,2010;Wright 等,2010b)和附录 A.4)
附加质量盐度 (Add-Mass Salinity)	S_A^{add}	$g \cdot kg^{-1}$	$S_A^{add} - S_R$ 是需要在标准海水中加入的非水成分的质量分数,在 $t = 25℃$,$p = 0$ dbar 条件下达到化学平衡后,标准海水变成观测海水
温度 (Temperature)	t	℃	
绝对温度 (Absolute Temperatrue)	T	K	$T/K \equiv T_0/K + t/(℃) = 273.15 + t/(℃)$
温度导数 (Temperature derivatives)	T	K	当一个物理量对实测温度求导数时,此符号 T 用于区别温度与观测时间

续表

物理量	符号	计量单位	注释
摄氏零度 (Ceisius zero point)	T_0	K	$T_0 \equiv 273.15\text{K}$
位势温度 (Potential temperature)	θ	℃	由(3.1.3)式隐式定义
保守温度 (Conservative Temperature)	Θ	℃	由(3.3.1)式定义为位势焓除以 c_p^0
"比热"(specific heat)常数,与保守温度同时使用	c_p^0	$\text{J}\cdot\text{kg}^{-1}\cdot\text{K}^{-1}$	$c_p^0 \equiv 3\,991.867\,957\,119\,63\ \text{J}\cdot\text{kg}^{-1}\cdot\text{K}^{-1}$ 这是 c_p^0 的 15 位数的精确定义值
联合标准误差 (Combined sdandard uncertainty)	u_c	不定	
焓(Enthalpy)	H	J	
比焓(Specific Enthalpy)	h	$\text{J}\cdot\text{kg}^{-1}$	$h = u + (p + p_0)v$,此处 p 必须是 Pa,而不是 dbar
比势焓 (Specific potential enthalpy)	h^0	$\text{J}\cdot\text{kg}^{-1}$	相对于海水压强零面的比焓 $h^0 = h(S_A, \theta[S_A, t, p, p_r = 0], p_r = 0)$
等压比热容 (Specific isobaric heat capacity)	c_p	$\text{J}\cdot\text{kg}^{-1}\cdot\text{K}^{-1}$	$c_p = \partial h/\partial T\,\vert S_{A,p}$
内能 (Internal energy)	U	J	
比内能 (Specific internal energy)	u	$\text{J}\cdot\text{kg}^{-1}$	
等容比热容 (Specific isochoric heat capcity)	c_v	$\text{J}\cdot\text{kg}^{-1}\cdot\text{K}^{-1}$	$c_v = \partial u/\partial T\,\vert S_{A,v}$
Gibbs 函数(Gibbs 能) [Gibbs function(Gibbs energy)]	G	J	
比 Gibbs 函数(Gibbs 能) Specific Gibbs function(Gibbs energy)	g	$\text{J}\cdot\text{kg}^{-1}$	
比 Helmholtz 能量 (Specific Helmholtz Energy)	f	$\text{J}\cdot\text{kg}^{-1}$	
盐度计量单位转换因子 (Unit conversion factor for salinities)	u_{PS}	$\text{g}\cdot\text{kg}^{-1}$	$u_{PS} = (35.165\,04/35)\,\text{g}\cdot\text{kg}^{-1} \approx 1.004\,715\cdots\text{g}\cdot\text{kg}^{-1}$ 公式的第一部分是精确的。该转换因子是重要的,并且是 2008 基准盐标(Millero 等,2008a)的不变的恒量
熵 (Entropy)	Σ	$\text{J}\cdot\text{K}^{-1}$	
比熵 (Specific Entropy)	η	$\text{J}\cdot\text{kg}^{-1}\cdot\text{K}^{-1}$	在一些出版物中,比熵采用符号 s
密度 (Density)	ρ	$\text{kg}\cdot\text{m}^{-3}$	
密度偏差 (Density anomaly)	σ^t	$\text{kg}\cdot\text{m}^{-3}$	$\rho(S_A, t, 0) - 1\,000\ \text{kg}\cdot\text{m}^{-3}$

续表

物理量	符号	计量单位	注释
相对于 1 000dbar 海水压强的位势密度偏差 (Potential density anomal referenced to a sea pressure of 1 000dbar)	σ_1	$kg \cdot m^{-3}$	$\rho(S_A, \theta[S_A, t, p, p_r], p_r) - 1\,000\ kg \cdot m^{-3}$,其中,$p_r = 1\,000$dbar
相对于 4 000dbar 海水压强的位势密度偏差 (Potential density anomal referenced to a sea pressure of 4 000dbar)	σ_4	$kg \cdot m^{-3}$	$\rho(S_A, \theta[S_A, t, p, p_r], p_r) - 1\,000\ kg \cdot m^{-3}$,其中,$p_r = 4\,000$dbar
关于实测温度的热扩散系数 (Thermal expansion coefficient with respect to in situ temperature)	α^t	K^{-1}	$\nu^{-1}\partial\nu/\partial T\|_{S_A,p} = -\rho^{-1}\partial\rho/\partial T\|_{S_A,p}$
关于位温的热扩散系数 (Thermal expansion coefficient with respect to potentialtemperature θ)	α^θ	K^{-1}	$\nu^{-1}\partial\nu/\partial\theta\|_{S_A,p} = -\rho^{-1}\partial\rho/\partial\theta\|_{S_A,p}$
关于保守温度的热扩散系数 (Thermal expansion coefficient with respect to Conservativeltemperature Θ)	α^Θ	K^{-1}	$\nu^{-1}\partial\nu/\partial\Theta\|_{S_A,p} = -\rho^{-1}\partial\rho/\partial\Theta\|_{S_A,p}$
恒定实测温度下的盐浓缩系数 (Haline contraction coefficient at constant in situ temperature)	β^t	$kg \cdot g^{-1}$	$-\nu^{-1}\partial\nu/\partial S_A\|_{T,p} = \rho^{-1}\partial\rho/\partial S_A\|_{T,p}$ 注意,β^t 的计量单位与绝对盐度 S_A 相同,为 $kg \cdot g^{-1}$
恒定位温下的盐浓缩系数 (Haline contraction coefficient at constant potential temperature θ)	β^θ	$kg \cdot g^{-1}$	$-\nu^{-1}\partial\nu/\partial S_A\|_{\theta,p} = +\rho^{-1}\partial\rho/\partial S_A\|_{\theta,p}$ 注意,β^θ 的计量单位与绝对盐度 S_A 相同,为 $kg \cdot g^{-1}$
恒定保守温度下的盐浓缩系数 (Haline contraction coefficient at constant ConservativelTemperature Θ)	β^Θ	$kg \cdot g^{-1}$	$-\nu^{-1}\partial\nu/\partial S_A\|_{\Theta,p} = +\rho^{-1}\partial\rho/\partial S_A\|_{\Theta,p}$ 注意,β^Θ 的计量单位与绝对盐度 S_A 相同,为 $kg \cdot g^{-1}$
等温压缩率 (Isothermal compressibility)	κ^t	$dbar^{-1}$	
等熵等盐压缩率 (Isotropic and isohaline compressibility)	κ	$dbar^{-1}$	
海水中水的化学势 (Chemical potential of water in seawater)	μ^W	$J \cdot g^{-1}$	
海水中海盐的化学势 (Chemical potential of sea salt in seawater)	μ^S	$J \cdot g^{-1}$	
海水(海盐和水)相对化学势 [Relative chemical potential of (sea salt and water) in seawater]	μ	$J \cdot g^{-1}$	$(\partial g/\partial S_A)_{t,p} = \mu^S - \mu^W$

续表

物理量	符号	计量单位	注释
单位质量动能耗散率 (Dissipation rate of kinetic energy per unit mass)	ε	$\mathrm{J \cdot kg^{-1}s^{-1}}$ $= \mathrm{m^2 s^{-3}}$	
绝热温度递减率 (Adiabatic lapse rate)	Γ	$\mathrm{K\ dbar^{-1}}$	$\Gamma = \left.\frac{\partial t}{\partial p}\right\|_{S_A,\theta} = \left.\frac{\partial t}{\partial p}\right\|_{S_A,\Theta} = \left.\frac{\partial t}{\partial p}\right\|_{S_A,\eta}$
声速 (Sound speed)	c	$\mathrm{m \cdot s^{-1}}$	
比容 (volume anomaly)	v	$\mathrm{m^3 \cdot kg^{-1}}$	$v = \rho^{-1}$
比容偏差 (Specific volume anomaly)	δ	$\mathrm{m^3 \cdot kg^{-1}}$	
基于 θ 的热压系数 (Thermobaric coefficient based on θ)	T_b^θ	$\mathrm{K^{-1} \cdot dbar^{-1}}$	$T_b^\theta = \beta^\theta \partial(\alpha^\theta/\beta^\theta)/\partial p \|_{S_A,\theta}$
基于 Θ 的热压系数 (Thermobaric coefficient based on Θ)	T_b^Θ	$\mathrm{K^{-1} \cdot dbar^{-1}}$	$T_b^\Theta = \beta^\Theta \partial(\alpha^\theta/\beta^\theta)/\partial p \|_{S_A,\Theta}$
基于 θ 的混合增密系数 (Cabbeling coefficient based on θ)	C_b^θ	$\mathrm{K^{-2}}$	$C_b^\theta = \left.\frac{\partial\alpha^\theta}{\partial\theta}\right\|_{S_A,p} + 2\frac{\alpha^\theta}{\beta^\theta}\left.\frac{\partial\alpha^\theta}{\partial S_A}\right\|_{\theta,p} - \left(\frac{\alpha^\theta}{\beta^\theta}\right)^2\left.\frac{\partial\beta^\theta}{\partial S_A}\right\|_{\theta,p}$
基于 Θ 的混合增密系数 (Cabbeling coefficient based on Θ)	C_b^Θ	$\mathrm{K^{-2}}$	$C_b^\Theta = \left.\frac{\partial\alpha^\theta}{\partial\theta}\right\|_{S_A,p} + 2\frac{\alpha^\Theta}{\beta^\Theta}\left.\frac{\partial\alpha^\Theta}{\partial S_A}\right\|_{\Theta,p} - \left(\frac{\alpha^\Theta}{\beta^\Theta}\right)^2\left.\frac{\partial\beta^\Theta}{\partial S_A}\right\|_{\Theta,p}$
浮频率 (Buoyancy frequency)	N	$\mathrm{s^{-1}}$	$N^2 = g(\alpha^\Theta \Theta_z - \beta^\Theta S_{A_z}) = g(\alpha^\theta \theta_z - \beta^\theta S_{A_z})$
中性螺旋 (Neutral helicity)	H^n	$\mathrm{m^{-3}}$	由(3.13.1)式和(3.13.2)式定义
中性密度 (Neutral density)	γ^n	$\mathrm{kg \cdot m^{-3}}$	密度变量,在等值面上近似为中性的,即 $\alpha^\Theta \nabla_\gamma \Theta \approx \beta^\Theta \nabla_\gamma S_A$
位势涡度中性面 (Neutral – Surface – Potential – Vorticity)	$NSPV$	$\mathrm{s^{-3}}$	$\mathrm{NSPV} = -g\rho^{-1}f\gamma_z^n$,其中,$f$ 是科氏参数
动力高度偏差 (Dynamic height anomaly)	Φ'	$\mathrm{m^2 \cdot s^{-2}}$	$\mathrm{Pa \cdot m^3 \cdot kg^{-1} = m^2 \cdot s^{-2}}$
Montgomery 势 (Montgomery potential)	π	$\mathrm{m^2 \cdot s^{-2}}$	$\mathrm{Pa \cdot m^3 \cdot kg^{-1} = m^2 \cdot s^{-2}}$
PISH(比容高度) (Pressure – Integrated Steric Height)	Ψ'	$\mathrm{kg \cdot s^{-2}}$	f 乘以相对质量通量对深度的积分,见(3.31.1)式 ~ (3.31.5)式。
科氏参数 (Coriolis parameter)	f	$\mathrm{s^{-1}}$	$1.458\,42 \times 10^{-4}\ \sin\phi \mathrm{s^{-1}}$,$\phi$ 是纬度
摩尔浓度 (Molality)	m_{SW}	$\mathrm{mol \cdot kg^{-1}}$	$m_{SW} = \sum_i m_i = \frac{1}{M_S}\frac{S_A}{(1-S_A)}$,其中 M_S 是海盐成分的原子质量的摩尔加权平均值。$M_S = 31.403\,821\,8\cdots \mathrm{g \cdot mol^{-1}}$

续表

物理量	符号	计量单位	注释
离子强度 (ionic strength)	I	mol · kg⁻¹	$I = \frac{1}{2} m_{SW} < Z^2 > = \frac{1}{2} \sum_i m_i z_i^2$ $= 0.622\ 644\ 9 \times m_{SW}$ $\approx \frac{622.644\ 9}{31.403\ 821\ 8} \mathrm{mol \cdot kg^{-1}} \frac{S_A}{(1 - S_A)}$
渗透系数 (osmotic coefficient)	ϕ	1	$\phi(S_A, T, p) = \frac{g(0, t, p) - \mu^W(S_A, t, p)}{m_{SW} R(T_0 + t)}$ 其中，摩尔气体常数 $R = 8.314\ 472\ \mathrm{J \cdot mol^{-1} \cdot K^{-1}}$，见方程(3.40.9) ϕ 的等价定义

L.2　当变量是 η、θ 和 Θ 的函数时的推荐符号(Suggested symbols when variables are functions of η、θ 和 Θ)

注意，无论是否采用表中的标准符号或由其产生的变量，所有的变量在出版物中第一次应用时应该明确地定义。应该考虑到，标准符号的另一个目的是改善可读性，而不是代替清楚的定义。

注意，氧气应该采用 μmol/kg，而不是 $\mathrm{cm^3 \cdot dm^{-3}}$、ml/l、μmol/l(这反映了对于记录物理量采用一致性计量单位的希望，以避免气体方程中物理量在摩尔和毫升之间转换产生的问题)。

当热力学变量不是(S_A, t, p)的标准组合而是变量的函数时，对变量进行适当的标识来体现这一点是方便可行的。这将极大地简化偏导数术语。下表列出了文中变量的推荐符号。附录P描述了与热力学势 $h = \hat{h}(S_A, \eta, p)$，$h = \tilde{h}(S_A, \theta, p)$ 和 $h = \hat{h}(S_A, \Theta, p)$ 相关的热力学变量。

表 L.2　变量是 η、θ 和 Θ 函数时的推荐符号

变量	函数的自变量	这个函数的符号
焓，h 比容，ν 密度，ρ 熵，η	(S_A, t, p)	$h = h(S_A, t, p)$ $\nu = \nu(S_A, t, p)$ $\rho = \rho(S_A, t, p)$ $\eta = \eta(S_A, t, p)$
焓，h 比容，ν 密度，ρ 位温，θ	(S_A, η, p)	$h = \hat{h}(S_A, \eta, p)$ $\nu = \hat{\nu}(S_A, \eta, p)$ $\rho = \hat{\rho}(S_A, \eta, p)$ $\theta = \hat{\theta}(S_A, \eta)$

续表

变量	函数的自变量	这个函数的符号
焓，h	(S_A,θ,p)	$h=\tilde{h}(S_A,\theta,p)$
比容，ν		$\nu=\tilde{\nu}(S_A,\theta,p)$
密度，ρ		$\rho=\tilde{\rho}(S_A,\theta,p)$
熵，η		$\eta=\tilde{\eta}(S_A,\theta)$
焓，h	(S_A,Θ,p)	$h=\hat{h}(S_A,\Theta,p)$
比容，ν		$\nu=\hat{\nu}(S_A,\Theta,p)$
密度，ρ		$\rho=\hat{\rho}(S_A,\Theta,p)$
熵，η		$\eta=\hat{\eta}(S_A,\Theta)$

附录 M 海水 - 冰 - 空气的计算机软件库 [Seawater - Ice - Air(SIA) library of computer software]

本软件库,海水 - 冰 - 空气库(Seawater - Ice - Air)(简称 SIA 软件库),包含了 TEOS - 10 计算宽范围内的纯水(利用 IAPWS - 95)、海水(利用 IAPWS - 08 的盐部分)、Ih 冰(采用 IAPWS - 06)和湿空气(利用 Feistel 等,2010a;IAPWS,2010)的全部热力学属性的程序。简要地说,它可以分为 6 个级别(0 ~ 5 级),每个级别依次基于较低级别引入的功能而建立。

- 0 级定义了基础常数、整个函数库的设置选择以及提供实用盐度转换为绝对盐度的算法。
- 1 级基于前面的成果定义了一套完整的、相互独立并且一致的元素集,并构成了函数库剩余函数的模块。
- 2 级提供了一套获取独立介质(液态/气态水、冰、海水和干/湿空气)属性的方法,不需要附加的近似,它可以通过 0 级和 1 级函数进行计算。
- 3 级引入需要方程数值解法的附加函数。最重要的是,在这一级纯水密度由温度和压强决定。这允许纯水和海水 Gibbs 函数定义利用 IAPWS - 95 Helmholtz 函数作为基础的模块。
- 4 级处理相当宽范围内(但不是所有范围)流体水、海水、冰和空气平衡状态。
- 5 级包括一套基于 SIA 程序的程序集,但是违背了从 0 ~ 4 级的原则。特别地,在这一级允许采用非国际标准度量(SI)单位,见以下讨论。

SIA 软件库中算法的输入和输出参数都严格采用国际标准度量(SI)单位。因此盐度采用绝对盐度 S_A,单位是 $kg \cdot kg^{-1}$[例如输入到函数库的标准海水基准盐度是 0.035 165 04($kg \cdot kg^{-1}$)而不是 35.165 04($g \cdot kg^{-1}$)];实测温度以绝对温度 T 输入,单位是 K;压强参数以绝对压强 P 输入,单位是 Pa。采用这些国际度量(SI)单位极大地简化了热力学理论公式。在 SIA 软件库中,输入输出参数没有采用国际度量单位的情况如下:

- 在实用盐度 S_P(无计量单位,值为 35 或者 0.035)作为其盐度输入的变量时,计算绝对盐度($kg \cdot kg^{-1}$)的函数 $S_A = S_A(S_P, \phi, \lambda, P)$,同时基于经度 λ(°E)、纬度 ϕ(°N)和绝对压强 P(Pa)计算绝对盐度(单位:$kg \cdot kg^{-1}$)。此函数中需要位置数据是由于 GSW 采纳了一个列表来表明成分异常对盐度的影响。
- 因为很多更高级别的函数库需要输入绝对盐度,因此 0 级给出了上述方法和逆函数 $S_P = S_P(S_A, \phi, \lambda, P)$。
- 5 级给出了宽范围内压强、温度和盐度的计量单位转换程序。输入的数值和计量单位由用户提供,结果也被转成特定输出计量单位。

- 5 级包括采用非标准计量单位输入输出参数的算法。最值得注意的是 GSW 软件库中很多程序,采用 SIA 的程序作为 GSW 程序模块。这些程序模块采用纯水 IAPWS - 09 代替 IAPWS - 95 来提高计算效率。GSW 软件库中提供了独立的验证程序。

因为纯水物质的 IAPWS - 95(包括液体和气体)描述是世界范围内纯水物质的标准,SIA 软件库是海水的官方描述,虽然人们应注意到计算软件没有伴随任何保证。在一定程度上,附录 C 列出的论文是有官方保障的描述。

SIA 软件库受益于纯水 IAPWS - 95 Helmholtz 函数的全范围的应用性,$0\ \mathrm{kg \cdot m^{-3}} < \rho < 1\,200\ \mathrm{kg \cdot m^{-3}}$、$130\ \mathrm{K} < T < 1\,273\ \mathrm{K}$,并由 Feistel 等(2010a)建议可以降至 50 K 的范围内。已认识到在海洋学范畴内 IAPWS - 95 纯水函数有两点缺陷。首先因为对于很大范围的温度和压强,IAPWS - 95 都有效,这需要一个庞大的多项式序列和指数序列,其计算速度不如海洋学家所熟悉的 EOS - 80 状态方程计算速度快;其次,IAPWS - 95 热力学势是 Helmholtz 函数,它把压强表示为密度和温度的函数,即,IAPWS - 95 的形式为 $P = f(T,\rho)$。因为 IAPWS - 95 不仅描述了液态水,还有水汽,因此热力学势的 Helmholtz 形式是适合的。但是这个软件库中还包括了关于温度和压强的 Gibbs 函数公式,计算这个公式需要首先求解 $P = \rho^2 f_\rho(T,\rho)$,再利用 IAPWS - 95 求解,而这个过程计算量巨大。

在 GSW 库(附录 N)中,我们基于采用 Gibbs 函数描述纯水的 IAPWS - 09,给出了一种描述海水热力学属性的方法。虽然 GSW 公式局限于海洋温度、压强的 Neptunian 范围(即海洋学范围),并且只处理液态水,但是它计算更高效,因为有限的有效范围要求同等精确的数据项较少,并且 Gibbs 函数公式避免了对关系式 $P = \rho^2 f_\rho(T,\rho)$ 求逆。SIA 软件库的第 5 级也执行了此运算,一是交叉验证 GSW 库,二是方便需要高效运算的 SIA 软件库用户。但是一些在 SIA 软件库中执行的 GSW 软件库程序并没有被完全优化。

无论是否采用 IAPWS - 09Gibbs 公式表示纯水特性,较之于 IAPWS - 95 中纯流体水的应用范围,海水中溶解的盐降低了 SIA 和 GSW 海水程序的应用范围。这是因为 Gibbs 函数中盐的函数应用范围局限于 $0\ \mathrm{g \cdot kg^{-1}} \leqslant S_\mathrm{A} \leqslant 0.12\ \mathrm{g \cdot kg^{-1}}$、$262\ \mathrm{K} \leqslant T \leqslant 353\ \mathrm{K}$ 和 $100\ \mathrm{Pa} \leqslant P \leqslant 1\mathrm{E}+8\ \mathrm{Pa}$。

由于本手册主要关注海水,我们建议读者查阅 Feistel 等(2010b)和 Wright 等(2010a)关于 SIA 库中冰和空气部分的详细描述。但是以下我们将讨论 SIA 库中关于这些附加成分的部分特性。首先,海水 Gibbs 函数中纯水、冰和盐的热力学势与湿空气的 Gibbs 函数经过了仔细调整,以使其相互间完全匹配(Feistel 等,2008)。只有这样做,才能保证精确地计算出同时间段平衡属性(例如,纯水和海水的凝结温度)。涉及水、水汽、冰、海水和湿/干空气平衡特性的许多函数在 SIA 软件库的第 4 级中执行。为了提供函数有效范围的内容,表 M.1 列出了可以获取的程序名清单。该表来源于 Wright 等(2010a)论文中的表 3.1;有兴趣的读者可以阅读 Feistel 等(2010b)和 Wright 等(2010a)论文。Wright 等(2010a)提供了用于表 3.1 前后对照的补充表,该表依次详细描述了每个程序的用法以及每个表格的补充参照,以及 Feistel 等(2010b)论文中的背景信息的相关章节。

由于 SIA 软件库中每一级基于较低级而建立，而平衡计算中包括多相位的事实，导致确定 SIA 软件库中程序的有效范围的工作变得相当复杂。为了解决这个问题，软件库中提供了一个函数，当基础程序中变量超出自身的适用范围，该函数给出错误代码。软件库中提供了每个程序的验证数值，而辅助程序可以帮助用户确认程序运行结果是否正确。

Feistel 等(2010b)和 Wright 等(2010a)的论文对 SIA 软件库进行了进一步的详细描述，http://www. TEOS－10. org 网站提供了该软件的下载服务。

表 M. 1　SIA 软件库的内容

Level 0 routines			
Constants_0	**Constants_0（Cont'd）**	**Maths_0**	**（S2）Convert_0**
Public Parameter Values	Parameter Values（cont'd）	Uses	Uses
celsius_temperature_si	mix_air_dmax	Constants_0	Constants_0
check_limits	mix_air_dmin		
cp_chempot_si	mix_air_tmax	Public Routines	Public Routines
cp_density_si	mix_air_tmin	get_cubicroots	air_massfraction_air_si
cp_pressure_si	molar_mass_air_si	matrix_solve	air_massfraction_vap_si
cp_temperature_si	molar_mass_air_L2000		air_molar_mass_si
dry_air_dmax	molar_mass_h2o_si		air_molfraction_air_si
dry_air_dmin	molar_mass_seasalt_si		air_molfraction_vap_si
dry_air_tmax	pi		asal_from_psal
dry_air_tmin	sal_pmax		psal_from_asal
Constants_0			
errorreturn	sal_pmin		
flu_dmax	sal_smax		
flu_dmin	sal_smin		
flu_tmax	sal_tmax		
flu_tmin	sal_tmin		
gas_constant_air_si	sealevel_pressure_si		
gas_constant_air_L2000	so_salinity_si		
gas_constant_molar_si	so_temperture_si		
gas_constant_molar_L2000	so_pressure_si		
gas_constant_h2O_si	tp_density_ice_iapws95_si		
gas_constant_h2O_iapws95	tp_density_liq_iapws95_si		
ice_pmax	tp_density_vap_iapws95_si		
ice_pmin	tp_enthalpy_ice_si		
ice_tmax	tp_enthalpy_vap_si		
ice_tmin	tp_enthalpy_exp_si		
isextension2010	tp_pressure_iapws95_si		
isok	tp_temperature_si		

注：粗体字符为模块名称，用户可下载（获取）的程序用普通字体表示。用户可以获取每个公开程序。具有横线的程序是包括一阶和二阶导数的热力学势函数。大部分模块名字前括号内的数字表示 Wright 等（2010a）相关表的数字，在相关表中提供了使用每个函数的详细信息。

Level 1 routines			
(S3) Flu_1 (IAPWS95)	(S4) Ice_1 (IAPWS06)	(S5) Sal_1 (IAPWS08)	(S6) Air_1
Uses	Uses	Uses	Uses
constants_0	constants_0	constants_0	constants_0
Public Routines	Public Routines	Public Routines	Public Routines
chk_iapws95_table6	chk_iapws06_table6	sal_g_term_si	air_baw_m3mol
chk_iapws95_table7	ice_g_si		air_caaw_m6mol2
flu_f_si			air_caww_m6mol2
			dry_f_si
			dry_init_clear
			dry_init_Lemmon2000

Level 2 routines			
(S7) Flu_2	(S8) Ice_2	(S9) Sal_2	(S10) Air_2
Uses	Uses	Uses	Uses
constants_0, flu_1	constants_0, ice_1	constants_0, sal_1	constants_0, flu_1, air_1
Public Routines	Public Routines	Public Routines	Public Routines
flu_cp_si	ice_chempot_si	sal_act_coeff_si	air_f_si
flu_cv_si	ice_cp_si	sal_act_potential_si	air_f_cp_si
flu_enthalpy_si	ice_density_si	sal_activity_w_si	air_f_cv_si
flu_enthropy_si	ice_enthalpy_si	sal_chem_coeff_si	air_f_enthalpy_si
flu_expansion_si	ice_entropy_si	sal_chempot_h2o_si	air_f_entropy_si
flu_gibbs_energy_si	ice_expansion_si	sal_chempot_rel_si	air_f_expansion_si
flu_internal_energy_si	ice_helmholtz_energy_si	sal_dilution_si	air_f_gibbs_energy_si
flu_kappa_s_si	ice_internal_energy_si	sal_g_si	air_f_internal_energy_si
flu_kappa_t_si	ice_kappa_s_si	sal_mixenthalpy_si	air_f_kappa_s_si
flu_lapserate_si	ice_kappa_t_si	sal_mixentropy_si	air_f_kappa_t_si
flu_pressure_si	ice_lapserate_si	sal_mixvolume_si	air_f_lapserate_si
flu_soundspeed_si	ice_p_coefficient_si	sal_molality_si	air_f_mix_si
	ice_specific_volume_si	sal_osm_coeff_si	air_f_pressure_si
		sal_saltenthalpy_si	air_f_soundspeed_si
		sal_saltentropy_si	chk_iapws10_table
		sal_saltvolume_si	

Level 3 routines			
(S11) Flu_3a Uses constants_0, convert_0, maths_0, flu_1 Public Routines get_it_ctrl_density liq_density_si liq_q_si set_it_ctrl_density vap_density_si vap_g_si		**(S12) Sea_3a** Uses constants_0, sal_1, sal_2, flu_3a (convert_0, maths_0, flu_1) Public Routines chk_iapws08_table8a chk_iapws08_table8b chk_iapws08_table8c sea_chempot_h2o_si sea_chempot_rel_si sea_cp_si sea_density_si sea_enthalpy_si sea_entropy_si sea_g_si sea_g_contraction_t_si sea_g_expansion_si sea_gibbs_energy_si sea_internal_energy_si sea_kappa_s_si sea_kappa_t_si sea_lapserate_si sea_osm_coeff_si sea_soundspeed_si sea_temp_maxdensity_si	**(S13) Air_3a** Uses constants_0, convert_0, maths_0, air_1, air2 (flu_1) Public Routines air_density_si air_g_si get_it_ctrl_airdensity set_it_ctrl_airdensity

(S14) Flu_3a Uses constants_0, flu_2, flu_3a (convert_0, maths_0, flu_1) Public Routines liq_cp_si liq_cv_si liq_enthalpy_si		**(S15) Sea_3b** Uses constants_0, sal_1, sal_2, sea_3a (convert_0, maths_0, flu_1, sal_1) Public Routines sea_h_si sea_h_contraction_h_si sea_h_contraction_t_si	**(S16) Air_3b** Uses constants_0, convert_0, maths_0, air_1, air2, air3a (maths_0, flu_1) Public Routines air_g_chempot_vap_si air_g_compressibility factor_si

liq_entropy_si		sea_h_contraction_theta_si	air_g_contraction_si
liq_expansion_si		sea_h_expansion_h_si	air_g_cp_si
liq_gibbs_energy_si		sea_h_expansion_t_si	air_g_cv_si
liq_internal_energy_si		sea_h_expansion_theta_si	air_g_density_si
liq_kappa_s_si		sea_potdensity_si	air_g_enthalpy_si
liq_kappa_t_si		sea_potenthalpy_si	air_g_entropy_si
liq_lapserate_si		sea_pottemp_si	air_g_expansion_si
liq_soundspeed_si		sea_temperature_si	air_g_gibbs_energy_si
vap_cp_si		set_it_ctrl_pottemp	air_g_internal_energy_si
vap_cv_si			air_g_kappa_s_si
vap_enthalpy_si			air_g_kappa_t_si
vap_entropy_si			air_g_lapserate_si
vap_expansion_si			air_g_soundspeed_si
vap_gibbs_energy_si			chk_lemmon_etal_2000
vap_internal_energy_si			
vap_kappa_s_si			
vap_kappa_t_si			
vap_lapserate_si			
vap_soundspeed_si			

		(S**17**) Sea_**3**c	(S**18**) Air_**3**c
		Uses	Uses
		constants_0, sea_3a, sea_3b(convert_0,maths_0,flu_1,sal_1,sal_2, flu_3a)	constants_0, convert_0, air2, air3a, air3b (maths_0, air_1, flu_1)
		Public Routin	Public Routin
		sea_eta_contraction_h_si	air_h_si
		sea_eta_contraction_t_si	air_potdensity_si
		sea_eta_contraction_theta_si	air_potenthalpy_si
		sea_eta_density_si	air_pottemp_si
		sea_eta_entropy_si	air_temperature_si
		sea_eta_expansion_h_si	set_it_ctrl_air_pottemp
		sea_eta_expansion_t_si	
		sea_eta_expansion_theta_si	
		sea_eta_potdensity_si	
		sea_eta_pottemp_si	
		sea_eta_temperature_si	
		set_it_ctrl_entropy_si	

		(S19) Sea_3d Uses constants_0, sea_2, flu_3a (convert_0, maths_0, flu_1, sal_1) Public Routines sea_sa_si set_it_ctrl_salinity	

Level 4 routines			
(S20) **Liq_vap_4** Uses constants_0, maths_0, flu_1, flu_2, flu_3a(convert_0) Public Routines chk_iapws95_table8 liq_vap_boilingtemperature_si liq_vap_chempot_si liq_vap_density_liq_si liq_vap_density_vap_si liq_vap_enthalpy_evap_si liq_vap_enthalpy_liq_si liq_vap_enthalpy_vap_si liq_vap_entropy_evap_si liq_vap_entropy_liq_si liq_vap_entropy_vap_si liq_vap_pressure_liq_si liq_vap_pressure_vap_si liq_vap_temperature_si liq_vap_vapourpressure_si liq_vap_volume_evap_si set_liq_vap_eq_at_p set_liq_vap_ eq_at_t set_it_ctrl_liq_vap	(S21) **Ice_Vap_4** Uses constants_0, maths_0, flu_1, flu_2, ice_1, ice_2 Public Routines ice_vap_chempot_si ice_vap_density_ice_si ice_vap_density_vap_si ice_vap_enthalpy_ice_si ice_vap_enthalpy_subl_si ice_vap_enthalpy_vap_si ice_vap_entropy_ice_si ice_vap_entropy_subl_si ice_vap_entropy_vap_si ice_vap_pressure_vap_si ice_vap_sublimationpressure_si ice_vap_sublimationtemp_si ice_vap_temperature_si ice_vap_volumn_subl_si set_ice_vap_eq_at_p set_ice_vap_eq_at_t set_it_ctrl_ice_vap	(S22) **Sea_Vap_4** Uses constants_0, maths_0, flu_1, sal_1, sal_2, flu_3a, sea_3a, flu_3b (convert_0,flu_2) Public Routines sea_vap_boilingtemperature_si sea_vap_brinefraction_seavap_si sea_vap_brinesalinity_si sea_vap_cp_seavap_si sea_vap_density_sea_si sea_vap_density_seavap_si sea_vap_density_vap_si sea_vap_enthalpy_evap_si sea_vap_enthalpy_sea_si sea_vap_enthalpy_seavap_si sea_vap_enthalpy_vap_si sea_vap_entropy_sea_si sea_vap_entropy_seavap_si sea_vap_entropy_vap_si sea_vap_expansion_seavap_si sea_vap_g_si sea_vap_kappa_t_seavap_si sea_vap_pressure_si sea_vap_salinity_si sea_vap_temperature_si sea_vap_vapourpressure_si sea_vap_volumn_evap_si set_it_ctrl_sea_vap set_sea_vap_eq_at_s_p set_sea_vap_eq_at_s_t set_sea_vap_eq_at_t_p	

	(S23) **Ice_Liq_4** Uses constants_0, maths_0, flu_1, ice_1, flu_2, ice_2 Public Routines ice_liq_chempot_si ice_liq_density_ice_si ice_liq_density_liq_si ice_liq_enthalpy_ice_si ice_liq_enthalpy_liq_si ice_liq_enthalpy_melt_si ice_liq_entropy_ice_si ice_liq_entropy_liq_si ice_liq_entropy_melt_si ice_liq_meltingpressure_si ice_liq_meltingtemperature_si ice_liq_pressure_liq_si ice_liq_temperature_si ice_liq_volumn_melt_si set_ice_liq_eq_at_p set_ice_liq_eq_at_t set_it_ctrl_ice_liq	(S24) **Sea_Liq_4** Uses constants_0, flu_1, sal_1, flu_2, sal_2, flu_3a (convert_0,flu_2) Public Routines sea_liq_osmoticpressure_si set_sea_liq_eq_at_s_t_p set_it_ctrl_seq_liq	

		(S25) **Sea_Ice_4** Uses constants_0, convert_0, maths_0, flu_1, ice_1, sal_1, ice_2 , sal_2, flu_3a, sea_3a, flu_3b(flu_2) Public Routines sea_ice_brinefraction_seaice_si sea_ice_brinesalinity_si sea_ice_cp_seaice_si sea_ice_ density_ice_si sea_ice_density_sea_si sea_ice_density_seaice_si sea_ice_dtfdp_si sea_ice_dtfds_si sea_ice_enthalpy_ice_si sea_ice_enthalpy_melt_si sea_ice_enthalpy_sea_si	

		(S25) Sea_Ice_4 sea_ice_enthalpy_seaice_si sea_ice _entropy_ice_si sea_ice_ entropy_sea_si sea_ice_entropy_seaice_si sea_ice_expansion_seaice_si sea_ice_freezingtemperature_si sea_ice_q_si sea_ice_kappa_t_seaice_si sea_ice_ meltingpressure_si set_ice_pressure_si set_ice_salinity_si sea_ice_temperature_si sea_ice_volume_melt_si set_it_ctrl_sea_ice set_sea_ice_eq_at_s_p set_sea_ice_eq_at_s_t set_sea_ice_eq_at_t_p	

		(S26) Sea_Air_4 Uses constants_0, convert_0, maths_0, flu_1, sal_1, air_1, flu_2, sal_2, air_2, flu_3a, sea_3a, air_3a, air_3b, liq_vap_4, lip_air_4a Public Routines sea_air_chempot_evap_si sea_air_condense_temp_si sea_air_ density_air_si sea_air_density_vap_si sea_air_enthalpy_evap_si sea_air_entropy_air_si sea_air_massfraction_air_si sea_air_vapourpressure_si set_it_ctrl_sea_air set_sea_air_eq_at_s_a_p set_sea_air_eq_at_s_t_p	

(S27) Liq_Ice_Air_4 Uses constants_0, convert_0, maths_0, flu_1, ice_1, air_1, flu_2, ice_2, air_2, air_3b, ice_liq_4 (air_3a) Public Routines liq_ice_air_airfraction_si liq_ice_air_density_si liq_ice_air_dryairfraction_si liq_ice_air_enthalpy_si liq_ice_air_entropy_si liq_ice_air_ifl_si liq_ice_air_iml_si liq_ice_air_liquidfraction_si liq_ice_air_pressure_si liq_ice_air_solidfraction_si liq_ice_air_temperature_si liq_ice_air_vapourfraction_si set_liq_ice_air_eq_at_a set_liq_ice_air_eq_at_p set_liq_ice_air_eq_at_t set_liq_ice_air_eq_at _wa_eta_wt set_liq_ice_air_eq_at _wa_wl_wi set_it_ctrl_liq_ice_air		**(S28) Sea_Ice_Vap_4** Uses constants_0, maths_0, flu_1, ice_1, sla_1, sal_2, Public Routines sea_ice_vap_density_vap _si sea_ice_vap_pressure_si sea_ice_vap_salinity_si sea_ice_vap_temperature_si set_it_ctrl_sea_ice_vap set_sea_ice_vap_eq_at _p set_sea_ice_vap_eq_at _s set_sea_ice_vap_eq_at _t	

(S29) Liq_Air_4a Uses constants_0, convert_0, maths_0, flu_1, air_1, flu_2, air_2, flu_3a, air_3a, air_3b, liq_vap_4 Public Routines liq_air_a_from_rh_cct_si liq_air_a_from_rh_wmo_si liq_air_condensationpressure_si liq_air_density_air_si liq_ ir_density_liq_si liq_air_density_vap_si liq_air_dewpoint_si liq_air_enthalpy_evap_si	**(S30) Ice_Air_4a** Uses constants_0, convert_0, maths_0, air_1, ice_1, ice_2, air_2, air_3a, air_3b, ice_vap_4 (flu_1, flu_2) Public Routines ice_air_a_from_rh_cct_si ice_ air_a_from_rh_wmo_si ice_air_condensationpressure_si ice_air_density_air_si ice_air_density_ice_si ice_air_density_vap_si ice_air_enthalpy_subl_si ice_air_frostpoint_air_si		

liq_air_entropy_air_si	ice_air_ icl_si		
liq_air_icl_si	ice_air_ict_si		
liq_air_ict_si	ice_air_massfraction_air_si		
liq_air_massfraction_air_si	ice_air_pressure_si		
liq_air_pressure_si	ice_air_rh_cct_from_a_si		
liq_air_rh_cct_from_a_si	ice_air_rh_wmo_from_a_si		
liq_air_rh_wmo_from_a_si	ice_air_sublimationpressure_si		
liq_air_temperature_si	ice_air_temperature_si		
set_it_ctrl_liq_air	set_ice_air_eq_at_a_eta		
set_liq_air_eq_at_a_eta	set_ice_air_eq_at_a_p		
set_liq_air_eq_at_a_p	set_ice_air_eq_at_a_t		
set_liq_air_eq_at_a_t	set_ice_air_eq_at_t_p		
set_liq_air_eq_at_t_p	set_it_ctrl_ice_air		

(S31) **Liq_Air_4b**	(S32) **Ice_Air_4b**		
Uses	Uses		
constants_0, flu_3a, air_3a, liq_air_4a(convert_0, maths_0, flu_1, air_1, flu_2, air_2, air_3b, liq_vap_4)	constants_0, convert_0, ice_1, air_3a, ice_air_4a(maths_0, flu_1, air_1, flu_2, ice_2, air_2, air_3b, ice_vap_4)		
Public Routines	Public Routines		
liq_air_g_si	ice_air_g_si		
liq_air_g_cp_si	ice_air_g_cp_si		
liq_air_g_density_si	ice_air_g_density_si		
liq_air_g_enthalpy_ si	ice_air_g_enthalpy_ si		
liq_air_g_entropy _si	ice_air_g_entropy _si		
liq_air_g_expansion_si	ice_air_g_expansion_si		
liq_air_g_kappa_t_si	ice_air_g_kappa_t_si		
liq_air_g_lapserate_si	ice_air_g_lapserate_si		
liq_air_liquidfration_si	ice_air_solidfraction_si		
liq_air_vapourfraction_si	ice_air_vapourfraction_si		

(S33) **Liq_Air_4c**	(S34) **Ice_Air_4c**		
Uses	Uses		
constants_0, air_3a, ice_liq_4, liq_air_4a, liq_air_4b(convert_0, maths_0, flu_1, ice_1, air_1, flu_2, ice_2, air_2, flu_3a, air_3b, liq_vap_4)	constants_0, convert_0, ice_liq_4, ice_air_4b(maths_0, flu_1, ice_1, air_1, flu_2, ice_2, air_2, air3a, air_3b, ice_air_4a, ice_vap_4)		
Public Routines	Public Routines		
liq_air_h_si	ice_air_h_si		

liq_air_h_cp_si liq_air_h_density_si liq_air_h_kappa_t_si liq_air_h_lapserate_si liq_air_h_temperature_si liq_air_potdensity_si liq_air_potenthalpy_si liq_air_pottemp_si set_it_ctrl_liq_air_pottemp	ice_air_h_cp_si ice_air_h_density_si ice_air_h_kappa_t_si ice_air_h_lapserate_si ice_air_h_temperature_si ice_air_potdensity_si ice_air_potenthalpy_si ice_air_pottemp_si set_it_ctrl_ice_air_pottemp		

Level 5 routines			
(S35) **Flu_IF97_5** Uses constants_0 Public Routines chk_iapws_table fit_liq_density_if97_si fit_liq_g_if97_si fit_vap_density_if97_si fit_vap_g_if97_si	(S36) **Ice_Flu_5** Uses constants_0 Public Routines fit_ice_liq_pressure_si fit_ice_liq_tempreture_si fit_ice_vap_pressure_si	(S37) **Sea_5a** Uses constants_0, sea_3a, sea_3b, sea_3c(convert_0, maths_0, flu_1, sal_1, sal_2, flu_3a) Public Routines sea_alpha_ct_si sea_alpha_pt0_si sea_alpha_t_si sea_beta_ct_si sea_beta_pt0_si sea_beta_t_si sea_cabb_ct_si sea_cabb_pt0_si sea_ctmp_from_ptmp0_si sea_ ptmp0_from_ ctmp_si sea_thrmb_ct_si sea_thrmb_pt0_si	(S38) **Air_5** Uses constants_0, air_3b, liq_air_4a(convert_0, maths_0, flu_1, flu_2, flu_3a, air_1, air_2, air_3a, liq_vap_4) Public Routines Air_lapserate_moist_c100m
(S39) **Liq_F03_5** Uses constants_0 Public Routines chk_iapws09_table6 fit_liq_cp_f03_si fit_liq_density_f03_si	(S40) **OS2008_5** Uses flu_1, flu_2, flu_3a, ice_1, liq_vap_4, sal_1, sal_2(constants_0, convert_0, maths_0) Public Routines chk_os2008_table	(S41) **GSW_Library_5a** Uses constants_0, maths_0, liq_f03_5, flu_1, flu_3a, sal_1, sal_2, sea_3a, sea_3b, sea_5a(convert_0) Public Routines GSW_alpha_ct GSW_alpha_p t0 GSW_alpha_t	(S42) **Convert_5** Uses constants_0, convert_0 Public Routines cnv_pressure cnv_salinity cnv_temperature

Level 5 routines			
fit_liq_expansion_f03_si		GSW_asal_from_psal	
fit_liq_g_f03_si		GSW_beta_ct	
fit_liq_kappa_t_f03_si		GSW_beta_pt0	
fit_liq_soundspeed_f03_si		GSW_beta_t	
		GSW_cabb_ct	
		GSW_cabb_pt0	
		GSW_cp	
		GSW_ctmp_from_ptmp0	
		GSW_dens	
		GSW_enthalpy	
		GSW_entropy	
		GSW_g	
		GSW_kappa	
		GSW_kappa_t	
		GSW_pden	
		GSW_psal_from_asal	
		GSW_ptmp	
		GSW_ ptmp0_from_ ctmp	
		GSW_specvol	
		GSW_svel	
		GSW_thrmb_ct	
		GSW_thrmb_pt0	

附录 N　Gibbs 软件库(GSW)[Gibbs - SeaWater(GSW)library of computer software]

该软件库,Gibbs 海水库(Gibbs - Sea water library 简称 GSW 库),包含了计算纯水(利用 IAPWS - 09)、海水(利用 IAPWS - 08 中的盐溶液部分)和 Ih 冰(采用 IAPWS - 06)的全部热力学属性的 TEOS - 10 子程序。GSW 库中没有提供湿空气的属性(SIA 库提供了这些属性)。GSW 软件库没有严格采用 SI 单位,而是采用了海洋学采纳的计量单位。采用这些熟悉但不是国际度量的单位,对于海洋学家是方便的,但也是有代价的,因为许多热力学公式需要变量采用国际度量单位。一个简单的例子是,只有当绝对盐度采用基本国际度量单位时,纯水质量分数(也称作淡水质量分数)才是$(1 - S_A)$。采用熟悉的海洋学计量单位的代价是在计算热力学公式时必须保持警惕;在绝对盐度和压强的计量单位上,粗心会带来麻烦和错误。

GSW 库的输入变量为"海洋学"的计量单位,即绝对盐度 S_A 的单位是 $g \cdot kg^{-1}$[因此,标准海水的基准盐度是 35.165 04 $g \cdot kg^{-1}$(而不是 0.035 165 04 $kg \cdot kg^{-1}$)],实测温度 t 的单位是℃和海水压强 p 的单位是 dbar。

计量单位没有采用这个规则的输入参数是:

- 由电导率(PSS - 78)计算实用盐度 S_P 的函数。
- 计算绝对盐度的函数,它采用实用盐度 S_P(没有计量单位,只是数字,类似于 35 或 0.035)、经度 λ(°E)、纬度 ϕ(°N)和压强 p(dbar)。
- 逆函数 $S_P = S_P(S_A, \phi, \lambda, P)$。

"GSW"库发布在网站:http://www.TEOS - 10.org。下表列出部分函数名。

表 N.1　http://www.TEOS - 10.org 网站上 GSW 库中函数名选集

热力学属性	函数名	输出单位	注释
实用盐度 S_P	GSW_PSal	无单位	PSS - 78 中的 Psal
绝对盐度 S_A	GSW_ASal	$g \cdot kg^{-1}$	MCDougall, Jackett 和 Millero (2009a)算法
实用盐度 S_P	GSW_Psal_from_ASal	无单位,$2 < S_P < 42$	GSW_ASal 函数的逆函数
Gibbs 函数 g 和它的一阶及二阶导数	GSW_g	各种单位	

续表

热力学属性	函数名	输出单位	注释
比容 v (specific volume)	GSW_specvol	$m^3 \cdot kg^{-1}$	
密度 ρ (density)	GSW_dens	$kg \cdot m^{-3}$	
熵 η (entropy)	GSW_entropy	$J \cdot kg^{-1} \cdot K^{-1}$	
焓 h (enthalpy)	GSW_enthalpy	$J \cdot kg^{-1}$	
等热压缩率 κ^t (isothermal compressibility)	GSW_kappa_t	$d \cdot bar^{-1}$	
等熵压缩率 κ (isentropic compressibility)	GSW_kappa	$d \cdot bar^{-1}$	
声速 (Sound speed)	GSW_svel	$m \cdot s^{-1}$	
实测温度 t 的热扩散系数 (thermal expansion coefficient with respect to in situ temperature t)	GSW_alpha_t	K^{-1}	
位温 θ 的热扩散系数 α^θ (thermal expansion coefficient with respect to potential temperature θ)	GSW_alpha_ptmp	K^{-1}	
保守温度 Θ 的热扩散系数 α^Θ (thermal expansion coefficient with respect to conservative temperature Θ)	GSW_alpha_ctmp	K^{-1}	
实测温度 t 恒定时的盐浓缩系数 (saline contraction coefficient at constant in situ temperature t)	GSW_beta_t	$kg \cdot g^{-1}$	
位温恒定时的盐浓缩系数 β^θ (saline contraction coefficient at constant potential temperature θ)	GSW_beta_ptmp	$kg \cdot g^{-1}$	
在恒定保守温度下的盐浓缩系数 β^Θ (saline contraction coefficient at constant conservative temperature Θ)	GSW_beta_ctmp	$kg \cdot g^{-1}$	

续表

热力学属性	函数名	输出单位	注释
等压热容 c_p (isobaric heat capacity)	GSW_cp	$J \cdot kg^{-1} \cdot K^{-1}$	
位温 θ (potential temperature)	GSW_ptmp	℃	$\theta(S_A, t, p, p_r)$
保守温度 Θ (Conservative temperature)	GSW_ctmp	℃	$\Theta(S_A, \theta)$，其中，θ 是 $p_r = 0$ 的位温
位温 θ (potential temperature)	GSW_ptmp0_from_ctmp	℃	GSW_ctmp 的逆函数
位势密度 ρ^θ (potential density)	GSW_pden	$kg \cdot m^{-3}$	$\rho^\theta(S_A, t, p, p_r)$

附录 O　根据原始热力学数据验证海水的 Gibbs 函数(Checking the Gibbs function of seawater against the original thermodynamic data)

SCOR/IAPSO127 工作组所做的一项工作是，通过用于 Gibbs 函数拟合的实验数据来检验 Feistel(2003)和 Feistel(2008)Gibbs 函数的精确度。Giles M. Marion 开展了该项工作，结果如下。

验证 Feistel(2003)Gibbs 函数

Feistel(2003)论文中表 9 给出了使 Gibbs 函数与原始实验数据拟合的均方根(r. m. s)的值。在表 O. 1 中该种计算是标识为“结果均方根”(Resulting r. m. s)的一列。表 O. 1 中所有数据，除了最后一列为 Giles M. Marion 计算的独立“验证均方根 r. m. s”(Verifinp r. m. s)外，均来源于 Feistel(2003)。

用于建立 Feistel(2003)Gibbs 函数的海水特性(见表 O. 1 中的第一列)包括密度 ρ、等压比热容 c_p、热扩散系数 α^t、声速 c、比容 v、结冰温度 t_f 和混合热量 Δh。数据集中包括 1834 个观测数据。表 O. 1 中第二列是参考文献列出的数据源。均方根的计算方程为：

$$\text{r. m. s} = \left[\frac{1}{n}\sum_{n}(\text{F03} - \text{expt. datum})^2\right]^{0.5} \tag{O. 1}$$

其中，F03 是执行 Feistel(2003)Gibbs 函数的 Fortran 代码的输出结果。在很多情况下，实验数据必须调整至与纯水温度和热学特性的最新定义一致(见 Feistel(2003)建立 Gibbs 函数时采用数据集的具体细节和内部假设)。

表 O. 1 中的“结果”(Feistel)和“验证”(Marion)两列的比较表明，它们非常一致。这两个均方根之间微小的差异很可能是由于：①计算时采用的数字位数；②计算时采用的精确方程的微小变化；③模式输入参数的微小误差。无论如何，它们之间的区别是不明显的。

在 Feistel(2003)的表 9“Resulting r. m. s”一列中有两处印刷错误。PG93 数据集的原始数值是 11.3×10^{-6}，而与验证值 11.9×10^{-6} 有微小差异。随后的验证表明验证值应该为 12.0×10^{-6}，这与 11.9×10^{-6} 非常一致。同样，BDSW70 数据集原始的“Resulting r. m. s”列出为 0.54 J/(kg · K)，这与验证计算结果 1.43 J/(kg · K)有明显的不同。随后的验证表明这个值应该

是 1.45 J/(kg·K),这与独立计算值 1.43 J/(kg·K)非常一致。

在原始的文献数据和 Feistel(2003)汇编的数据之间存在 3 个微小的错误。在 BS70 数据集中,两个 S_P 列被错误地标示为 30.504 和 30.502,而正确的顺序应该是 30.502 和 30.504。在 CM76 数据集中,在 $S_P = 20.062$,$t = 25℃$,$p = 588.0\text{bar}$ 条件下正确值应该为 0.964 393 kg·m^{-3},而不是 0.964 383 kg·m^{-3}。这些微小误差不明显。表 O.1 中独立地比较证明了 Feistel(2003)Gibbs 函数的精确性。

验证 Feistel(2008)海水 Gibbs 函数中的盐液分函数

盐液 Gibbs 函数被设计为温度的范围扩大至 80℃,盐度的范围扩大至 120 g·kg^{-1}(Feistel 2008)。Feistel(2008)的表 7 中给出了模型拟合原始实验数据的均方差(r. m. s)[见表 O.2 中的"结果均方差"(Resulting r. m. s)列]。表中所有数据来自 Feistel(2008)论文中,除了最后一列是 Giles 计算的独立验证均方根("Verifying r. m. s")。

我们采用了一个新的海水盐度数据库建立 Feistel(2008)Gibbs 函数(见表 O.2 中第一列),包括了热容 c_p,低压凝固点 t_f,混合热量 Δh,水汽压 p^{vap} 和 Debye - Hückel 极限定律 g^{LL}。这个盐度数据库包括 602 个观测数据。表 O.2 的第二列是列入基准数据的数据源。在很多情况下,实验数据必须调整至与纯水的温度和热性质的最新定义一致[见 Feistel(2008)采用的数据集的详细说明书和模式开发的内部假设]。

表中的"结果"(Feistel)和"验证"(Marion)两列进行比较表明它们非常一致。这两个均方根之间微小的差异很可能是由于计算时采用的数字位数所导致的。一般情况下,计算中采用的位数越多,计算结果越精确。

该独立检验揭示了这些比较中 Feistel 和 Marion 计算的均方根之间没有明显区别,这也证实了 Feistel(2008)的精确性。

验证 Feistel(2003)Gibbs 函数中的纯水分函数

Feistel(2003)Gibbs 函数中的纯水分函数是自身拟合到 IAPWS - 95 Helmholtz 函数的纯水函数。SCOR/IAPSO 127 工作组的两名成员(Dan G. Wright 和 David R. Jackett)已经对这个拟合到 IAPWS - 95 的函数在海洋学范围内的精确性进行了独立验证。IAPWS 计算委员会在验证 Feistel(2003)Gibbs 函数作为 IAPWS 的发布版本(IAPWS - 09)过程中,也对 Feistel(2003)Gibbs 函数的纯水分函数的精确性进行了验证。IAPWS - 09 表明 Feistel(2003)Gibbs 函数的纯水函数拟合 IAPWS - 95 特性比构建 IAPWS - 95 的数据更为准确。因此,我们可以在海洋学温度和压强范围内使用 Feistel(2003)Gibbs 函数来表示纯水的特性。

表 O.1　回归计算 Feistel(2003) Gibbs 势时采用的数据简表

变量	源	S_A(g·kg^{-1})	t(℃)	p(MPa)	点数	所需 r. m. s	结果 r. m. s	核实 r. m. s
ρ	MGW76c	0.5 ~ 40	0 ~ 40	0	122	4×10^{-6}	4.1ppm	4.2ppm
ρ	PBB80	5 ~ 42	0 ~ 30	0	345	4×10^{-6}	4.0ppm	4.2ppm
ρ	PG93	34 ~ 50	15 ~ 30	0	81	10×10^{-6}	12.0① ppm	11.9ppm
c_p	BDSW70	10 ~ 50	0 ~ 40	0	25	2J/(kg·K)	1.45② J/(kg·K)	1.43 J/(kg·K)
c_p	MPD73	1 ~ 40	5 ~ 35	0	48	0.5J/(kg·K)	0.52 J/(kg·K)	0.45 J/(kg·K)
α^t	C78	10 ~ 30	−6 ~ 1	0.7 ~ 33	31	$0.6\times10^{-6}K^{-1}$	$0.73\times10^{-6}K^{-1}$	$0.74\times10^{-6}K^{-1}$
c	D74(I − III)	29 ~ 43	0 ~ 35	0 ~ 2	92	5 cm/s	1.7 cm/s	1.6 cm/s
c	D74(IVa − d)	29 ~ 43	0 ~ 30	0.1 ~ 5	32	5 cm/s	1.2 cm/s	1.2 cm/s
c	D74(V − VI)	33 ~ 37	0 ~ 5	0 ~ 100	128	5 cm/s	3.5 cm/s	3.5 cm/s
v	CM76	5 ~ 40	0 ~ 40	0 ~ 100	558	10×10^{-6}	11.0×10^{-6}	11.2×10^{-6}
v^S	BS70	30 ~ 40	−2 ~ 30	1 ~ 100	221	4×10^{-6}	2.6×10^{-6}	2.6×10^{-6}
t_f	DK74	4 ~ 40	−2 ~ 0	0	32	2 J/kg	1.8 J/kg	1.9 J/kg
Δh	B68	0 ~ 33	25	0	24	4 J	2.4 J	2.4 J
Δh	MHH73	1 ~ 41	0 ~ 30	0	95	0.4 J/kg	0.5 J/kg	0.5 J/kg

① Feistel(2003)表 9 中比容的原始值为 11.3×10^{-6}；

② Feistel(2003)表 9 中的原始值为 0.54J/(kg·K)，这明显是印刷错误。

表 O.2　回归计算 Feistel(2008) Gibbs 势时采用的额外数据集概要

变量	源	S_A(g·kg^{-1})	t(℃)	p(MPa)	点数	结果 r. m. s	核实 r. m. s
c_p	BDCW67	11 ~ 117	2 ~ 80	0	221	3.46 J/(kg·K)	3.46 J/(kg·K)
c_p^S	MPD73	1 ~ 40	5 ~ 35	0	48	0.57 J/(kg·K)	0.57 J/(kg·K)
c_p	MP05	1 ~ 35	10 ~ 40	0	41	1.30 J/(kg·K)	1.30 J/(kg·K)
Δh	B68	0 ~ 97	25	0	33	0.75 J/kg	0.75 J/kg
Δh	C70	35 ~ 36	2 ~ 25	0	19	7.2 J/kg	7.1 J/kg
Δh	MHH73	1 ~ 35	0 ~ 30	0	120	3.3 J/kg	3.3 J/kg
t_f	DK74	4 ~ 40	−0.2 ~ (−2.2)	0	32	1.6 mK	1.6 mK
t_f	FM07	5 ~ 109	−0.3 ~ (−6.9)	0	22	1.2 mK	1.0 mK
p^{vap}	R54	18 ~ 40	25	0	13	2.8 J/kg	2.8 J/kg
t_{boil}	BSRSR74	6 ~ 70	60 ~ 80	0	32	9.1 J/kg	9.3 J/kg
g^{LL}	F08	35	−5 ~ 95	0	21	0.091 J/kg	0.092 J/kg

附录 P 基于 $g(S_A,t,p)$、$\hat{h}(S_A,\eta,p)$、$\tilde{h}(S_A,\theta,p)$和$\hat{h}(S_A,\Theta,p)$的热力学属性[Thermodynamic properties based on $g(S_A,t,p)$、$\hat{h}(S_A,\eta,p)$、$\tilde{h}(S_A,\theta,p)$ *and* $\hat{h}(S_A,\Theta,p)$]

作为TEOS－10的基础,热力学势是海水Gibbs函数。作为一个Gibbs函数,$g(S_A,t,p)$是绝对盐度、实测温度和压强的函数。热力学势还可以有其他选择。一个选择是焓h,作为绝对盐度、熵和压强的函数,并且在h顶上加上"︵"符号,焓的函数形式成为:$h=\hat{h}(S_A,\eta,p)$。焓的附加函数形式$h=\tilde{h}(S_A,\theta,p)$和$h=\hat{h}(S_A,\Theta,p)$在理论证明时更为方便。这两个函数形式并没有构建完整的海水热力学描述,但是当采用熵的函数$\eta=\tilde{\eta}(S_A,\theta)$和$\eta=\hat{\eta}(S_A,\Theta)$进行补充时,就完成了对海水热力学势完整的描述。在公式$h=\tilde{h}(S_A,\theta,p)$和$\eta=\tilde{\eta}(S_A,\theta)$中,可以采用任意固定压强$p_r$定义位温。然而,采用非零的参考压强没有任何益处,并且在表P.1和整个附录P中都采用了$p_r=0$。表P.1列出了从这些势函数方面来讲的一些常用的热力学参数的公式[表中$\hat{h}(S_A,\eta,p)$的结果主要来源于Feistel(2008)和Feistel等(2010b)的论文]。注意,表P.1中ρ^θ行的最后三列的基准压强p_r是位势密度的基准压强,而不是θ的基准压强,但是在Gibbs函数列中,这个基准压强也必须用于计算θ。

除了表P.1,我们还有以下计算热压和混合增密系数的公式[(3.8.1)式~(3.9.2)式]:

$$T_b^\theta=\frac{\tilde{h}_{pp\theta}}{\hat{h}_p}-\frac{\tilde{h}_{p\theta}}{\tilde{h}_{pS_A}}\frac{\tilde{h}_{ppS_A}}{\tilde{h}_p}=\frac{\tilde{v}_{p\theta}}{\tilde{v}}-\frac{\tilde{v}_\theta}{\tilde{v}_{S_A}}\frac{\tilde{v}_{pS_A}}{\tilde{v}}=-\frac{\tilde{\rho}_{p\theta}}{\tilde{\rho}}+\frac{\tilde{\rho}_\theta}{\tilde{\rho}_{S_A}}\frac{\tilde{\rho}_{pS_A}}{\tilde{\rho}} \quad (P.1)$$

$$T_b^\Theta=\frac{\hat{h}_{pp\Theta}}{\hat{h}_p}-\frac{\hat{h}_{p\Theta}}{\hat{h}_{pS_A}}\frac{\hat{h}_{ppS_A}}{\hat{h}_p}=\frac{\hat{v}_{p\Theta}}{\hat{v}}-\frac{\hat{v}_\Theta}{\hat{v}_{S_A}}\frac{\hat{v}_{pS_A}}{\hat{v}}=-\frac{\hat{\rho}_{p\Theta}}{\hat{\rho}}+\frac{\hat{\rho}_\Theta}{\hat{\rho}_{S_A}}\frac{\hat{\rho}_{pS_A}}{\hat{\rho}} \quad (P.2)$$

$$C_b^\theta=\frac{\tilde{h}_{pp\theta}}{\hat{h}_p}-2\frac{\tilde{h}_{p\theta}}{\tilde{h}_{pS_A}}\frac{\tilde{h}_{p\theta S_A}}{\tilde{h}_p}+\left(\frac{\tilde{h}_{p\theta}}{\tilde{h}_{pS_A}}\right)^2\frac{\tilde{h}_{pS_AS_A}}{\tilde{h}_p}=\frac{\tilde{v}_{\theta\theta}}{\tilde{v}}-2\frac{\tilde{v}_\theta}{\tilde{v}_{S_A}}\frac{\tilde{v}_{\theta S_A}}{\tilde{v}}+\left(\frac{\tilde{v}_\theta}{\tilde{v}_{S_A}}\right)^2\frac{\tilde{v}_{S_AS_A}}{\tilde{v}}$$

$$= -\frac{\tilde{\rho}_{\theta\theta}}{\tilde{\rho}} + 2\frac{\tilde{\rho}_{\theta}}{\tilde{\rho}_{S_A}}\frac{\tilde{\rho}_{\theta S_A}}{\tilde{\rho}} - \left(\frac{\tilde{\rho}_{\theta}}{\tilde{\rho}_{S_A}}\right)^2\frac{\tilde{\rho}_{S_A S_A}}{\tilde{\rho}} \tag{P.3}$$

$$C_b^{\Theta} = \frac{\hat{h}_{p\Theta\Theta}}{\hat{h}_p} - 2\frac{\hat{h}_{p\Theta}}{\hat{h}_{pS_A}}\frac{\hat{h}_{p\Theta S_A}}{\hat{h}_p} + \left(\frac{\hat{h}_{p\Theta}}{\hat{h}_{pS_A}}\right)^2\frac{\hat{h}_{pS_A S_A}}{\hat{h}_p} = \frac{\hat{v}_{\Theta\Theta}}{\hat{v}} - 2\frac{\hat{v}_{\Theta}}{\hat{v}_{S_A}}\frac{\hat{v}_{\Theta S_A}}{\hat{v}} + \left(\frac{\hat{v}_{\Theta}}{\hat{v}_{S_A}}\right)^2\frac{\hat{v}_{S_A S_A}}{\hat{v}}$$

$$= -\frac{\hat{\rho}_{\Theta\Theta}}{\hat{\rho}} + 2\frac{\hat{\rho}_{\Theta}}{\hat{\rho}_{S_A}}\frac{\hat{\rho}_{\Theta S_A}}{\hat{\rho}} - \left(\frac{\hat{\rho}_{\Theta}}{\hat{\rho}_{S_A}}\right)^2\frac{\hat{\rho}_{S_A S_A}}{\hat{\rho}} \tag{P.4}$$

以下是由表 P.1 导出的一些有趣的公式：

$$c_p(0) = \tilde{h}_{\theta}(0) = -\frac{\hat{\eta}_{\Theta}^2}{\hat{\eta}_{\Theta\Theta}}, \quad (T_0+0) = \frac{c_p^0}{\hat{\eta}_{\Theta}}, \quad \frac{(T_0+t)}{(T_0+\theta)} = \frac{\hat{h}_{\Theta}}{c_p^0} = \left.\frac{\partial h}{\partial h^0}\right|_{S_A,p} \tag{P.5}$$

$$\left.\frac{\partial\theta}{\partial\Theta}\right|_{S_A,p} = \left.\frac{\partial\theta}{\partial\Theta}\right|_{S_A} = -\frac{c_p^0\hat{\eta}_{\Theta\Theta}}{\hat{\eta}_{\Theta}^2} = -\frac{(T_0+\theta)^2\hat{\eta}_{\Theta\Theta}}{c_p^0} = \frac{c_p^0}{c_p(0)} \tag{P.6}$$

$$\mu(0) = -\frac{c_p^0\hat{\eta}_{S_A}}{\hat{\eta}_{\Theta}} = -(T_0+\theta)\hat{\eta}_{S_A} \tag{P.7}$$

$$\left.\frac{\partial\theta}{\partial S_A}\right|_{\Theta,p} = \left.\frac{\partial\theta}{\partial S_A}\right|_{\Theta} = -\frac{c_p^0\hat{\eta}_{S_A\Theta}}{\hat{\eta}_{\Theta}^2} = c_p^0\left.\frac{\partial\hat{\eta}_{\Theta}^{-1}}{\partial S_A}\right|_{\Theta} = -\frac{(T_0+\theta)^2\hat{\eta}_{S_A\Theta}}{c_p^0} \tag{P.8}$$

或者等价为，

$$\left.\frac{\partial(T_0+\theta)^{-1}}{\partial S_A}\right|_{\Theta} = \frac{\hat{\eta}_{S_A\Theta}}{c_p^0} \tag{P.9}$$

为了更为精确地构建熵和焓的多项式，从而完善表 P.1 中的公式，可参见如下摘要。可以把函数 $\hat{\eta}(S_A,\theta)$ 写成海水 Gibbs 函数系数的表达式，该 Gibbs 函数由精确的多项式和对数项组成。

$$\tilde{\eta}(S_A,\theta) = -g_T(S_A,t=\theta,0) \tag{P.10}$$

把 $\tilde{h}(S_A,\theta,p)$ 写成压强的幂级数，S_A 和 θ 多项式的系数乘以压强幂级数中的最低阶项：p^0 和 p^1，得到精确的公式：

$$\tilde{h}(S_A,\theta,0) = g(S_A,t=\theta,0) - (T_0+\theta)g_T(S_A,t=\theta,0) \tag{P.11}$$

和

$$\tilde{h}_p(S_A,\theta,0) = g_p(S_A,t=\theta,0) \tag{P.12}$$

必须通过最小二乘法获得 S_A 和 θ 乘以压强幂级数的多项式。换言之，熵的多项式 $\tilde{\eta}(S_A,\theta)$ 可确切地由 $p=0$ 的焓和相对于基准压强 $p_r=0$ 的位势密度表示。唯一需要通过最小二乘法进行拟合的原因是测量密度所在的压强不为零，即在已知下列表达式右边的很多数据点的情况下，对下列表达式左边 p^1 的和更高的压强的幂级数进行拟合。

$$\tilde{h}_p(S_A,\theta,p) = g_p(S_A,t,p) \tag{P.13}$$

在寻找 $\hat{h}(S_A,\Theta,p)$ 和 $\eta = \hat{\eta}(S_A,\Theta)$ 的多项式近似的情况下，几乎没有系数可以直接来自海水的 Gibbs 函数；例如，$\eta = \hat{\eta}(S_A,\Theta)$ 中任何系数都不是直接来自于 g。即，S_A 和 θ 中的多项式 $\hat{\eta}(S_A,\Theta)$ 是由最小二乘法与下式拟合决定的：

$$\tilde{\eta}(S_A,\Theta) = -g_T(S_A,t=\theta,0) \tag{P.14}$$

其中，Θ 和 θ 之间的关系由下列精确的多项式计算得到：

$$\Theta = (c_p^0)^{-1}[g(S_A,t=\theta,0) - (T_0+\theta)g_T(S_A,t=\theta,0)] \tag{P.15}$$

S_A 和 Θ 乘以 $\hat{h}(S_A,\Theta,p)$ 中 p^0 和 p^1 最低压强幂的多项式是非常简单的，即：

$$\hat{h}(S_A,\Theta,0) = c_p^0\Theta \tag{P.16}$$

采用下式，可以通过最小二乘法得到关于 S_A 和 θ 多项式乘以压强幂级数中其他阶的数据项：

$$\hat{h}_p(S_A,\Theta,p) = g_p(S_A,t,p) \tag{P.17}$$

表P.1 基于单个不同的热力学势的各热力学变量的公式

	基于$g(S_A,t,p)$的公式	基于$\widehat{h}(S_A,\eta,p)$的公式	基于$\tilde{h}(S_A,\theta,p)$和$\tilde{\eta}(S_A,\theta)$的公式	基于$\hat{h}(S_A,\Theta,p)$和$\tilde{\eta}(S_A,\Theta)$的公式
t	t	$(T_0+t)=\widehat{h}_\eta$	$(T_0+t)=\tilde{h}_\theta/\tilde{\eta}_\theta$	$(T_0+t)=\hat{h}_\Theta/\hat{\eta}_\Theta$
θ	$g_T(S_A,\theta,p_r)=g_T(S_A,t,p)$(关于$\theta$的隐式方程)	$(T_0+\theta)=\widehat{h}_\eta(0)$	θ; $(T_0+\theta)=\tilde{h}_\theta(0)/\tilde{\eta}_\theta$	$(T_0+\theta)=c_p^0/\hat{\eta}_\Theta$
Θ	$\Theta=\dfrac{g(S_A,\theta,p_r)-(T_0+\theta)g_T(S_A,\theta,0)}{c_p^0}$	$\Theta=\widehat{h}(0)/c_p^0$	$\Theta=\tilde{h}(0)/c_p^0$	Θ; $\Theta=\hat{h}(0)/c_p^0$
g	$g=g(S_A,t,p)$	$g=\widehat{h}-\eta\widehat{h}_\eta$	$g=\tilde{h}-\tilde{\eta}\dfrac{\tilde{h}_\theta}{\tilde{\eta}_\theta}$	$g=\hat{h}-\hat{\eta}\hat{h}_\Theta/\hat{\eta}_\Theta$
η	$\eta=-g_T$	η	$\eta=\tilde{\eta}(S_A,\theta)$	$\eta=\hat{\eta}(S_A,\Theta)$
h	$h=g-(T_0+t)g_T$	$h=\widehat{h}(S_A,\eta,p)$	$h=\tilde{h}(S_A,\theta,p)$	$h=\hat{h}(S_A,\Theta,p)$
ν	$\nu=g_p$	$\nu=\widehat{h}_p$	$\nu=\tilde{h}_p$	$\nu=\hat{h}_p$
ρ	$\rho=(g_p)^{-1}$	$\rho=(\widehat{h}_p)^{-1}$	$\rho=(\tilde{h}_p)^{-1}$	$\rho=(\hat{h}_p)^{-1}$
μ	$\mu=g_{S_A}$	$\mu=\widehat{h}_{S_A}$	$\mu=\tilde{h}_{S_A}-\tilde{\eta}_{S_A}\tilde{h}_\theta/\tilde{\eta}_\theta$	$\mu=\hat{h}_{S_A}-\hat{\eta}_{S_A}\hat{h}_\Theta/\hat{\eta}_\Theta$
u	$u=g-(T_0+t)g_T-(p+P_0)g_p$	$u=\widehat{h}-(p+P_0)\widehat{h}_p$	$u=\tilde{h}-(p+P_0)\tilde{h}_p$	$u=\hat{h}-(p+P_0)\hat{h}_p$
f	$f=g-(p+P_0)g_p$	$f=\widehat{h}-\eta\widehat{h}_\eta-(p+P_0)\widehat{h}_p$	$f=\tilde{h}-\tilde{\eta}\tilde{h}_\theta/\tilde{\eta}_\theta-(p+P_0)\tilde{h}_p$	$f=\hat{h}-\hat{\eta}\hat{h}_\Theta/\hat{\eta}_\Theta-(p+P_0)\hat{h}_p$
c_p	$c_p=-(T_0+t)g_{TT}$	$c_p=\widehat{h}_\eta/\widehat{h}_{\eta\eta}$	$c_p=\tilde{h}_\theta\tilde{\eta}_\theta^2/(\tilde{\eta}_\theta\tilde{h}_{\theta\theta}-\tilde{h}_\theta\tilde{\eta}_{\theta\theta})$	$c_p=\hat{h}_\Theta\hat{\eta}_\Theta^2/(\hat{\eta}_\Theta\hat{h}_{\Theta\Theta}-\hat{h}_\Theta\hat{\eta}_{\Theta\Theta})$
h^0	$h^0=g(S_A,\theta,0)-(T_0+\theta)g_T(S_A,\theta,0)$	$h^0=\widehat{h}(0)$	$h^0=\tilde{h}(0)$	$h^0=\hat{h}(0)$
ρ^θ	$\rho^\theta=[g_p(S_A,\theta,p_r)]^{-1}$	$\rho^\theta=[\widehat{h}_p(p_r)]^{-1}$	$\rho^\theta=[\tilde{h}_p(p_r)]^{-1}$	$\rho^\theta=\rho^\Theta=[\hat{h}_p(p_r)]^{-1}$

续表

	基于 $g(S_A,t,p)$ 的公式	基于 $\hat{h}(S_A,\eta,p)$ 的公式	基于 $\tilde{h}(S_A,\theta,p)$ 和 $\tilde{\eta}(S_A,\theta)$ 的公式	基于 $\hat{h}(S_A,\Theta,p)$ 和 $\tilde{\eta}(S_A,\Theta)$ 的公式
κ^t	$\kappa^t = -g_p^{-1}g_{pp}$	$\kappa^t = -\hat{h}_p^{-1}\hat{h}_{pp} + \hat{h}_p^{-1}\dfrac{\hat{h}_{p\eta}^2}{\hat{h}_{\eta\eta}}$	$\kappa^t = -\tilde{h}_p^{-1}\tilde{h}_{pp} - \tilde{h}_p^{-1}\dfrac{\tilde{h}_{\theta p}^2\tilde{\eta}_\theta}{\tilde{h}_\theta\tilde{\eta}_{\theta\theta} - \tilde{h}_{\theta\theta}\tilde{\eta}_\theta}$	$\kappa^t = -\hat{h}_p^{-1}\hat{h}_{pp} - \hat{h}_p^{-1}\dfrac{\hat{h}_{\Theta p}^2\hat{\eta}_\Theta}{\hat{h}_\Theta\hat{\eta}_{\Theta\Theta} - \hat{h}_{\Theta\Theta}\hat{\eta}_\Theta}$
κ	$\kappa = -g_p^{-1}g_{pp} + g_p^{-1}\dfrac{g_{Tp}^2}{g_{TT}}$	$\kappa = -\hat{h}_p^{-1}\hat{h}_{pp}$	$\kappa = -\tilde{h}_p^{-1}\tilde{h}_{pp}$	$\kappa = -\hat{h}_p^{-1}\hat{h}_{pp}$
c	$c = g_p\sqrt{g_{TT}/(g_{Tp}^2 - g_{TT}g_{pp})}$	$c = \hat{h}_p/\sqrt{-\hat{h}_{pp}}$	$c = \tilde{h}_p/\sqrt{-\tilde{h}_{pp}}$	$c = \hat{h}_p/\sqrt{-\hat{h}_{pp}}$
Γ	$\Gamma = -g_{Tp}/g_{TT}$	$\Gamma = \hat{h}_{p\eta}$	$\Gamma = \tilde{h}_{p\theta}/\tilde{\eta}_\theta$	$\Gamma = \hat{h}_{p\Theta}/\hat{\eta}_\Theta$
α^t	$\alpha^t = \dfrac{g_{Tp}}{g_p}$	$\alpha^t = \hat{h}_p^{-1}\dfrac{\hat{h}_{p\eta}}{\hat{h}_{\eta\eta}}$	$\alpha^t = -\tilde{h}_p^{-1}\tilde{h}_{p\theta}\dfrac{\tilde{\eta}_\theta^2}{(\tilde{h}_\theta\tilde{\eta}_{\theta\theta} - \tilde{h}_{\theta\theta}\tilde{\eta}_\theta)}$	$\alpha^t = -\hat{h}_p^{-1}\hat{h}_{p\Theta}\dfrac{\hat{\eta}_\Theta^2}{(\hat{h}_\Theta\hat{\eta}_{\Theta\Theta} - \hat{h}_{\Theta\Theta}\hat{\eta}_\Theta)}$
α^θ	$\alpha^\theta = \dfrac{t_{Tp}}{g_p}\dfrac{g_{TT}(S_A,\theta,p_r)}{g_{TT}}$	$\alpha^\theta = \hat{h}_p^{-1}\dfrac{\hat{h}_{p\eta}}{\hat{h}_{\eta\eta}(0)}$	$\alpha^\theta = \tilde{h}_p^{-1}\tilde{h}_{p\theta}$	$\alpha^\theta = \hat{h}_p^{-1}\hat{h}_{p\Theta}\dfrac{\hat{\eta}_\Theta^2}{c_p^0\hat{\eta}_{\Theta\Theta}}$
α^Θ	$\alpha^\Theta = -\dfrac{g_{Tp}}{g_p}\dfrac{c_p^0}{(T_0+\theta)g_{TT}}$	$\alpha^\Theta = \hat{h}_p^{-1}\hat{h}_{p\eta}\dfrac{c_p^0}{\hat{h}_\eta(0)}$	$\alpha^\Theta = \tilde{h}_p^{-1}\tilde{h}_{p\theta}\dfrac{c_p^0}{\tilde{h}_\theta(0)}$	$\alpha^\Theta = \hat{h}_p^{-1}\hat{h}_{p\Theta}$
β^t	$\beta^t = -g_p^{-1}g_{S_Ap}$	$\beta^t = -\hat{h}_p^{-1}\hat{h}_{S_Ap} + \hat{h}_p^{-1}\hat{h}_{\eta p}\dfrac{\hat{h}_{S_A\eta}}{\hat{h}_{\eta\eta}}$	$\beta^t = -\tilde{h}_p^{-1}\tilde{h}_{S_Ap} + \tilde{h}_p^{-1}\tilde{h}_{\theta p}\dfrac{(\tilde{h}_\theta\tilde{\eta}_{S_A\theta} - \tilde{h}_{S_A\theta}\tilde{\eta}_\theta)}{(\tilde{h}_\theta\tilde{\eta}_{\theta\theta} - \tilde{h}_{\theta\theta}\tilde{\eta}_\theta)}$	$\beta^t = -\hat{h}_p^{-1}\hat{h}_{S_Ap} + \hat{h}_p^{-1}\hat{h}_{\Theta p}\dfrac{(\hat{h}_\Theta\hat{\eta}_{S_A\Theta} - \hat{h}_{S_A\Theta}\hat{\eta}_\Theta)}{(\hat{h}_\Theta\hat{\eta}_{\Theta\Theta} - \hat{h}_{\Theta\Theta}\hat{\eta}_\Theta)}$
β^θ	$\beta^\theta = -g_p^{-1}g_{S_Ap} + \dfrac{g_{Tp}[g_{S_AT} - g_{S_AT}(S_A,\theta,p_r)]}{g_pg_{TT}}$	$\beta^\theta = -\hat{h}_p^{-1}\hat{h}_{S_Ap} + \hat{h}_p^{-1}\hat{h}_{\eta p}\dfrac{\hat{h}_{S_A\eta}(0)}{\hat{h}_{\eta\eta}(0)}$	$\beta^\theta = -\tilde{h}_p^{-1}\tilde{h}_{S_Ap}$	$\beta^\theta = -\hat{h}_p^{-1}\hat{h}_{S_Ap} + \hat{h}_p^{-1}\hat{h}_{\Theta p}\dfrac{\hat{\eta}_{S_A\Theta}}{\hat{\eta}_{\Theta\Theta}}$
β^Θ	$\beta^\Theta = -g_p^{-1}g_{S_Ap} + \dfrac{g_{Tp}[g_{S_AT} - (T_0+\theta)^{-1}g_{S_AT}(S_A,\theta,0)]}{g_pg_{TT}}$	$\beta^\Theta = -\hat{h}_p^{-1}\hat{h}_{S_Ap} + \hat{h}_p^{-1}\hat{h}_{\eta p}\dfrac{\hat{h}_{S_A}(0)}{\hat{h}_\eta(0)}$	$\beta^\Theta = -\tilde{h}_p^{-1}\tilde{h}_{S_Ap} + \tilde{h}_p^{-1}\tilde{h}_{\theta p}\dfrac{\tilde{h}_{S_A}(0)}{\tilde{h}_\theta(0)}$	$\beta^\Theta = -\hat{h}_p^{-1}\hat{h}_{pS_A}$

参考文献
(References)

Alberty, R. A., 2001: Use of legendre transforms in chemical thermodynamics, *Pure Appl. Chem.*, **73**, 1 349 – 1 380.

Alderson, S. G. and P. D. Killworth, 2005: A preoperational scheme for calculating sea surface height by Bernoulli inverse of Argo float in the North Atlantic. *J. Atmos. Oceanic Tech.*, **22**, 1416 – 1422

Bacon, S. F. Culkin, N. Higgs and P. Ridout, 2007: IAPSO Standard Seawater: Definition of the uncertainty in the calibration procedure, and stability of recent batches. *J. Atoms. Oceanic Technol.* **24**, 1785 – 1799.

Bacon, S. and N Fofonoff, 1996: Oceanic heat flux calculation. *J. Atoms. Oceanic Technol.* **13**, 1327 – 1329.

Barber, C. R., 1969: The International Temperature Scale of 1968. *Metrologia*, **5**, 35 – 44.

Batchelor, G. K., 1970: *An Introduction to Fluid Dynamics*, Cambridge University Press, 615pp.

Bezold, W. V., 1888: Zur Thermodynamik der Atmosphaere. Potentielle Temperatur. Verticaler Temperaturgradient. Zusammengesetzte Convection. *Sitzungsberichte der Koeniglich Preussischen Akademie der Wissenschaften zu Berlin*, **46**, 1 189 – 1 206. http://bibliothek. bbaw. de/bibliothek – digital/digitalequellen/schriften/anzeige/index – html? band = 10 – sitz/1888 – 2&seite: int = 530

BIPM, 2005: Clarification of the definition of the kelvin, unit of thermodynamic temperature RECOMMENDATION 2 (CI – 2005) The International Committee for Weights and Measures (CIPM), http://www. bipm. org/cc/CIPM/Allowed/94/CIPM – Recom2CI – 2005 – EN. pdf

BIPM, 2006: *The international System of Units (SI)*, 8th edition. Bureau International des Poids et Mesures, Organisation Intergouvernementale de la Convention du Mètre, Sèvres, France. http://www. bipm. fr/utils/common/pdf/si_brochure_8_en. pdf

Bleck, R., 1978: Finite difference equations in generalized vertical coordinates, I, Total energy conservation. *Contrib. Atmos. Phys.* **51**, 360 – 372

Bradshaw, A. and Schleicher, K. E., 1970: Direct measurements of thermal expansion of sea water under pressure. *Deep – Sea Res.*, **17**, 691 – 706

Brewer, P. G., and A Bradshaw, 1975. The effect of non – ideal composition of seawater on salinity and density, *J. Mar. Res.* **33**, 157 – 175

Bromley, L. A., 1968: Relative enthalpies of sea salt solutions at 25℃. *Journal of Chemical and Engineering Data*, **13**, 399 – 402.

Bromley, L. A., V. A. Desaussure, J. C. Clipp, and J. S. Wright, 1967: Heat capacities of sea water solutions at salinities of 1 to 12% and temperature of 2° to 80°. *Journal of Chemical and Engineering Data*, **12**, 202 – 206

Bromley, L. A., A. E. Diamond, E. Salami, and D. G. Wilkins, 1970: Heat capacities and enthalpies of sea salt solutions to 200℃, *Journal of Chemical and Engineering Data*, **15**, 246 – 353

Bromley, L. A., D. Singh, P. Ray, S. Sridhar, and S. M. Read, 1974: Thermodynamic properties of sea salt solution. *AIChE*

Journal,**20**,326 – 335.

Bryden,H. L. ,1973: New polynomicals for thermal expansion,adiabatic temperature gradient and potential temperature of seawater. *Deep – Sea Res.* ,**20**,401 – 408

Caldwell,D. R. ,1978: The maximum density points of pure and saline water. *Deep – Sea Research*,**25**,175 – 181.

Calvert. J. G. ,1990: Glossary of atmospheric chemistry terms(Recommendations 1990),*Pure & App. Chem.* ,**62**,2 167 – 2 219.

Chen,C. – T. and F. J. Millero,1976: The specific volume of seawater at high pressures. *Deep – Sea Res.* ,**23**,595 – 612.

Chen,C. – T. and F. J. Millero,1977: Sound speed of seawater at high pressure. *J. Acoust. Soc. Am.* ,**62**,1 129 – 1 135.

Clausius,R. ,1876: Die Mechanische Wärmetheorie. Friedrich Vieweg und Sohn,Braunschweig.

Culkin,F. and P. S. Ridout,1998: Stability of IAPSO Standard Seawater,*J. Atmos. Oceanic. Technol.* ,**15**,1072 – 1075.

Cunningham,S. A. ,2000: Circulation and volume flux of the North Atlantic using synoptic hydrographic data in a Bernoulli inverse. *J. Marine Res.* **58**,1 – 35.

Curry,J. A. and P. J. Webster. 1999:Thermodynamics of atmospheres and oceans. Academic Press,San Diego,USA.

Dai,A. 2006: Recent Climatology,Variability,and Trends in Global Surface Humidity. *J. Climate*,**19**,3 589 – 3 605.

De Groot,S. R. and P. Mazur. ,1984: *Non – equilibrium thermodynamics.* Dover Publications,Inc. ,New York.

Del Grosso,V. A. ,1974: New equation for the speed of sound in natural waters (with comparison to other equations). *J. Acoust. Soc. Am.* ,**56**,1 084 – 1 091.

de Szoeke,R. A. ,2000: Equations of Motion Using Thermodynamic Coordinates. *Journai of Physical Oceanography*,**30**,2 814 – 2 829.

de Szoeke,R. A. and R. M. Samelson,2002: The duality between the Boussinesq and non – Boussinesq hydrostatic equations of motion. *Journal of Physical Oceanography*,**32**,2194 – 2203.

de Szoeke,R. A. , S. R. Springer and D. M. Oxilia,2000: Orthobaric density: A thermodynamic variable for ocean circulation studies. *J. Phys. Oceanogr.* ,**30**,2830 – 2852.

Douglas,T. B. ,1969: Conversion of existing calorimetrically determined thermodynamic properties to the bases of the International Practical Scale of 1968. *Jour. Of Res. NBS – A: Physics and Chemistry*,**73A**,451 – 470.

Eden,C. and J. Willebrand,1999: Neutral density revisited. *Deep – Sea Res. II*,**46**,33 – 54.

Feistel,R. :Equilibrium thermodynamics of seawater revisited,1993: *Progr. Oceanogr.* ,**31**,101 – 179.

Feistel,R. ,2003: A new extended Gibbs thermodynamic potential of seawater,*Progr. Oceanogr.* ,**58**,43 – 114.

Feistel,R. ,2008: A Gibbs function for seawater thermodynamics for – 6 to 80℃ and salinity up to 120 g · kg^{-1},*Deep – Sea Res. I*,**55**,1639 – 1671.

Feistel,R. and E. Hagen,1995: On the GIBBS thermodynamic potential of seawater. *Prog. in Oceanogr.* ,**36**,249 – 327.

Feistel,R. and E. Hagen, 1998: A Gibbs thermodynamic potential of sea ice, *Cold Regions Sci. Technol.* , **28**, 83 – 142,1998.

Feistel,R. and G. M. Marion,2007: A Gibbs – Pitzer function of high – salinity seawater thermodynamics. *Progress in Oceanography*,**74**,515 – 539.

Feistel,R. ,and G. Nausch,N. Wasmund (Eds),2008b: State and Evolution of the Baltic Sea,1952 – 2005. A Detailed 50 – year Survey of Meteorology and Climate,Physics,Chemistry,Biology,and Marine Envorionment. John Wiley & Sons, Inc. ,Hoboken.

Feistel, R. and W. Wagner, 2005: High – pressure thermodynamic Gibbs functions of ice and sea ice. *Journal of Marine Research*, **63**, 95 – 139.

Feistel, R. and W. Wagner, 2006: A New Equation of State for H_2O Ice Ih. *J. Phys. Chem. Ref. Data.* **35**, 2, 1021 – 1047.

Feistel, R. and W. Wagner, 2007: Sublimation pressure and sublimation enthalpy of H_2O Ice Ih between o and 273.16K, *Geochim. Cosmochim. Acta*, **71**, 36 – 45, 2007.

Feistel, R., S. Weinreben, H. Wolf, S. Seitz, P. Spitzer, B. Adel, G. Nausch, B. Schneider and D. G. Wright, 2010c: Density and Absolute Salinity of the Baltic Sea 2006 – 2009. *Ocean Science*, **6**, 3 – 24. http://www.ocean – sci.net/6/3/2010/os – 6 – 3 – 2010.pdf.

Feistel, R., D. G. Wright, K. Miyagawa, A. H. Harvey, J. Hruby, D. R. Jackett, T. J. McDougall and W. Wagner, 2008: Mutually consistent thermodynamic potentials for fluid water, ice and seawater: a new standard for oceanography. *Ocean Science*, **4**, 275 – 291. http://www.ocean – sci.net/4/275/2008/os – 4 – 275 – 2008.pdf

Feistel, R., D. G. Wright, D. R. Jackett, K. Miyagawa, J. H. Reissmann, W. Wagner, U. Overhoff, C. Guder, A. Feistel and G. M. Marion, 2010b: Numerical implementation and oceanographic application of the thermodynamic potentials of water, vapour, ice, seawater and air. Part I: Background and equations. *Ocean Science Discussions*, **7**, 521 – 647.

Feistel, R., D. G. Wright, H. – J. Kretzschmar, E. Hagen, S. Herrmann and R. Span, 2010a: Thermodynamic properties of sea air. *Ocean Science*, **6**, 91 – 141. http://www.ocean – sci.net/6/91/2010/os – 6 – 91 – 2010.pdf.

Fofonoff, N. P., 1962: Physical properties of seawater. The Sea, Vol. 1, M N Hill, Ed., Wiley – Interscience, 3 – 30.

Fofonoff, N. P., 1985: Physical properties of seawater: A new salinity scale and equation of state for seawater. *J. Geophys. Res.*, **90**, 3322 – 3342.

Gent, P. R. and J. C. Mcwilliams., 1990: Isopycnal mixing in ocean circulation models. *Journal of Physical Oceanography*, **20**, 150 – 155.

Gent, P. R., J. Willebrand, T. J. Mcdougall and J. C. Mcwiliams, 1995: Parameterizing eddy – induced tracer transports in ocean circulation models. *Journal of Physical Oceanography*, **25**, 463 – 474.

Gibbs, J. W., 1873: Graphical methods in the thermodynamics of fluids, Trans. Connecticut Acad. *Arts and Sci.*, **2**, 309 – 342.

Gill, A E. 1982: *Atmosphere – Ocean Dynamics.* Academic Press, 662pp.

Glasstone, S., 1947: Thermodynamics for Chemist, D. van Nostrand Company, Inc., Princeton, New Jersey, USA.

Godfrey, J. S., 1989: A Sverdrup model of the depth – integrated flow for the world ocean allowing for island circulations. *Geophysical and Astrophysical Fluid Dynamics.* **45**, 89 – 119.

Goldberg, R. N. and R. D., Weir. 1992: Conversion of temperatures and thermodynamic properties to the basis of the International Temperature Scale of 1990. *Pure & Applied Chemistry*, **64**, 1545 – 1562.

Gouretski, V. V. and K P Koltermann, 2004: WOCE global hydrographic climatology. Berichte des Bundesamtes für Seeschifffahrt und Hydrographie Tech. Rep. 35/2004, 49 pp

Gradshteyn, I. S. and I. M. Ryzhik, 1980: *Tables of Integrals, Series and Products.* Academic Press, 1160pp.

Griffies, S. M., 2004: *Fundamentals of ocean Climate Models.* Princeton, NJ: Princeton University Press, 518pp + xxxiv.

Greatbatch, R. J. and T. J. McDougall, 2003: The non – Boussinesq Temporal – Residual – Mean. *Journal of Physical Oceanography*, **33**, 1231 – 1239

Harvey, A. H. and P. H. Huang, 2007: First – Principles Calculation of the Air – Water Second Virial Coefficient. *Int. J.*

Thermophys. ,**28**,556 – 565.

Helland – Hansen, B. ,1912: The Ocean Waters. *Intern. Rev. Hydrobiol.* Hydrog. ,Hydrog. Supp. Ser. 1 No. 2, Leipzig

Helmholtz, H. V. ,1888: Ueber atmosphaerische Bewegungen. Sitzungsberichte der Koeniglich Preussischen Akademid der Wissenschaften zu Berlin. **46**, 647 – 663. http://bibliothek. bbaw. de/bibliothek – digital/digitalequellen/schriften/anzeige/index_html? band = 10 – sitz/1888 – 1&seite: int = 665

Hill, K. D. , Dauphinee and D. J. Woods, 1986: The extension of the Practical Sal inity Scale 1978 to low salinities, *IEEE J. Oceanic Eng.* ,**11**,109 – 112.

Huang, R. X. , X. Jin and X. Zhang, 2001: An oceanic general circulation model in pressure coordinates. *Advances in Atmospheric Physics*, **18**, 1 – 22.

Hyland, R. W. and A. Wexler, 1983: Formulations for the thermodynamic properties of dry air from 173. 15 to 473. 15K, and of saturated moist air from 173. 15 to 372. 15K, at pressures up to 5 Mpa. *ASHRAE Transact.* **89**, 520 – 535.

IAPWS, 2005 : Guideline on the Use of Fundamental Physical Constants and Basic Constants of Water. The International Association for the Properties of Water and Steam. Gaithersburg, Mariland, USA, September 2001. Revised July 2005, available at: http://www. iapws. org.

IAPWS, 2007: Revised Release on the IAPWS Industrial Formulation 1997 for the Thermodynamic Properties of Water and Steam, Lucerne, Switzerland, August 2007, available from: http://www. iapws. org.

IAPWS, 2008a: Release on the IAPWS Formulation 2008 for the Thermodynamic Properties of Seawater, The International Association for the Properties of Water and Steam, Berlin, Germany, September 2008, available from http://www. iapws. org. This Release is referred to in the text as IAPWS – 08.

IAPWS, 2008b: Revised Release on the pressure along the Melting and Sublimation Curves of Ordinary Water Substance. The International Association for the Properties of Water and Steam, Berlin, Germany, September 2008, available from http://www. iapws. org .

IAPWS, 2009a: Revised Release on the Equation of State for H_2O Ice Ih. The International Association for the Properties of Water and Steam, Doorwerth, The Netherlands, September 2009, available from http://www. iapws. org . This Release is referred to in the text as IAPWS – 06.

IAPWS, 2009b: Reuised Release on the IAPWS Formulation 1995 for the Thermodynamic Properties of Ordinary Water Substance for General and Scientific Use, The International Association for the Properties of Water and Steam, Doorwerth, The Netherlands, September 2009, available from http://www. iapws. org . This Release is referred to in the text as IAPWS – 95.

IAPWS, 2009c: Supplementary a Computationally Efficient Thermodynamic fonmcation for Liquid Water for Oceanographic Use, The International Association for the Properties of Water and Steam, Doorwerth, The Netherlands, September 2009, available from http://www. iapws. org . This Release is referred to in the text as IAPWS – 09.

IAPWS, 2010: Guideline on the Equation of State for Humid Air in Contact with Seawater and Ice, Consistant with the IAPWS Formulation 2008 for the Thermodynamic Properties of Seawater, The International Association for the Properties of Water and Steam, Niagara Falls, Canada, September 2010, in preparation.

IOC, 1987: GF3 – A GeneraI Formatting system for Geo – Referenced Data. Vol 2, Technical Description of the GF3 Format and Code TabIes. Intergovernmental Oceanographic Commission, Manuals and Guides 17, Unesco.

IOC, SCOR and IAPSO, 2010a: *The international thermodymic equation of seawater* – 2010: *Calculation and use of thermo-*

dynamic properties. Intergovermental Oceanographic Commission, Manual and Guides No. 56, UNESCO(English), 196 pp. Available from http://www. TEOS – 10. org. [The present document].

IOC, SCOR and IAPSO, 2010b: *User's guide to the international thermodynamic equation of seawater* – 2010. Intergovermental Oceanographic Commission, Manual and Guides No. 56(abridged edition), UNESCO. Available from http://www. TEOS – 10. org. [The present document].

ISO, 1993: *ISO Standards Handbook: quantities and Units*. International Organization for Standardization, Geneva, Switzerland.

ISO/IEC, 2007: International Vocabulary of Metrology (VIM) – Basic and General Concepts and Associated Terms, ISO/IEC Guide 99 – 12, available from http://www. bipm. org/en/publications/.

Iudicone, D. G. Madec, and T. J. Mcdougall, 2008: Water – mass transformations in a neutral density framework and the key role of light penetration. *Journal of Physical Oceanography*, **38**, 1357 – 1376.

IUPAC, 1997: Compendium of Chemical Terminology, 2nd ed. (the "Gold Book"). Compiled by A. D. McNaught and A. Wilkinson. Blackwell Scientific Publications, Oxford 1997. XML on – line corrected version: http://goldbook. iupac. org (2006 –) created by M. Nic, J. Jirat, B. Kosata; updates compiled by A. Jenkins. ISBN 0 – 9678550 – 9 – 8. doi: 10. 1351/goldbook.

Jackett, D. R. and T. J. McDougall, 1997: A neutral density variable for the world's oceans. *Journal of Physical Oceanography*, **27**, 237 – 263.

Jackett, D. R., McDougall, T. J. Feistel, R., Wright, D. G., and S. M. Griffies, 2006: *Algorithms for density, potential temperature, Conservative Temperature and freezing temperature of seawater. Journal of Atmospheric and Oceanic Technoogy*, **23**, 1709 – 1728.

Jacobson, M. Z., 2005: *Fundamental of Atmospheric Modeling*, 2nd, Edition, University Press, Cambridge, UK.

Kawano, T., 2009: *Method for salinity (conductivity ratio) meaturement*. Global Ship – based Repeat Hydrography Manual, IOCCP Report No. 14, ICPO Publication Series no. **134**, 13pp, available from http://cdiac3. ornl. gov/hydrography/.

Killworth, P. D., 1986: A Bernoulli inverse method for determining the ocean circulation. *Journal of Physical Oceanography*, **16**, 2031 – 2051.

Klocker, A. and T. J. McDougall, 2010a: Quantifying the consequences of the ill – defined nature of neutral surfaces. *Journal of Physical Oceanography*, in press.

Klocker, A. and T. J. McDougall, 2010b: The influence of the nonlinear equation of state on global estimates of dianeutral advection and diffusion. *Journal of Physical Oceanography*, in press.

Klocker, A., T. J. McDougall and D. R. Jackett, 2009: A new method for forming approximately neutral surfaces. *Ocean Sci.* **5**, 155 – 172 (http://www. ocean – sci. net /5/155/2009/os – 5 – 155 – 2009. html).

Klocker, A., T. J. McDougall and D. R. Jackett, 2009b: Corrigendum to "A new method for forming approximately neutral surfaces". Published in Ocean Science. **5**, 155 – 172, 2009. *Ocean Sci.* **5**, 191 – 191(http://www. ocean – sci. net /5/191/2009/os – 5 – 191 – 2009. html).

Kremling, K., 1971: New Method for measuring density of seawater, *Nature*, **229**, 109 – 110.

Landau, L. D. and E. M. Lifshitz, 1959: Fluid Mechanics Pergamon, 536 pp.

Landau, L. D. and E. M. Lifshitz, 1980: *Statistical physics*. Reed Educational and Professional Publishing Ltd. 544 pp

Lemmon, E. W., R. T. Jacobsen, S. G. Penoncello and D. G. Friend, 2000: Thermodynamic properties of air and mixtures of nitrogen, argon and oxgen from 60 to 2000K at pressures to 2000 MPa. *J. Phys. Chem. Ref. Data*, **29**, 331 – 362.

Leppäranta, M., K. Myrberg, 2009: *Physical Oceanography of the Baltic Sea.* Springer Verlag Heidelberg, Germany.

Losch, M., A. Adcroft and J. – M. Campin, 2004: How sensitive are coarse general circulation models to fundamental approximations in the equations of motion? *Journal of Physical Oceanography*, **34**, 306 – 319.

Mares, R. and J. Kalova, 2008: Thermophysical properties converted from data and equations based on old temperature scales. In: *Water Steam, and Aqueous Solutions: Advances in Science and Technology for Power Generation.* Proceedings of the 15th International Conference on the Properties of Water and Steam. September 7 – 11, 2008, Berlin/Germany. ISBN 978 – 3 – 931384 – 64 – 7.

Marion, G. M., F. J. Millero, and R. Feistel, 2009: Precipitation of solid phase calcium carbonates and their effect on application of seawater S_A – T – P models, *Ocean Sci.*, 5, 285 – 291. http://www.ocean – sci.net/5/285/2009/.

McDougall, T. J. 1984: The relative roles of diapycnal and isopycnal mixing on subsurface water mass conversion. *Journal of Physical Oceanography*, **14**, 1577 – 1589.

McDougall, T. J., 1987a: Neutral surface. *Journal of Physical Oceanography*, **17**, 1950 – 1964.

McDougall, T. J., 1987b: Thermobaricity, cabbeling, and water – mass conversion. *J. Geophys. Res.*, **92**, 5448 – 5464.

McDougall, T. J., 1988: Neutral – surface potential vorticity. *Progress in Oceanography*, **20**, 185 – 221.

McDougall, T. J., 1989: Streamfunctions for the lateral velocity vector in a compressible ocean. *J Marine Research*, **47**, 267 – 284.

McDougall, T. J., 1991: Parameterizing mixing in inverse models in *Dynamics of oceanic Internal Gravity Waves*, edited by P. Müller and D. Henderson, Proceedings of the sixth 'Aha Huliko'a Hawaiian Winter Workshop, University of Hawaii at Manoa, 355 – 386.

McDougall, T. J., 1995: The influence of ocean mixing on the absolute velocity vector. *Journal of physical Oceanography*, **25**, 705 – 725.

McDougall, T. J., 2003: Potential enthalpy: A conservative oceanic variable for evaluating heat content and heat fluxes. *J. Phys. Oceanogr.*, **33**, 945 – 963.

McDougall, T. J, J. A. Church and D. R. Jackett, 2003: Does the nonlinearity of the equation of state impose an upper bound on the buoyancy frequency? *Journal of Marine Research*, **61**, 745 – 764.

McDougall, T. J. and R. Feistel, 2003: What causes the adiabatic lapse rate? *Deep – Sea Research*, **50**, 1523 – 1535.

McDougall, T. J., R. J. Greatbatch and Y. Lu, 2002: On conservation equations in oceanography: How accurate are Boussinesq ocean models? *Journal of Physical Oceanography*, **32**, 1574 – 1584.

McDougall, T. J. and D. R. Jackett, 1988: On the helical nature of neutral trajectories in the ocean. *Progress in Oceanography*, **20**, 153 – 183.

McDougall, T. J. and D. R. Jackett, 2005a: An assessment of orthobaric density in the global ocean. *Journal of Physical Oceanography*, **35**, 2054 – 2075.

McDougall, T. J. and D. R. Jackett, 2005b: The material derivative of neutral density. *Journal of Marine Research*, **63**, 159 – 185.

McDougall, T. J. and D. R. Jackett, 2007: The thinness of the ocean in S – Θ – p space and the implications for mean diapycnal advection. *Journal of Physical Oceanography*, **37**, 1714 – 1732.

McDougall, T. J., D. R. Jackett, R. Feistel and D. G. Wright. 2010b: Computationally efficient 25 – terms expressions for the density of seawater in terms of potential temperature and conservative temperature. submitted to *Ocean Science Discussions*. The computer software is available from http://www. TEOS – 10. org.

McDougall, T. J. , D. R. Jackett and F. J. Millero, 2010a: An algorithm for estimating Absolute Salinity in the global ocean. submitted to *Ocean Science*, a preliminary version is available at *Ocean Science Discuss.* , **6**, 215 – 242. http: //www. ocean – sci – discuss. net/6/215/2009/osd – 6 – 215 – 2009. pdf and the computer software is available from http:// www. TEOS – 10. org.

McDougall, T. J. and D. R. Jackett D. G. Wright and R. Feistel, 2003: Accurate and computationally efficient algorithms for potential temperature and density of seawater. *J. Atm. Ocean. Technol.* , **20**, 730 – 741.

McDougall, T. J. and A. Klocker, 2010: An approximate geostrophic streamfunction for use in density surfaces. *Ocean Modelling*, **32**, 105 – 117.

McDougall, T. J. and P. C. McIntosh, 2001: The temporal – residual – mean velocity. Part II: Isopycnal interpretation and the tracer and momentum equations. *Journal of Physical Oceanography*, **31**, 1222 – 1246.

McDougall, T. J. , S. A. Thorpe and C. H. Gibson, 1988: Small – scale turbulence and mixing in the ocean : A glossary, in *Small – scale turbulence and mixing in the ocean*, edited by J. C. J. Nihoul and B. M. Jamart, Elsevier, Amsterdam. 3 – 9.

Millero, F. J. , 1974: Seawater as a multicomponent electrolyte solution. *The Sea*, Vol 5, E. D. Goldberg, Ed. , Wiley – – Interscience, 3 – 80.

Millero, F. J. , 2000. Effect of changes in the composition of seawater on the density – salinity relationship. *Deep – Sea Res. I* **47**, 1583 – 1590.

Millero, F. J. , 2010: History of the equation of the state of the seawater. *Oceanography*, in press.

Millero, F. J. , Feistel, R. , Wright, D. G. , and McDougall, T. J. , 2008a: The composition of Standard Seawater and the definition of the Reference – Composition Salinity Scale, *Deep – Sea Res. I*, **55**, 50 – 72.

Millero, F. J. , Forsht, D. Means, D. , Giekes, J. , Kenyon, K. , 1978: The density of North Pacific Ocean waters. *J. Geophys. Res.* **83**, 2359 – 2364.

Millero, F. J. , A. Gonzalez, A. and G. K. Ward, 1976c: The density of seawater solutions at one atmosphere as a function of temperature and salinity. *J. Mar. Res.* , **34**, 61 – 93.

Millero, F. J. , A. Gonzalez, A. , Brewer, P. G. , Bradshaw, A. , 1976a: The density of North Atlantic and North Pacific deep waters. *Earth and Planetary Sci. Letters* **32**, 468 – 472.

Millero, F. J. , F. Huang, N. Willams, J. Waters and R. Woosley, 2009: The effect of composition on the density of South Pacific Ocean Waters, *Mar. Chem.* , **114**, 56 – 62.

Millero, F. J. , Lawson, D. , Gonzalez, A. , 1976b: The density of artificial river and estuarine waters. *J. Geophys. Res.* **81**, 1177 – 1179.

Millero, F. J. and W. H. Leung, 1976: The thermodynamics of seawater at one atmosphere, *Am J. Sci.* , **276**, 1035 – 1077.

Millero, F. J. and X. Li, 1994: Comments on "on equations for the speed of sound in seawater" [*J. Acoust. Soc. Am.* **94**, 255 – 275(1993)]. *J. Acoust. Soc. Am.* **95**, 2757 – 2759.

Millero, F. J. and K. Kremling, 1976 : The densities of Baltic seawaters. *Deep – Sea Research*, **23**, 1129 – 1138

Millero, F. J. , G. Perron and J. F. Desnoyers, 1973: Heat capacity of seawater solutions from 5 to 35℃ and . 05 to 22‰ Chlorinity. *J Geophys. Res.* , **78**, 4499 – 4506

Millero, F. J. , J. Waters, R. Woosley, F. Huang, and M. Chanson, 2008b: The effect of composition on the density of Indian Ocean waters, *Deep – Sea Res. I*, **55**, 460 – 470.

Mohr, P. J. , B. N. Taylor and D. B. Newell, 2008: CODATA recommended values of the fundamental physical constants: 2006. *Rev. Mod. Phy.* **80** , 633 – 730; also published in *J. Phy. Chem. Ref. Data*, **37**, 1187 – 1284 (2008).

Mohr, P. J. and B. N. Taylor, 2005: CODATA recommended values of the fundamental physical constants: 2002. *Rev. Mod. Phy.* , **77**, 1 – 107

Moritz, H. , 2000: Geodetic reference system 1980. *Journal of Geodesy*, **74**, 128 – 133

Pawlowicz, R. 2010: A model for predicting changes in the electrical conductivity, Practical Salinity, and Absolute Salinity of seawater due to variations in relative chemical composition. *Ocean Science*, **6**, 361 – 378. http://www. ocean – sci. net/6/361/2010/os – 6 – 361 – 2010. pdf.

Pawlowicz, R. , D. G. Wright and F. J. Millero, 2010: The effects of biogeochemical processes on oceanic conductivity/salinity/density relationships and the characterization of real seawater. *Ocean Science Discussion*, **7**, 773 – 836. http://www. ocean – sci – discuss. net/7/773/2010/osd – 7 – 773 – 2010 – print. pdf.

Picard, A. , R. S. Davis, M. Gläser and K. Fujii, 2008: Revised formula for the density of moist air(CIPM – 2007), *Metrologia*, **45**, 149 – 155.

Planck, M. , 1888: Das chemische Gleichgewicht in verdünnten Lösungen. *Annalen der physik und Chemie*, *Neue Folge*, **34**, 139 – 154. Available from http://www. archive. org/stream /annalenderphysi53unkngoogJHJ page/n151/model/1up.

Planck, M. , 1935: Bemerkungen über Quantitätsparameter, Intensitätsparameter und stabiles Gleichgewicht. *Physica* II, 1029 – 1032. Reprinted in Ebeling, W. , Hoffmann, D. (Eds.) , 2008, *Über Thermodymische Gleichgewichte*, *von Max Planck.* Verlag Harry Deutch, Frankfurt am Main, 236 pp.

Poisson, A. , and M. H. Gadhoumi, 1993: An extension of the Practical Salinity Scale 1978 and the Equation of state 1980 to high salinities. *Deep – Sea Res. I*, **40**, 1689 – 1698.

Preston – Thomas, H. , 1990: The international temperature scale of 1990 (ITS – 90), *Metrologia* **27**, 3 – 10.

Pruppacher, H. R. and J. D. Klett, 1997: Microphysics of Clouds and Precipitation. Second Revised and Enlarged Edition with an Introduction to Cloud Chemistry and Cloud Electricity, Kluwer Academic Publishers, Dordrecht/Boston/London.

Reid, J. L. and R. J. Lynn, 1971: On the influence of the Norwegian – Greenland and weddell seas upon the bottom waters of the Indian and Pacific oceans. *Deep – Sea Res.* , **18**, 1063 – 1088

Reissmann, J. H. , H. Burchard, R. Feistel, E. Hagen, H. U. Lass, V. Mohrholz, G. Nausch, L. UmLauf, G. Wieczorek, 2009: State – of – the – art review on vertical mixing in the Baltic Sea and consequences for eutrophication. *Progress in Oceanography*, **82**, 47 – 80.

Ripple D. , B. Fellmuth, j. Fischer, G. Machin, P. Steur, O. Tamura and D. R. White, 2008: Report from the Mise en Pratique Task Group: the next international temperature scale and the mise en pratique for the definition of the kelvin. CCT/08 – 17/rev. 8pp. Available from http://www. bipm. org/cc/CCT/Allowed/24/D17 rev MePK Report 2008c. pdf.

Röntgen, W. C. , 1892, Ueber die Constitution des flüssigen Wassers, *Annalen der Physik*, **45**, 91 – 97.

Ruddick, B. , 1983: A practical indicator of the stabil ity of the water column to double – diffusive activity. *Deep – Sea Res.* , **30**, 1105 – 1107.

Rudtsch, S. and J, Fischer, 2008: Temperature measurements according to the International Temperature Scale of 1990 and its associated uncertainties. *Accred. Qual. Assur.*, **13**, 607 – 609.

Rusby, R. L., 1991: The conversion of thermal reference values to the ITS – 90. *J. Chem. Thermodynamics*, **23**, 1153 – 1161

Rusby, R. L. and R. White, 2003: CCT workshop: Toward the ITS – XX: Summary of the proceedings, CCT/03 – 01.

Saunders, P., 1990: The Intemational Temperature Scale of 1990, ITS – 90, *WOCE Newsletter* **10**, IOS, Wormley, UK.

Saunders, P. M., 1995: The Bernoulli function and flux of energy in the ocean. *J. Geophys. Res.*, **100**, 22, 647 – 22, 648.

Sarmiento, J. L. and K. Bryan, 1982: An ocean transport model for the North Atlantic. *Journal of Geophysical Research*, **87** (C1), 394 – 408.

Sarmiento, J. L. and N. Gruber, 2006: Ocean Biogeochemical Dynamics, Princeton University Press, Princeton, 503.

Seitz, S., P. Spitzer and R. J. C. Brown, 2008: Consistency of practical salinity measurements traceable to primary conductivity standards: Euromet project 918, *Accred. Qual. Assur.* **13**, 601 – 605.

Seitz, S., P. Spitzer and R. J. C. Brown, 2010a: CCQM – P111 study on traceable determination of practical salinity and mass fraction of major seawater component. *Accred. Qual. Assur.* **15**, 9 – 17.

Seitz, S., P. de Bievre, P. Spitzer R. Feistel and D. G. Wright, 2010b: Metrological Traceability of Oceanographic Salinity Measurement Results. Submitted to *Ocean Science Discussions.*

Sherwood, T. K., P. L. T. Brain and R. E. Fisher, 1967: Desalination by reverse osmosis, *Ind. Eng. Chem. Fundamen.*, **6**, 2 – 12.

Straub, D. N., 1999: On thermobaric production of potential vorticity in the ocean. *Tellus A*, **51**, 314 – 325.

Sutcliffe, R. C. A., 1947: A contribution to the problem of development. Quart. *J. Roy. Meteor. Soc.*, **73**, 370 – 383.

Tailleux, R., 2010: Identifying and quantifying nonconservative energy production/destruction terms in hydrostatic Boussinesq primitive equation models. submitted to *Ocean Modelling.*

Thomson, W., 1851: On the dynamical theory of heat; with numerical resu1ts deduced from Mr. Joule's equivalent of a thermal unit and M. Regnault's observations on steam. *Trans Roy. Soc. Edinburgh*, **3**, 48 – 52

Unesco, 1981: The Practical Salinity Scale 1978 and the lnternational Equation of State of Seawater 1980. Unesco technical papers in marine science **36**, 25pp.

Unesco, 1983: Algorithms for computation of fundamental properties of seawater. Unesco technical papers in marine science **44**, 53pp.

Veronis, G., 1975: The role of models in tracer studies, in: *Numerical Models of Ocean Circulation*, pp. 133 – 146, National Academy of science.

Wagner, W. and A. Pruβ, 2002: The IAPWS formulation 1995 for the thermodynamic properties of ordinary water substance for general and scientific use. *J. Phys. Chem. Ref. Data*, **31**, 387 – 535.

Warren, B. A., 2006: The first law of thermodynamics in a salty ocean. *Progress in Oceanography*, **70**, 149 – 167.

Warren, B. A., 2009: Note on the vertical velocity and diffusive salt flux induced by evaporation and precipitation. *Journal of Physical Oceanography*, **39**, 2680 – 2682.

Weir, R. D. and R. N. Goldberg, 1996: On theconversion of thermodynamic properties to the bases of the International Temperature Scale of 1990. *J. Chem. Thermodyn.*, **28**, 261 – 276.

Weiser, M. E., 2006: Atomic weights of the elements 2005 (IUPAC Technical Report) *Pure Appl. Chem.* **78**, 2051 – 2066. www. iupac. org/publications/pac/78/11/2051/pdf/

Wolf, H. ,2008: Determination of water density : limitations at the uncertainty level of 1×10^{-6}, *Accred. Qual. Assur.* **13**, 587 – 591.

Woolley, H. W. ,1980: Thermodynamic properties for H_2O in the ideal gas state, in: Straub, J. , and Scheffler, K. (Eds.), Water and Steam, Proceedings of the 9th international Conference on the properties of steam, münchen, 1979. Pergamon Press, Oxford – New York – Toronto – Sydney – Paris – Frankfurt, pp. 166 – 175.

Wooster, W. S. , A. J. Lee and G. Dierich, 1969: Redefinition of salinity, *Limmology. Oceanography*, **14**, 437 – 438.

Wright, D. G. , R. Feistel, J. H. Reissmann, K. Miyagawa, D. R. Jackett, W. Wagner, U. Overhoff, C. Guder, A. Feistel, and G. M. Marion, 2010a: Numerical implementation and oceanographic application of the thermodynamic potentials of water, vapour, ice, and seawater. Part II: The library routines *Ocean Science*, **7**, 649 – 708.

Wright, D. G. , R. Pawlowtz, T. J. McDougall and R. Feistel, 2010b: Absolute Salinity ," Density Salinity" and the Reference – Composition Salinity Scale: present and future use in the seawater standard TEOS – 10. submitted to *Ocean Science Discussion.*

You, Y. and T. J. McDougall, 1990: Neutral surfaces and potential vorticity in theWorld's oceans. *Journal of Geophysical Research*, **95**, 13235 – 13261.

Young, W. R. ,2010: Dynamic enthalpy, Conservative Temperature , and the seawater Boussinesq approximation. *Journal of Physical Oceanography*, **40**, 394 – 400.

Zhang, H – M and N. G. Hogg, 1992: Circulation and water mass balance in the Brazil Basin. *J. Marine Research*, **50**, 385 – 420.

Zika, J. D. , T. J. McDougall and B. M. Sloyan, 2010a: A tracer – contour inverse method for estimating ocean circulation and mixing. *J. Physical Oceanography*, **40**, 26 – 47.

Zika, J. D. , T. J. McDougall and B. M. Sloyan, 2010b: Weak mixing in the eastern North Atlantic: An application of the tracer – contour inverse method, *J. Physical Oceanography*, in press.